先进热喷涂技术：
从材料、工艺到涂层

高 阳 编 著

机 械 工 业 出 版 社

本书系统地介绍了先进的热喷涂技术，主要内容包括热喷涂概述、等离子喷涂、爆炸喷涂、火焰超音速喷涂、冷喷涂技术、热喷涂纳米陶瓷氧化物团聚粉末和悬浮液料、热喷涂常用的粉末材料、热喷涂应用：热障涂层和热喷涂应用：高温炉内辊涂层。本书涵盖了从材料粉末特征、热喷涂设备和燃气特性、喷涂工艺参数的设定，到涂层制备的详细过程。书中列举了大量的热喷涂实例，实用性强。本书可帮助读者学习热喷涂的技术、原理和应用，掌握目前热喷涂设备和材料的特性，从而利用这些热喷涂设备和材料制备出所需要的理想涂层，解决实际工程技术问题。

本书可供表面工程技术人员，尤其是热喷涂工程技术人员阅读使用，也可供相关专业的在校师生参考。

图书在版编目（CIP）数据

先进热喷涂技术：从材料、工艺到涂层/高阳编著.
北京：机械工业出版社，2025.7（2025.8 重印）. -- ISBN 978-7-111-78126-4

Ⅰ. TG174.442

中国国家版本馆 CIP 数据核字第 20257DX026 号

机械工业出版社（北京市百万庄大街 22 号　邮政编码 100037）
策划编辑：陈保华　　　　　　　责任编辑：陈保华　田　畅
责任校对：贾海霞　张　征　　　封面设计：马精明
责任印制：张　博
固安县铭成印刷有限公司印刷
2025 年 8 月第 1 版第 2 次印刷
169mm×239mm・19.25 印张・374 千字
标准书号：ISBN 978-7-111-78126-4
定价：99.00 元

电话服务　　　　　　　　　　网络服务
客服电话：010-88361066　　　机　工　官　网：www.cmpbook.com
　　　　　010-88379833　　　机　工　官　博：weibo.com/cmp1952
　　　　　010-68326294　　　金　书　网：www.golden-book.com
封底无防伪标均为盗版　　机工教育服务网：www.cmpedu.com

前　　言

本书是基于我在大连海事大学工作期间为材料专业本科生开设的选修课"材料表面技术"和"热喷涂技术"所用讲义及在一些企业讲学报告整理而成的。本书的主要内容来自于我 30 多年来从事的热喷涂研究工作，包括指导研究生，完成各类国家和企业课题等。另外，本书参考了近 30 年来国内外发表的相关领域论文和国际热喷涂会议报告。

热喷涂技术包括火焰喷涂、电弧喷涂、等离子喷涂、爆炸喷涂、火焰超音速喷涂和冷喷涂技术。火焰喷涂和电弧喷涂是一种古老的喷涂方法，至今仍在使用。由于这两种方法的设备和喷涂工艺比较简单，加上已有很多的热喷涂书籍介绍过这两种喷涂技术，因此本书只在第 1 章进行了简单的介绍，未在后面章节进行进一步的展开。等离子喷涂、爆炸喷涂、火焰超音速喷涂设备的多样化和喷涂工艺的复杂性对涂层的影响较大，故本书尽可能地给予了详细介绍。本书系统地介绍了先进热喷涂技术原理、涂层制备工艺及其应用，比较详细地讲述了各种等离子喷枪、火焰超音速喷枪结构和性能差异，以及上述各种喷涂方法下射流的温度和速度等特性，并介绍了如何建立最佳的喷涂工艺和涂层制备。本书对涉及热喷涂射流特性和粉末颗粒的传热与加速，如等离子射流的模拟和计算，超音速射流与粉体颗粒的力学作用等没有深入地进行介绍。

书中很多内容来源于我多年来的研究工作和引用的其他研究报告，包括已经公开发表的期刊和国际会议论文，这些内容主要在第 2 章等离子喷涂和第 3 章爆炸喷涂章节中。另外还有一些尚未发表的研究工作，例如，第 9 章的高温炉内辊涂层。本书第 4 章火焰超音速喷涂，介绍了不同燃料气体的燃烧温度和氧气/燃料比的关系、各种超音速喷枪的结构，试图通过分析目前市场上出售的超音速设备的特点和粉体材料，制备出应用所需的理想涂层。第 5 章的冷喷涂介绍了冷喷涂原理，形成涂层的临界速度，冷喷涂气体性质和部分冷喷涂涂层。第 6 章介绍了热喷涂纳米团聚粉末和悬浮液料的涂层组织特点，特别是喷涂团聚粉末形成的二元结构组织和悬浮液料形成的羽毛状柱状晶结构涂层。第 7 章介绍了常用的热喷涂粉末的制备、粉末特征及喷涂设备与制备涂层的关系。第 8 章介绍了热喷涂热障涂层的组织形成，特别是喷涂方法和材料对热障涂层组织的影响，介绍了PS-PVD 和等离子喷涂纳米悬浮液制备羽毛状柱状晶的组织特点和形成规律。第9 章介绍了热喷涂的另一个应用，即热喷涂高温炉辊涂层的制备和使用中发生的涂层失效问题。

本书可以帮助从事热喷涂工作的技术人员加深理解目前热喷涂设备的特征，了解如何应用这些喷涂设备和材料制备出所需要的涂层。本书也可作为材料专业的本科生或硕士研究生的选修课参考书，帮助学生了解热喷涂技术、原理和应用。在 20 多年的教学工作中，我指导了 7 名博士研究生和 36 名硕士研究生，本书的内容包含了他们辛勤工作的结果，在此表示衷心的感谢。大连海事大学为我提供了良好的工作环境，使我有一个很好的热喷涂实验室，本书中的成果离不开这些环境的支持。在我退休之际，把过去的工作总结一下，也算是对自己过去的一个总结和交代，但愿本书能够对有兴趣的读者带来一定的帮助。

由于作者水平有限，书中不足和错误之处在所难免，欢迎广大读者批评指正。

作者

目　　录

第1章

热喷涂概述

1.1 热喷涂技术发展概况

1.1.1 火焰喷涂

资料表明，热喷涂技术最早出现在1905年，由瑞士人 Max Ulrich Schoop 用火焰加热熔化铅、铝丝作为材料，用高速流动的空气或惰性气体使液化金属雾化，形成液滴推向基板，使其凝固形成涂层[1,2]。这一技术与现在火焰喷涂或电弧喷涂非常类似。直到20世纪50年代，热喷涂技术主要还是火焰喷涂。图1-1所示为火焰喷涂粉末的原理。火焰喷涂通常在喷枪上安装一个简单的送粉罐，流动性较好的球形粉末在携带气体的作用下，通过喷嘴中心的轴向送粉通道进入燃烧火焰中。火焰喷涂的温度和热熔由燃烧气体成分及助燃剂（氧气或空气）流量决定。火焰喷涂使用氧气＋乙炔作为燃料，大气压下氧气与乙炔比率为1.6时，燃烧温度最高为3410K，在所有的气体燃料中温度最高。火焰喷涂可喷涂粉末、丝材和棒条材。材料通过喷嘴中心轴向进入燃烧热流中，并在燃烧热流中熔化，加速飞向基体，凝固形成涂层。由于使用压力较低的乙炔作为气体燃烧，火焰长度有限，对于粉体材料，颗粒速度在每秒数十米，粉末颗粒飞行所能达到的

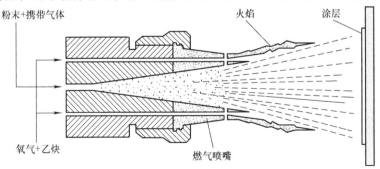

图1-1　火焰喷涂粉末原理（Sultzer Metco 提供）

最高温度为 $T_p = 0.7T_g \sim 0.8T_g$，T_g 为火焰温度。根据氧气 + 乙炔燃烧温度，颗粒最高获得的温度为 2300K。喷涂金属丝或金属棒在火焰中推进速度可控，其尖端被熔化，从而使材料的温度达到 $0.95T_g$，这样的温度可以熔化氧化锆。火焰喷涂成本低，操作容易和灵活，但是涂层的气孔率大于 10%，结合强度小于 30MPa。它适合喷涂锌、铝、铜、镍、钼、Ni-Al 合金、钢铁、NiCrBSi 自熔合金、棒状陶瓷、高分子聚合物、悬浮液等。

图 1-2 所示为火焰喷枪喷涂线材的示意图。与喷涂粉末不同，喷涂线材需要利用压缩空气或氮气将熔化液滴喷射到基体上。火焰喷涂线材或棒材时，通过控制进给速度，可使材料达到完全熔化状态。

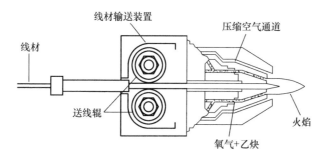

图 1-2   火焰喷枪喷涂线材示意图

典型的火焰喷涂参数氧气和乙炔的流量为 30L/min 和 18L/min，大约提供 40kW 的能量。通过改变氧气和乙炔的流量，火焰可以控制成氧化（燃料稀薄）或还原（燃料丰富）燃烧气氛。还原成分的火焰可减少对金属的氧化。研究表明[3]，当燃料和氧气流量由 24L/min 和 18L/min 增加到 34L/min 和 22L/min 时，功率耗散增加了 21%，相应的气体流速增加了 22%，而颗粒平均流速只增加了 13%，平均温度增加了 4%。

火焰喷涂的主要材料是金属或聚合物，这些材料容易熔化和喷涂，粉末的喷涂量在 2~10kg/h，沉积效率可达 50%，喷涂金属粉末容易引起氧化（氧化物的质量分数为 6%~12%）。用于耐磨涂层时主要喷涂自熔合金粉末，如 CrBFeSiC-Ni，涂层可以在 1030℃ 实现重熔，消除气孔，常应用于锅炉管。线材自熔合金也可火焰喷涂，涂层中氧化物的含量低于粉末喷涂涂层（质量分数为 4%~8%），并且沉积效率较高（70%），喷涂率为 5~25kg/h，涂层的结合强度略高于粉末喷涂，气孔率与粉末喷涂相当，但是耐磨性高于粉末涂层。

1.1.2　电弧喷涂

古老的热喷涂技术还包括电弧喷涂，于 1915 年在美国发布了相关专利[4]，然而直到 20 世纪 60 年代，才利用具有时间分辨率的系统研究，改进了对这一过程的本质的理解，从而在扩大应用方面取得了进展[5]。过去的二十年，随着设备和工艺等几项重大改进，这项技术正在加速改进。图 1-3 所示为电弧喷涂原理。

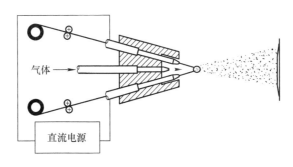

图 1-3　电弧喷涂原理

电弧喷涂有如下优点：

1）使用金属丝作为喷涂材料比使用粉末更经济。

2）小的电弧间隙导致电弧电压较低，允许使用低压电源。

3）传递到喷枪的热量很少，无须水冷，喷枪设计更小、更简单。

4）较高的气体流量和相对低的功率导致气体焓较低，因此，对衬底加热较少。

5）所提供的大部分电能用于熔化金属丝尖端，所有到达基体的材料都是熔化状态。

6）有效的熔体速率导致沉积速率转高。

7）通过接触导线引发电弧，消除了高频启动装置。与其他喷涂技术相比，电弧喷涂的沉积效率高[6]。例如，100～360A 的工作电流可喷涂 3～15kg/h 的铝丝、4.5～17kg/h 的不锈钢丝、10～33kg/h 的锌。沉积效率可达 80%，高于其他喷涂方法，因此电弧喷涂是最经济的喷涂方法。

但是，电弧喷涂存在如下缺点：

1）喷雾冷气流垂直于电弧，电极的熔化不断地改变电弧间距，这两种效应导致电弧不断波动。

2）电弧的不稳定性导致熔体熔率不均匀，金属液滴尺寸分布较宽，电弧下游湍流导致较大液滴二次雾化，液滴轨迹弥散，喷射模式较宽。

3）作为电弧阳极和阴极的焊丝熔化速率不同。较高的热流密度集中在阳极上，导致了更大液滴的形成和更快的熔化速度，而阴极上的电弧附着较小，产生较小的液滴较多金属的蒸发。

4）通常使用高气体流量的压缩空气作为雾化气体，导致金属液滴显著氧化。因此，涂层通常比大多数其他技术沉积的涂层有更高的孔隙率和更高的氧化物含量。涂层中氧化物的含量与喷涂材料有关，如喷涂铝丝产生的氧化物的质量分数超过了25%，气孔率通常在10%以上，涂层的结合强度约为40MPa。

5）虽然线材必须由具有延性的导电材料制成，但当陶瓷材料作为芯线的填充材料时可以沉积陶瓷材料。

图 1-4 所示为电弧喷涂碳钢涂层断面组织[7]，熔化颗粒的扁平化尺寸随电流的增加和气体雾化压力的增加而减小。

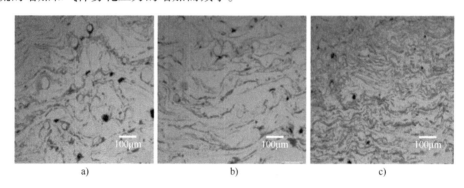

a)   b)   c)

图 1-4 电弧喷涂碳钢涂层断面组织
a）90kPa，30V，100A b）90kPa，30V，300A c）365kPa，30V，300A

1.1.3 等离子喷涂

20 世纪 50 年代中期，Thermal Dynamics Corporation，Metco 和 Plasmadyne 公司研制出了大气等离子喷涂（简称等离子喷涂）技术[8]，其使用一个圆锥状钨合金作为阴极和圆筒状结构的铜作为阳极喷嘴，在阴极与阳极间放电形成电弧等离子发生器，这一结构延续到了今天。这种结构简单的等离子发生器的电弧电压通常低于80V，工作电流小于600A，过高的电流会使电极烧损较快，特别是阳极喷嘴。等离子电弧电压取决于工作气体的种类和阴极、阳极的直径尺寸。随着技术的发展，单一阴极、单一阳极的等离子喷枪也在不断地改进。通过增加阴极到阳极的距离，可以大幅度提高等离子的工作电压，采用中间压缩变径阳极喷嘴，可提高电弧长度，使电弧电压达到200V以上，功率达到80kW以上，可形成超音速等离子射流。传统结构的单一阳极、单一阴极等离子喷枪工作时电弧电压波动很大，会导致材料在等离子体中受热不均匀，从而导致涂层颗粒熔化差较大，涂层气孔率高。为了稳定电弧电压并减少电极的烧损，Sulzer Metco 公司开发了三阴极等离子喷枪[9,10]，在阴极与阳极间增加了绝缘片，使电弧长度变大。该喷枪喷涂氧化铬涂层的均匀性和致密性明显优于传统的大气等离子喷涂。三阴极等离子喷枪，相当于同时存在三支电弧，缓解了过去单一电弧对阳极的烧蚀，提高了涂层的质量。该喷枪主要应用于喷涂氧化铬粉末材料，制备激光雕刻印刷辊。除了等离子喷枪的改进，低压等离子喷涂技术也在不断发展。20 世纪 90 年代，在大功率低压等离子喷涂基础，出现了 PS-PVD 技术[11]。该技术是在低压等离子喷涂的基础上，进一步降低了环境压力（200Pa 以下），提高了喷枪功率（60kW 以上），使 YSZ 粉末材料在等离子射流中部分气化，在衬底上形成有羽毛状柱状晶结构的涂层[12]。这一涂层的独特组织特征，作为热障涂层引起了研究者的兴趣，有关等离子喷涂技术将在下一章详细介绍。

1.1.4　爆炸喷涂和火焰超音速喷涂

基于对金属碳化物涂层的低气孔率和低脱碳性能的需求，如 WC-Co、WC-10Co4Cr 涂层等，20 世纪 50 年代，美国 Union Carbide 公司发明了爆炸喷涂和超音速喷枪专利[13,14]，之后他们把主要的研究集中在爆炸喷涂设备和工艺上，获得了北美和欧洲的喷涂市场，而超音速喷涂并没有马上展开商业应用。航空和航天工业对新材料的要求导致热喷涂技术在 20 世纪 60 年代快速发展。20 世纪 80 年代，James Browning 研发的 Jet Kote 使火焰超音速喷涂实现了商业应用[15,16]，成为与爆炸喷涂技术并列，喷涂金属碳化物涂层的主要技术。20 世纪 90 年代后，出现了计算机控制阀门的爆炸喷涂和空气作为助燃剂的 HVAF 喷枪。

火焰燃喷涂、等离子喷涂、爆炸喷涂和超音速喷涂技术等喷涂方法称为热喷涂，其特征是热源的温度明显高于喷涂材料的熔点温度，喷涂过程中粉体颗粒在热源中被加热到熔化或半熔化状态，并在射流推动下高速飞行与衬底碰撞，在衬底表面快速凝固、铺展、形成涂层，即涂层的形成过程经历了粉体颗粒的熔化和凝固。冷喷涂（Cold Spray）是 20 世纪 80 年代俄罗斯科学院西伯利亚分院理论与应用力学所研究出的技术[17,18]，其特点不是将材料加热到熔化或半融化状态，而是加热到高温固相，利用颗粒与衬底的碰撞产生塑性变形形成涂层。热喷涂和冷喷涂包含两个重要指标，一是温度，另一个是速度。图 1-5 所示为不同热喷涂方法下工作气体温度和速度分布[19]。电能转化为热能的喷涂方法有转移弧等离子喷焊，电弧喷涂和等离子喷涂，这些热喷涂方法的特征是温度高（7000 ~ 14000℃）。其中直流等离子喷涂具有很高的速度（900 ~ 1000m/s）。火焰喷涂、火焰超音速喷涂和爆炸喷涂是以气体或液体为燃料的喷涂方法，射流温度通常低于 4000℃，低于电能转化为热能的喷涂方法。除火焰喷涂外，火焰超音速喷涂和爆炸喷涂的射流速度可达超音速，能制备致密结构的涂层，适合于喷涂金属和金属碳化物。火焰喷涂是一种古老的喷涂方法，由于它的灵活性和低成本，至今仍然在使用，如喷涂镍基或铁基自熔合金粉末或陶瓷棒等材料。

图 1-6 所示为电弧喷涂、火焰喷涂、等离子喷涂、三阴极等离子喷涂、火焰超音速喷涂（HVOF）的能量消耗[20]。HVOF 又可细分为使用气体燃料-氧气的

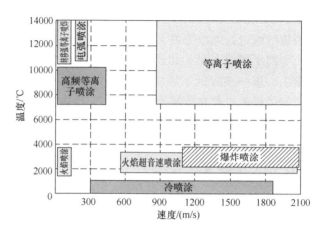

图 1-5   不同热喷涂方法下工作气体温度和速度分布

HVOGF 和使用液体燃料如煤油-氧气的 HVOLF，以及使用空气代替氧气的 HVAF。HVOF、HVLF 方法能量消耗较高，喷涂小薄件容易引起衬底的过热，而电弧喷涂和火焰喷涂消耗能量较低。

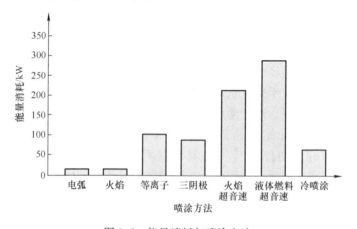

图 1-6   能量消耗与喷涂方法

1.2   热喷涂涂层的形成

综上可知，热喷涂是利用有方向性的高温、高速气流将金属或非金属粉体、丝材加热到软化、熔化或半熔化状态，并在高温、高速气流推动下将喷涂材料加速、高速飞行撞击到预先准备好的固体零件表面，飞行颗粒迅速铺展变形，快速凝固，一片覆盖一片，一层覆盖一层形成层片状堆积结构的涂层。热喷涂通常包含：氧乙炔燃烧喷涂、直流电弧等离子喷涂、电弧喷涂、爆炸喷涂、超音速火焰喷涂等。热喷涂涂层组织与喷涂材料、喷涂方法、喷涂工艺参数密切相关。涂层的硬度、涂层与衬底的结合力、疲劳强度等也是判断涂层质量的重要参数。通常用户根据零件的使用要求，提出涂层需要的技术性能指标，涂层制备厂家则根据用户的要求选择喷涂材料、喷涂方法和喷涂工艺参数。最终的喷涂工艺确定，一般要先通过试验喷涂制备小试样涂层，然后测量涂层组织、相结构、硬度、致密性、结合强度等指标，最终确定喷涂工艺。喷涂工艺参数的确定还要考虑喷涂零件的形状和尺寸。喷涂材料是决定涂层性能的主要因素，如耐磨性、耐蚀性、绝缘性、隔热性等，主要是由涂层材料的性能决定。选择喷涂材料时，还要考虑粉末材料的粒度、流动性等其他因素。喷涂材料确定后才能考虑喷涂方法，不同的喷涂方法对形成的涂层组织和性能有很大影响。喷涂材料和喷涂方法确定后才能建立具体的喷涂参数。涂层制备后要进行评价，以判断涂层的各项指标是否达到设计要求。

图 1-7 所示为等离子喷涂示意图和涂层结构[21]。等离子喷涂送粉方式可以选择喷嘴外部送粉或喷嘴内部送粉。等离子喷涂涂层包含了很多气孔、未熔化颗粒、颗粒间界面、氧化物，甚至裂纹等多种缺陷。这些缺陷的形成与喷涂方法和工艺相关，选择不同的喷涂方法，获得的涂层组织有很大差别，但是无论选择哪种热喷涂方法，所制备的涂层性能与其相同成分材料通过烧结或凝固所形成的块状材料有很大差别，如力学性能和耐蚀性均低于块状材料的性能，因此限制了涂层的部分应用。一般来讲，热喷涂涂层与基体之间的结合为机械结合，从微观组织上可观察到明显的分界面，喷涂颗粒是通过机械咬合黏附在零件表面上的，涂

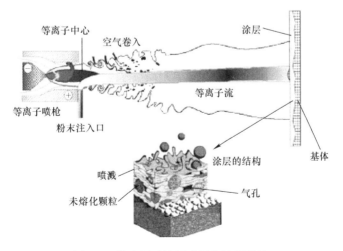

图 1-7　等离子喷涂示意图和涂层结构

层与基体的结合强度与喷涂材料、喷涂方法及零件表面性能和状态（表面硬度和表面质量）有关，通常热喷涂结合强度小于100MPa。热喷涂技术涉及的工程领域范围非常广，包括喷涂前喷涂零件表面的预处理（去污、喷砂）、热喷涂材料的选择、热喷涂设备的选择、热喷涂工艺参数的确定、喷涂过程的监测和喷涂后涂层组织的评价等。对于一些零件，还需要进行喷涂后的封孔处理和切削或磨削加工。

1.3　喷涂前零件表面的预处理

　　热喷涂涂层的形成需要将喷涂材料加热到熔化或半熔化颗粒状态，同时颗粒还要具有适当的飞行速度，具有一定速度和温度的粉体颗粒与零件基体碰撞时迅速凝固，并与基体咬合在一起，形成颗粒堆积。为了提高碰撞颗粒与零件基体的结合强度，通常要在零件表面预先形成一定的表面粗糙度。粗糙的表面会提高表面积，适当的表面粗糙度会提高涂层与基体的结合强度。但是随着表面粗糙度值的提高，也会增加涂层与基体界面间的应力（当涂层加热或冷却时，过高的界面应力会导致涂层脱落）。制备适当表面粗糙度的基体的简单方法是对零件表面进行喷砂处理，一方面可以除去零件表面的油污，另一方面可以形成适当表面粗糙度值（$Ra = 10 \sim 30\mu m$）的表面。喷砂的动力为通常为高压空气，一般压力在$0.3 \sim 0.8MPa$。喷砂枪有两种：一种是根据伯努力流体力学原理设计的吸入式喷砂枪，砂从喷枪的侧部被喷枪内负压吸入喷枪，与轴向高速空气混合，喷射到零件表面；另一种是在高压罐内将砂与高压空气混合，以直压式喷砂，直压式喷砂的效率较高。喷砂的原料主要为棕刚玉、白刚玉和碳化硅等。常用喷砂粒度范围在$16 \sim 32$目。喷砂后零件的表面粗糙度值与空气压力、砂粒度和零件表面硬度有关。空气压力和砂粒度尺寸越大，喷砂后的零件表面粗糙度值越大。零件表面硬度大于40HRC，会造成喷砂的反弹，不适合喷砂。除喷砂之外，激光处理也可使零件表面粗糙，对于高硬度零件，或者降低表面残余应力，可以考虑用激光处理。由于大多热喷涂涂层厚度在$300\mu m$以内，喷砂后零件的表面粗糙度也会影响涂层的表面粗糙度，可以根据涂层的表面粗糙度的要求选择喷砂粒度。例如，某些连续退火炉内的高温炉辊，要求喷涂后钢辊中间部分的表面粗糙度值大于两边，可以用喷砂方法来获得这样的要求。在一些较软的零件基体表面，如铝合金或低碳钢，采用爆炸喷涂或超音速喷涂高密度的粉末颗粒 WC-Co，即使不对零件进行预先喷砂，也能获得较高结合强度的涂层。

　　Amada 等人[22,23]研究了等离子喷涂氧化铝陶瓷涂层喷砂角度与基体结合强度的关系。基体为中碳钢。试验使用了粒度为 20 目（850μm）的氧化铝砂，喷砂空气压力为 0.5MPa，喷砂距离为 150mm，喷射角度为 45°、60°、70°、75°、

80°和90°六种。结果如图1-8所示,试验发现最大的结合强度出现在喷砂角度为75°时,表面粗糙度值$Ra = 11.49\mu m$,涂层与基体的结合强度为18.8MPa,而90°喷砂时涂层与基体的结合强度为17.2MPa。

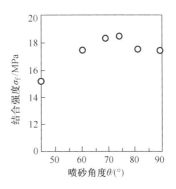

图1-8 喷砂角度与结合强度

涂层与基体间的结合强度和基体材料、基体表面粗糙度、喷涂材料和喷涂方法有很大关系。通常在金属基体上喷涂金属材料,涂层结合强度要高于直接喷涂氧化物陶瓷材料。为了提高氧化物陶瓷涂层与金属基体的结合强度,常先喷涂一层金属过渡涂层(称为黏结层),然后再喷涂氧化物陶瓷涂层,最常用黏结涂层有Ni-Al涂层。Ni-Al在700℃以上发生放热反应,与金属基体结合强度高。邱长军[24]将镍粉和铝粉混合,加入树脂清漆,烘干,造粒,用氧乙炔喷枪在Q235钢板上喷涂厚度为0.6~0.7mm的涂层。将涂层在保护气氛加热到710℃,保持20min。未加热时,Ni-Al涂层与基体的结合强度为25~45MPa,而加热后结合强度达到59~78MPa。研究发现,涂层结合强度随Al的含量增加而增加,当Al的质量分数达到7%~8%时,结合强度最高,约为80MPa。对加热后涂层的断面进行观察,发现喷涂后的涂层与基体界面和热处理后的涂层与基体界面明显不同,热处理后的界面有冶金结合迹象。当加热到700℃左右,出现液相Al,液相Al与Ni反应产生强烈的放热作用,由于Al的质量分数只有8%左右,反应生成金属间化合物后还有部分未反应的Ni存在,在放热作用下处于高温状态的Ni,熔化出现液相Ni,使涂层结合强度得到提高。试验还发现,Al粉粒度及其与镍基粉末的共混均匀性对涂层性能有较大影响,一般应采用180~240目Al粉。火燃喷涂40Ni-60Al(涂层厚度为0.5mm),结合强度为27.7MPa,拉伸时涂层内部开裂,结合面没有断裂。

在一些情况下,喷涂零件使用一段时间后需要再喷涂,如瓦楞辊、飞机钛合金风扇叶片的三角搭接处等。零件再喷涂需要除去原有的涂层,常用的除去涂层方法有机械磨削、喷砂、电化学腐蚀、高压水喷射、热清除、二氧化碳干冰与激光清除等[25]。喷砂除去涂层是利用砂与涂层的撞击使涂层破碎,对于脆性陶瓷涂层很有效。热清除是利用涂层与基体材料的膨胀系数差,在加热或冷却过程使涂层内部产生应力除去涂层。化学方法除去涂层,配合电化学腐蚀,主要是利用涂层与某些酸性液体的反应除去旧涂层,爆炸喷涂飞机钛合金风扇叶片三角搭接处的WC-12Co涂层使用的就是这种方法。Redeker和Bach等人[25,26]介绍了二氧化碳干冰与激光结合除去涂层的方法。

1.4   热喷涂材料

伴随热喷涂技术的发展，热喷涂材料也从早期的金属丝材，发展到金属、陶瓷粉末材料，以及纳米材料，以不断满足涂层应用的需求[27]。金属碳化钨（WC-Co、WC-10Co4Cr）作为最常用的热喷涂材料，粉末从早期的铸造熔化-破碎金属碳化钨粉末发展到烧结-破碎和团聚-烧结球形碳化钨粉末，以及纳米团聚碳化钨粉末。氧化物陶瓷粉末也是如此，由破碎型氧化物发展到微纳米团聚氧化物粉末。氧化钇稳定氧化锆材料（YSZ），特别是8YSZ热障涂层材料，从最初熔化-破碎粉末，发展到今天的纳米团聚粉末和空心粉体，使涂层的性能发生了变化。纳米材料的喷涂除了团聚粉末方法外，还可将纳米颗粒分散在水或乙醇等有机溶剂中，制备成悬浮液，用等离子或超音速喷涂方法制备涂层，这部分内容可参考第6章。

热喷涂材料包括氧化物、碳化物、硼化物等陶瓷，各种金属和合金及有机材料等，能够熔化或塑性变形的材料都可以作为热喷涂材料。热喷涂材料按使用途径可以分为耐磨耗材料、低摩擦系数材料、耐高温氧化材料、耐腐蚀材料、隔热材料、可磨耗封严涂层材料及特殊性能要求材料（如电学性能材料、热辐射材料等）。耐磨耗材料主要包括氧化物陶瓷，如氧化铝、氧化铝-氧化钛复合材料、碳化物、硼化物（WC-Co、CrC和MoB等），耐磨材料形成的涂层特点是硬度高。低摩擦系数材料包括MoS_2、青铜、金属包覆石墨等，这类材料形成的涂层本身硬度并不太高，主要特点是摩擦系数低，可降低对象材料的磨损。耐高温氧化材料包括NiCr、MCrAlY等，高温氧化环境下可形成Al_2O_3或Cr_2O_3致密薄膜，防止内部涂层进一步氧化。耐腐蚀材料有氧化物、哈氏合金、不锈钢等。隔热材料有氧化铝、氧化锆等，这类材料本身热导率低，加上涂层含有适当的气孔，可起到隔热效果。可磨耗封严涂层材料与低摩擦系数材料有些相似，包括金属和石墨或BN等混合物，这类涂层主要应用在航空发动机壳体内表面。

热喷涂粉体颗粒需要满足适当的粒度才能喷涂，粒度尺寸过小的粉体（小于$5\mu m$）不容易输送到热喷涂射流中，而且容易堵塞送粉管路，需要造粒才能喷涂。尺寸过大的粉体（大于$150\mu m$）由于粉末在热喷涂射流中滞留时间很短，不容易熔化，沉积效率低，即便能形成涂层气孔也较多。一般粉体颗粒尺寸在$15\sim50\mu m$较为合适。热喷涂用粉末的制备方法很多，需要根据材料来确定。金属材料往往采用熔化-喷雾（气体雾化和水雾化）方法制作粉末，因此金属粉末大多为球形，气体雾化的球形度高于水雾化。氧化物陶瓷通常采用熔化-凝固-破碎方法，粉末呈多面体，细小的破碎粉末流动性较差。近年来，纳米热喷涂粉末不断受到重视，纳米粉末由于尺寸过小，不能直接喷涂，需要制备浆料或使用喷雾干燥团聚方法形成微米级团聚粉末。WC-Co 和 CrC 碳化物是热喷涂最常用的耐磨材料，粉体的制作方法很多，如熔化-凝固-破碎法、金属包覆法、烧结破碎法和喷雾造粒烧结法等。不同方法制备的 WC-Co 粉末，形成的喷涂涂层性能有很大差异，使用时应注意选择合适的粉末，这部分内容将在第 7 章中进一步介绍。

1.5 热喷涂方法的选择

热喷涂涂层主要的应用有防腐或耐磨涂层，电气或隔热涂层，特定的电气、光学、电化学或催化性能涂层等。根据涂层的应用要求选择材料和喷涂方法，制备具有不同特性的涂层，如热障涂层要求有一定的孔隙率，耐腐蚀涂层则要求有一定的致密性。制备不同特性的涂层，一方面与粉体结构特性有关，另一方面还与制备方法和工艺参数有关。

冷喷涂在喷涂易塑性变形或低熔点金属材料方面具有一定的优势，不仅可以大幅度减少喷涂过程中材料的氧化，还可提高喷涂的沉积效率。例如，冷喷涂金属铜无论是从涂层的质量还是沉积效率方面都比与其他热喷涂方法有明显的优势。

涂层的性能取决于喷涂的方法和喷涂的材料，选择热喷涂设备首先要考虑能够熔化的喷涂材料。等离子喷涂温度高，能够喷涂几乎所有的喷涂材料，但是一些碳化物和金属粉末采用等离子喷涂会产生脱碳或氧化，同时涂层的气孔较高。超音速喷涂的温度低于等离子喷涂，而且速度更高，适合喷涂碳化物和金属粉末，有利于制备结构致密的涂层。对于喷涂有塑性变形的金属可以考虑选择冷喷涂方法，但要注意成本和涂层的组织结构，冷喷涂采用氦气作为动力，成本很高。另外冷喷涂一些塑性变形较差的金属，涂层的气孔率很高，如冷喷涂钛合金。对于某些材料，可能有多种热喷涂方法供选择，此时应考虑涂层的制备成本。图 1-9 所示为大气等离子喷涂、火焰超音速喷涂和低压等离子喷涂 FeAl 粉末制备的涂层组织的比较[28]。大气等离子喷涂 FeAl，涂层内含有很多的氧化物和气孔，等离子喷涂（APS）涂层是典型的层状组织，层间氧化物明显，有少量的未熔粒子。火焰超音速喷涂涂层中大部分粉末处于未完全熔化，粒子基本保持

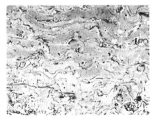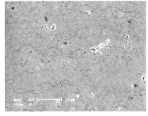

图 1-9 大气等离子喷涂、火焰超音速喷涂和低压等离子喷涂 FeAl 粉末制备的涂层组织的比较

着原始粉末形态，涂层中的氧化物含量减少，涂层较为致密。低压等离子喷涂的涂层氧化物含量最低，涂层组织更加致密。图 1-10 所示为上述三种方法制备的涂层硬度比较，大气等离子喷涂与火焰超音速喷涂的涂层硬度相当，低压等离子喷涂的涂层硬度最高，这与粉末的高熔化程度有关。

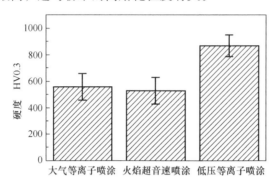

图 1-10 大气等离子喷涂、火焰超音速喷涂和低压等离子喷涂 FeAl 粉末制备的涂层硬度比较

　　涂层组织与粉体加热温度和速度有直接关系，提高粉体颗粒温度有利于涂层的形成和沉积效率的提高，而高射流速度则有利于形成致密组织结构的涂层。热喷涂方法按热源温度高低顺序如下：电弧喷涂、等离子喷涂、氧乙炔火焰喷涂、爆炸喷涂、火焰超音速喷涂和冷喷涂。热喷涂热源的温度和热焓值（单位体积内射流含有的热能）是两个不同概念，温度高不一定射流热焓值高。熔化喷涂材料不仅需要高温，还需要有适当的热焓。热喷涂热源速度的高低顺序如下：爆炸喷涂、火焰超音速喷涂和冷喷涂的射流速度大致相当，一般高于 500m/s，其次为等离子喷涂、火焰喷涂。绝大多数热喷涂设备可以从市场上购买到，但是设备特性差别很大。如等离子喷涂，有采用内侧送粉（Praxair SG100）和外部送粉（Metco 9M）的等离子喷枪。火焰超音速喷涂的设备差别更大，燃料有乙炔、丙烷、煤油等，助燃剂有氧气和空气，燃料的不同会导致燃烧温度、热焓值和射流速度差别很大，选用时需注意。除喷涂粉末材料外，火焰和电弧喷涂还可以喷涂丝材，虽然涂层氧化物和气孔较多，但是喷涂成本比其他方法较低。Tailor 等人[29] 介绍了低成本氧气-PLG 火焰喷涂铜丝（直径 3.17mm）制备的涂层，Chierichetti 等人[30] 介绍了火焰喷涂金属铝丝，图 1-11 所示为获得的致密组织涂层。

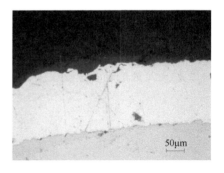

图 1-11 火燃喷涂金属铝丝获得的致密组织涂层

热喷涂方法制备的涂层与零件基体绝大多数是机械结合，由于机械结合强度低，热喷涂涂层不能应用在高载荷或有较大温度变化的情况。转移弧等离子（PTA）和激光熔覆，以及自熔合金可形成冶金结合强度的涂层。Smirnov 等人[31]介绍了使用 7.7kW 二氧化碳激光器，在铝合金基体上熔覆铁基合金涂层。

1.6　热喷涂工艺参数

热喷涂涂层组织主要由喷涂材料和喷涂方法来决定。喷涂工艺是指喷涂方法确定后的具体喷涂参数。对于等离子喷涂主要设定的参数有等离子工作气体种类、气体流量、电弧电流、送粉方式和送粉量及喷涂距离等。等离子电弧电压不是独立变量，是由上面参数共同作用的结果，有关各参数的影响将在等离子喷涂章节中详细论述。

超音速喷涂种类主要包括氧气助燃的 HVOF 和空气助燃的 HVAF，燃料分为气体燃料和液体燃料两类。对于一些市场上出售的常用粉末材料，超音速喷涂设备制造厂家通常给出了喷涂参数，主要有燃料种类、压力、流量、送粉量、喷涂距离等，用户可自行改变的喷涂参数不多。选用气体燃料的超音速喷涂，粉末在喷涂中的受热温度通常高于选用煤油、乙醇等液体燃料，而粉末颗粒速度由于煤油燃料燃烧室压力高，粉末颗粒的速度高于气体燃料超音速喷涂。

爆炸喷涂采用可燃性气体作为能量，主要有乙炔、丙烷和氢气等，助燃剂主要是氧气，设定参数有爆炸气体的种类、流量、氧气流量、爆炸频率、送粉量等。爆炸喷涂涂层组织，特别是喷涂金属碳化物、硼化物、FeAl 等金属间化合物组织时，受爆炸气体温度影响很大。参数选择不当时，喷涂金属碳化物、硼化物会导致脱碳或脱硼，涂层脆化，耐磨性下降。喷涂 FeAl 等金属间化合物时，喷涂参数不当，会导致涂层中的氧化物含量较高。通常喷涂材料确定后，会根据材料的熔点、粉体颗粒尺寸和涂层的技术指标，选择喷涂工艺参数。对于 WC-Co 粉体材料，爆炸喷涂工艺的考虑主要是如何减少喷涂过程的氧化和脱碳，制备出硬度高、结构致密的涂层。

冷喷涂的喷涂参数主要有动力气体的种类、加热温度和压力、拉瓦尔喷嘴的尺寸。常用的冷喷涂气体有氦气、氮气和空气，有关冷喷涂具体的参数可参考本书的冷喷涂章节。另外，冷喷涂金属时要注意粉体颗粒的塑性变形能量、粉体的沉积效率、涂层的致密性及制备成本。

热喷涂制备涂层时除了要考虑涂层性能和组织，还需考虑涂层的制备成本。制备成本与沉积效率有关，取决于喷涂方法。一般来讲，热喷涂射流温度高，有利于提高粉末的沉积效率。以喷涂 WC-Co 粉末材料为例，采用等离子喷涂、超音速喷涂，或者冷喷涂制备涂层，沉积效率相差几倍以上，低的沉积效率一方面会损失大量的材料，还会增加喷涂时间，导致成本增加。

喷枪相对喷涂零件基体的移动速度也是一个重要的喷涂参数。喷枪移动慢会导致一次喷涂涂层过厚或基体温度过高，冷却后可能导致涂层脱落或者涂层组织性能差。应根据工件的尺寸确定喷枪相对工件的移动速度。对于机械结合的热喷涂，一次喷涂的涂层厚度不要超过 0.1mm。

1.7 热喷涂过程的监测

热喷涂射流的温度和速度直接影响粉末颗粒的温度和速度，对涂层组织影响很大。由于热喷涂射流温度很高，一般不宜采用热电偶直接测量温度方法，而是通过间接方法测量温度，或者通过理论计算，获得射流的温度分布特征。测量等离子射流温度的方法有热焓探针法和光谱法。热焓探针法可直接将探针放在等离子喷枪喷嘴外部自由等离子射流中（喷嘴内部不可采用此方法），通过测量流入热焓探针入口和出口的水流量和水温变化，在等离子气体成分已知的情况下，可以计算出测量位置的高温等离子射流温度。通过测量热焓探针气体出口的压力，根据伯努力流体力学，可计算等离子射流的速度，但是如果等离子射流为超音速，计算将会很复杂。等离子射流中粉体颗粒的温度和速度可以通过高速摄像方法来测量，市场上已开发出一些测量仪器。等离子射流的温度还可以通过测量等离子体光谱成分和强度，计算出等离子射流温度。

气体燃烧超音速喷涂射流的温度和速度的计算要比等离子射流容易些，虽然也可以用热焓探针测量，但是由于方法烦琐，采用计算的较多。关于喷枪出口温度和速度已有很多论文发表。超音速喷涂粉体颗粒的温度和速度也可采用市场上出售的测量仪测量，如 SprayWatch、DPV2000 等[32]。

控制喷涂中零件基体温度对于喷涂厚涂层或者尺寸小的零件很重要。厚涂层容易脱落，而小的零件喷涂时容易过热。红外测量方法是测量零件基体温度的简单方法。当喷涂涂层材料的膨胀系数与零件膨胀系数相差较大时，涂层冷却后容易脱落，因此控制基体温度非常重要。

1.8 涂层的评价方法

评价涂层常用的技术指标有涂层相组成、涂层组织、涂层硬度、气孔率、涂层与基底的结合强度、涂层的弹性模量等。一些特殊性能要求的涂层还有其他评价指标，如热障涂层要求热导率和抗热震性，电学材料涂层可能要求介电常数和绝缘性等。常用的评价涂层的方法有 X 射线衍射相分析、X 射线应力分析、光学显微镜和扫描电镜组织观察、涂层结合强度测量（拉伸法、拔销法）、涂层断裂力学测量等。

很多材料高温加热后，急速冷却会发生相变。热喷涂金属、金属碳化物、金属硼化物等材料还可能发生氧化和脱碳、脱硼。热喷涂氧化铝粉末通常为稳定的 α- Al_2O_3，加热后急冷凝固会形成 γ- Al_2O_3。热喷涂氧化钛也会发生相变。可以采用 X 射线衍射（XRD）方法来确定涂层的相结构并与原始粉末进行比较。

涂层组织可以用光学显微镜来观察，同时还可评价涂层的气孔率。用显微组织来确定涂层的气孔率，可以预先制备不同气孔率的标准涂层组织与之进行比较，还可以采用图像处理分析方法进行评估。为了更好地显示涂层组织，有些试样需要化学腐蚀和热腐蚀。

涂层与基体的结合强度测量可参考国家标准（GB/T 8642—2002）。通常采用拉伸方法，预先将涂层喷涂在钢铁圆柱体的一个面上，然后与另一个相同尺寸，经喷砂后的钢圆柱体用胶粘接，用拉伸试验仪测量结合强度。黏结胶的质量和粘接工艺对测量结果有很大影响，拉伸结果如果结合强度低，又发生在胶面断裂，往往是粘接不好造成的。一些高结合强度的涂层（超过 60MPa）如果拉伸断裂发生在胶粘接界面，则不能用这种方法测量涂层的结合强度，可以改用拔销法，图 1-12 所示为拔销法测量涂层结合强度的示意图。另外，有人提出用维氏压头以一定载荷在喷涂涂层与基体界面上使界面开裂，根据界面产生的裂纹评价结合强度。

涂层耐磨性评价方法有喷涂圆盘与金属销的干摩擦方法（Pin-on-disc tests）、硅砂磨损方法等，图 1-13 所示为硅砂磨损方法评价涂层的耐磨性。

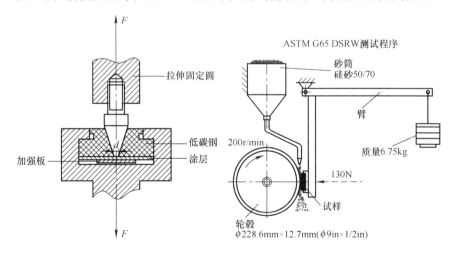

图 1-12　拔销法测量涂
层结合强度的示意图

图 1-13　硅砂磨损方法评价涂层的耐磨性

参 考 文 献

［1］ SCHOOP M U. Improvements in or connected with the coating of surfaces with metal, applicable also for soldering or uniting metals and other materials: UK Patent 5, 712 ［P］. 1910.

［2］ SCHOOP M U. An improved process of applying deposits of metal or metallic compounds to surfaces: UK Patent 21 066 ［P］. 1911.

［3］ STEFFENS H D. Metallurgical changes in the arc spraying of steel ［J］. Br Welding, 1966, 13 (10): 597-605

［4］ SCHOOP M U. Apparatus for spraying molten metal and other fusible substances: US19140819722 ［P］. 1915-03-30.

［5］ STEFFENS H D, BABIAK Z, WEWEL M. Recent developments in arc spraying ［J］. IEEE Trans Plasma Sci, 1990, 18 (6): 974-979.

［6］ MARANTZ D. State of the art arc spray technology ［C］// Bernecki TF (ed) Proceedings of the thermal spray research and applications proceedings of the 3rd national thermal spray conference. Ohio: ASM International, 1990.

［7］ HUSSARY N A, HEBERLEIN J. Effect of system parameters on metal breakup and particle formation in the wire arc spray process ［J］. Journal of Therm Spray Technol: 2007, 16 (1): 140-152.

［8］ KNIGHT R. Thermal spray: Past, present and future ［C］// Mostaghimi J Proceedings of the international sysmposiym on plasma chemistry. Toronto: ASM International, 2005.

［9］ ZIERHUT J, HASLBECK P, LANDES K D, et al. TRIPLEX - an innovative three- cathode plasma torch ［C］// Proceedings of the international thermal spray conference. Ohio: ASM International, 1998.

［10］ BURGESS A. Hastelloy C-276 parameter study using the Axial III plasma spray system ［C］// Lugscheider E (ed) Proceedings of the international thermal spray conference. Ohio: ASM International, 2002.

［11］ MAUER G. Plasma Characteristics and Plasma-Feedstock Interaction Under PS-PVD Process Conditions ［J］. Plasma Chem & Plasma Process, 2014, 34 (5): 1171-1186.

［12］ GELL M, WANG J, KUMAR R, et al. Higher Temperature Thermal Barrier Coatings with the Combined Use of Yttrium Aluminum Garnet and the Solution Precursor Plasma Spray Process ［J］, Journal of Therm Spray Technology, 2018, 27 (4): 543-555.

［13］ POORMAN R, SARGENT H, LAMPREY H. Method and Apparatus Utilizing Detonation Waves for Spraying and other Purposes: US2714563A ［P］. 1955-08-02.

［14］ PELTON J. Flame Plating Using Detonation Reactants: US73828358A ［P］. 1958-05-28.

［15］ BROWNING J A. Highly concentrated supersonic liquefied material flame spray method and apparatus: US04416421A ［P］. 1983-11-22.

［16］ BROWNING J A. Hypervelocity impact fusion a technical note ［J］. Journal of Thermal Spray Technology, 1992, 1 (4): 289-292.

［17］ ALKHIMOV A P, KOSAREV V F, PAPYRIN A N. A method of cold gas-dynamic deposition ［J］. Souiet Physics Dokl, 1990, 35（12）: 1047-1049.

［18］ IRISSOU E, LEGOUX J G, RYABININ A N, et al. Review on cold spray process and technology: part I -intellectual property ［J］. Journal of Therm Spray Technology. , 2008, 17（4）: 495-516.

［19］ FAUCHAIS P L, HEBERLEIN J V R, BOULOS M I. Thermal Spray Fundamentals ［M］. New York: Springer, 2014.

［20］ MOLZ R, HAWLEY D. A method of evaluating thermal spray process performance ［C］. Ohio: ASM International-Thermal Spray Society, 2007.

［21］ FAUCHAIS P L, HEBERLEIN J V R, BOULOS M I. Thermal Spray Fundamentals ［M］. New York: Springer, 2014.

［22］ AMADA S, HIROSE T. Influence of grit blasting pre-treatment on the adhesion strength of plasma sprayed coatings: fractal analysis of roughness ［J］. Surface and Coatings Technology, 1998, 102: 132-137.

［23］ AMADA S, HIROSE T. Planar fractal characteristics of blasted surfaces and its relation with adhesion strength of coatings ［J］. Surface and Coatings Technology, 2000, 130: 158-163.

［24］ 邱长军, 李必文. Ni- Al 混合粉喷涂层反应烧结结合强度的试验研究 ［J］. 中国表面工程, 2000, 1: 32-35.

［25］ REDEKER C F, BACH F W, BRANDT S, et al. Removal of thermal sprayed layers ［C］. Ohio: ASM International-Thermal Spray Society, 2002.

［26］ BACH F W, BRÜGGEMANN P, LOUIS H, et al. Dry ice blasting and water jet processes for the removal of thermal sprayed coatings ［C］. Ohio: ASM International-Thermal Spray Society, 2005.

［27］ KARTHIKEYAN J, BERNDT C C, TIKKANEN J, et al, Plasma Spray Synthesis of Nanomaterial Powders and Deposits ［J］. Materials Science & Engineering A, 1997, 238（2）: 275-286.

［28］ YANG D M, TIAN B H, GAO Y. Microstructure and properties of FeAl coatings prepared by APS, LPPS and HVOF ［C］. Ohio: ASM International-Thermal Spray Society, 2011.

［29］ TAILOR S, MODI A, MODI S C. Development of thermal sprayed thin copper coatings ［C］. Ohio: ASM International-Thermal Spray Society, 2018.

［30］ CHIERICHETTI A, CERRI W, MELONI R. Restoring Body of Valuable Historic Vehicles: An Innovative Approach by the Use of Thermal Spray Techniques ［C］. Ohio: ASM International-Thermal Spray Society, 2018.

［31］ SMIRNOV I, LAMPA C. High speed laser cladding for innovative applications ［C］. Ohio: ASM International-Thermal Spray Society, 2019.

［32］ FRANETZKY C, ZIMMERMANN S, SCHEIN J, New Expansion of mobile Particle Shape Imaging and comparative measurements with other diagnostics ［C］. Ohio: ASM International-Thermal Spray Society, 2017.

第 2 章

等离子喷涂

2.1 引言

　　等离子喷涂是热喷涂中最为常用的一种技术。绝大多数的等离子喷涂是以直流电弧产生的高温等离子体为热源，工作气体以氩气为主，加入氢气、氦气或氮气等以提高等离子体的电弧电压。等离子喷涂可以喷涂粉末材料或者金属线材。喷涂粉末材料时，通常采用气体作为携带粉末的载体，将粉末状喷涂材料送入高温等离子射流中加热和加速。粉体颗粒被加热到熔融或半熔融状态，高速飞行撞击到工件喷涂基体表面，迅速铺展变形，同时快速凝固，一片覆盖一片，一层覆盖一层形成层片状堆积结构的涂层。等离子喷涂的优势在于射流温度高，能够熔化几乎所有的金属、氧化物、碳化物等喷涂材料。工业上最早应用等离子喷涂是在 20 世纪 50 年代，采用高温金属钨合金等材料作为阴极，通常为棒状或圆锥形，而阳极通常选用导热良好的铜或钨合金，加工成圆筒结构，外部用水冷却。等离子喷涂可以在开放的大气下直接进行，或在保护环境下的低压容器中进行喷涂。大气等离子喷涂的优势在于它的灵活性和实用性，特别是喷涂高熔点氧化物材料，在涂层性能和制备成本方面显示出了很高的性价比。另一方面，由于等离子射流温度高，大气条件下金属颗粒在等离子射流中加热会不可避免地使颗粒表面氧化，在制备的涂层中可以观察到金属氧化物的存在。为了减少喷涂中金属粒子的氧化，20 世纪 70 年代出现了低压等离子喷涂，喷涂在密闭的容器中进行，喷涂涂层组织也与大气等离子喷涂发生了变化，特别是超低压等离子喷涂，可以以气相沉积方式形成柱状晶结构的涂层。此外，近十年来出现了一些新的等离子喷涂技术，如三阴极或三阳极等离子喷涂、超音速等离子和射频等离子喷涂也备受关注。

2.2 直流电弧等离子喷涂设备

2.2.1 大气等离子喷涂设备

　　图 2-1 所示为大气直流电弧等离子喷涂设备，由直流电源、水冷却装置、送

粉器、控制柜和等离子发生器即等离子喷枪组成。工作气体可采用高压气瓶供气，通过减压阀将气体压力降到 0.3～0.5MPa，再供给气体控制流量计。

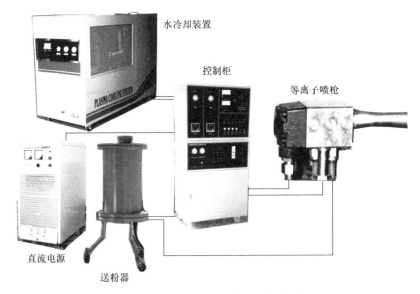

图 2-1 大气直流电弧等离子喷涂设备

（1）直流电源 由于等离子喷枪的工作电压受喷枪结构、等离子气体流量、成分、工作电流的影响，工作中电弧电压变化较大，加上功率较大（一般大于20kW），因此多采用降电压特性的可控硅整流直流电源。最近也有采用逆变直流电源，但是逆变直流电源直接与电网连接，可能会对电网特性产生影响。直流电源主要有最大输出电流和空载电压两项技术指标。最大输出电流是根据喷枪和喷涂材料的特性而设计的，大气等离子喷涂直流电源一般在 1000A 以内；而空载电压主要由等离子喷枪的喷嘴和工作气体种类来确定，电压变化幅度较大，从30V 到 200V 以上。

（2）水冷却装置 水冷却装置主要是对等离子发生器的阳极和阴极进行冷却，为了防止水垢对传热产生影响，降低冷却效果，最好采用去离子水为冷却介质。使用制冷装置对去离子水进行冷却，从而控制水温。较高级的冷却装置可以控制进入喷枪的水温和流量，根据这些参数可以计算出喷枪喷出的净能量。

（3）送粉器 送粉器根据原理不同有刮板式控制送粉、电磁振荡控制送粉、悬浮气流流动床等结构。评价送粉器好坏的指标主要是送粉量的稳定性和可送粉颗粒的范围。细小颗粒的粉末往往比较难以连续送粉。另外有些喷涂需要高压送粉器。

（4）控制柜 控制柜主要用来控制电弧电流和等离子工作气体的流量。气体流量早期采用浮子流量计，近年来采用气体质量流量计较多，可以用数字显示出气体的流量，还可以编程实现计算机控制。

（5）等离子喷枪　轴线式直流等离子喷枪是等离子喷涂最常用的等离子发生器结构，通常由高熔点金属钨合金加工成圆锥形状的阴极，阳极由导热性良好的铜或钨合金加工成圆筒形状。阳极内部通常由圆锥状入口部分和筒状通道组成，阴极尖端与阳极圆筒之间的间隙通常为 2~5mm。高温等离子体在阳极内部产生。等离子喷枪汇聚着直流电流、工作气体、冷却水、送粉通道，是等离子喷涂系统中最重要的设备。等离子喷枪的结构决定着等离子的喷涂效率、喷枪电极的寿命和涂层质量。理想的等离子喷枪应具备以下特征：

1）尽量小的电压波动。

2）阳极喷嘴电弧腐蚀小，长期工作。

3）等离子射流集中、尽量没有偏流，热导率高。

直流等离子喷枪的工作原理如图 2-2 所示，直流电源（DC）为等离子的产生提供能量，直流电源的正极与等离子喷枪的阳极喷嘴连接，电源负极与阴极连接，在阴极与阳极间设有进气通道，通入等离子气体。在等离子产生前，阴极-阳极处于电路断开状态，最初电弧等离子的产生需要在阴极与阳极间进行高压交流放电，形成等离子体，并由直流电源维持气体连续电离。工作气体进入阳极内部，电弧电流由锥形阴极尖端流向阳极内表面，工作气体被加热成高温等离子射流。等离子体生产后，粉末被输入等离子射流中，加热、加速、部分熔化，并在等离子射流推动下在零件基体表面堆积形成涂层。

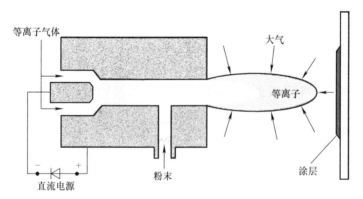

图 2-2　直流等离子喷枪的工作原理

大气等离子喷枪出口速度可分为亚音速等离子喷涂、超音速等离子喷涂和低速层流等离子喷涂。商业上大多数等离子喷涂为亚音速等离子喷涂，市场上出售的等离子喷枪有 F4（Sulzer Metco 公司）、SG-100（Praxair 公司）等国外产品，也有类似的国产等离子喷枪。

2.2.2 电弧等离子的产生

图 2-3 所示为直流等离子启弧部分电路。直流电源负极通过电感连接到喷枪的阴极，电源正极连接到喷枪的阳极。高压交流变压器的输出端一根连接到喷枪阴极，另一根通过电容连接到喷枪阳极。由于电感对交流电的隔离和电容对直流电的隔离作用，使线路中交、直流分离，互不干扰，从而保护了交流高压启弧时直流电源不受高压交流的影响。等离子启弧的工作过程如下：

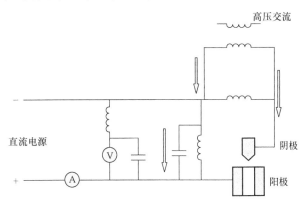

图 2-3　直流等离子启弧部分电路

1）启动直流电源。

2）在阴极与阳极间通入主气体氩气。

3）启动高压交流，使阴极与阳极间放电。由于直流电源已预先连接在喷枪的阴极与阳极，加上有主气体被击穿，此时在阳极内部会产生高温等离子射流。

4）等离子体产生的同时，交流高压自动断开，直流电源维持等离子体的燃烧。

图 2-4 所示为阳极内部直流等离子电弧示意图[1]，直流电流从阳极流向阴极尖端，形成直流电流回路，在阳极内表面形成电弧的点称为电弧根。电弧弧柱在周围冷气体包围和水冷阳极作用下集中在阳极内部。电弧在靠近阳极表面弧根部位发生弯曲，产生洛伦兹力，根据左手定则，这一洛伦兹力会迫使弯曲电弧弧根向阴极方向移动。增大电流会增加洛伦兹力，迫使电弧根进一步向阴极方向压缩。工作气体在阳极内部向出口方向流动，推动电弧根向阳极出口方向移动，导致电弧根处于动态平衡。从阴极到电弧根之间，电弧加热周围工作气体，形成等离子体，工作气体可以旋转或者平行进入阳极，气体的进入方式会影响电弧根的位置，进而影响电弧电压。

阳极内部等离子体以电弧根为界分为两部分，即从阴极前端到阳极弧根部分

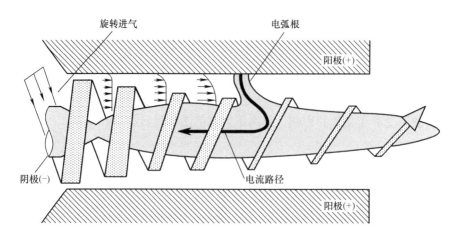

图 2-4   阳极内部直流等离子电弧示意图

和电弧根之后高温射流等离子体两部分。前部分是工作气体获得能量，气体电离
分解为热等离子体的过程，这部分过程涉及的物理现象极为复杂，包括了电与磁
的相互作用，气体的电离等。而电弧根之后的高温等离子体射流，又可分为喷嘴
内部压缩等离子体和喷嘴外部自由射流等离子体。研究喷嘴外部等离子体的传热
与流动时可以不考虑电磁的相互作用，故相对比较容易。

图 2-5 所示为直流电弧等离子构成示意图[2]。从阴极前端到阳极表面的电
弧长度受等离子工作气体成分、流量、阳极内部几何尺寸（直径和长度）等诸
多因素影响，控制着电弧电压。直流电弧等离子体在阳极喷嘴内受到阳极内部形
状的压缩，以压缩的刚性等离子弧为热源，气体经过压缩电弧后出现高温而形成
的等离子体，属于稠密的热等离子体。

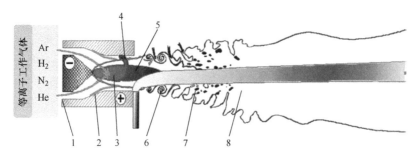

图 2-5   直流电弧等离子构成示意图

1—等离子工作气体入口   2—阳极   3—电弧等离子   4—弧根   5—高温等离子射流

6—周围湍流气体的卷入   7—从射流中分离的等离子体   8—层流外围气氛

等离子体在阳极喷嘴内部受三方面的压缩作用：

（1）机械压缩效应　机械压缩效应是指喷枪的喷嘴内部尺寸限制了电弧直径的扩张，从而对电弧产生的压缩效应。

（2）热压缩效应　热压缩效应是指在电弧和喷嘴内壁之间形成的冷却气膜，由于气体电离度很低，导电性能差，电流很难通过，迫使电弧只能通过电离度高的中心部位，从而对电弧产生的压缩效应。

（3）自磁压缩效应　自磁压缩效应是指电弧内自由电子的定向移动而产生的指向电弧中心的电磁力对电弧产生的压缩效应。

由于这三种压缩效应是同时存在的，故会使等离子射流的能量集中，使其达到很高的温度和速度从而适合热喷涂的需要。

2.2.3　三种电弧结构的高温等离子

直流等离子喷枪根据阳极电弧弧根的位置可以分为如图 2-6 所示的转移弧、非转移弧和联合弧等离子射流。图 2-6a 所示为非转移弧等离子，以喷嘴作为阳极，直流电流从阴极前端流向阳极内表面，电弧弧根在阳极内表面，高温等离子从喷嘴喷出，通常用于热喷涂。图 2-6b 所示为转移弧等离子，直流电源的正极连接在工件上，喷嘴的作用主要是约束等离子流，阴极前端到工件表面形成直流电流回路，弧根落在工件表面，因此称转移弧等离子。转移弧等离子工作时要求基体一定是导电体，转移弧等离子主要用于焊接或切割。图 2-6c 所示为联合弧等离子，通常使用两个直流电源，其中功率较大的电源与阴极和阳极喷嘴相连构成非转移弧。另一个功率较小的电源作为辅助电源，与阴极和工件基体相连，主要的作用为加热工件。无论哪种形式的等离子体，由于弧根处电流密度很大，弧根对阳极或工件表面有非常大的电弧加热效果，远超等离子体通过传热对工件的加热。对于非转移弧等离子，阳极内部一定要为水冷却。阴极由于使用高熔点的金属钨或其他高熔点合金，同时受周围工作气体的冷却，加上热发射电子自身冷却，对于功率较低的等离子喷枪，阴极可以不用水冷却。

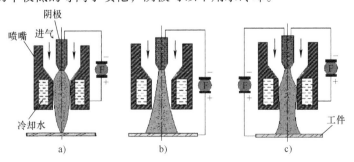

图 2-6　非转移弧、转移弧和联合弧等离子射流

a）非转移弧等离子　b）转移弧等离子　c）联合弧等离子

　　非转移弧等离子喷涂在基体上形成的涂层往往为机械结合涂层，即涂层与基体有明显的界面，如图2-7所示，涂层与基体的结合强度通常低于70MPa，涂层中含有气孔、未熔化颗粒等很多缺陷。转移弧等离子可制备冶金结合的涂层，图2-8所示为转移弧等离子堆焊NiBSi+60WC（WC的质量分数为60%）形成的涂层[3]。

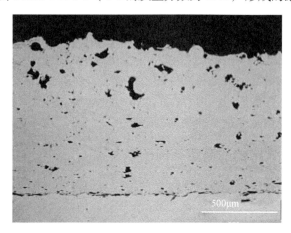

图2-7　非转移弧等离子喷涂NiCrBSi，涂层为机械结合

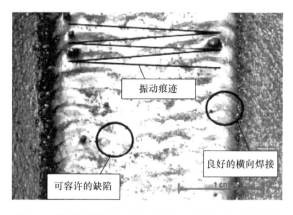

图2-8　转移弧等离子堆焊NiBSi+60WC形成的涂层

2.3　等离子工作气体

　　等离子工作气体的种类和流量对电弧等离子射流特性有很大的影响，一般来讲气体种类和流量可以影响等离子射流的稳定性、电弧电压、等离子射流热焓、热导率、射流速度和喷枪的使用寿命。这些因素在制备涂层时会直接影响涂层的致密性，涂层中的相结构，涂层与基体的结合强度，涂层的沉积效率等。直流非

转移弧等离子喷涂最常用的工作气体有氩气、氢气、氦气和氮气。直流等离子喷涂通常以氩气作为主要气体，氩气为单原子惰性气体，离子激化能量为 15.7eV，高压放电容易启弧，产生等离子体，并且氩气不会与电极（钨合金）或喷涂粉末材料发生反应。大气下氩气在温度 500K 的密度为 0.937kg/m^3，比热为520J/kg·K，黏度为 3.39×10^{-5}kg/m·s，热导率为 0.0265W/m·K，电导率可以忽略不计。而在温度 10000K 下的密度为 0.0477kg/m^3，比定压热容为1506J/kg·K，黏度为 2.7×10^{-4}kg/m·s，热导率为 0.6W/m·K，电导率达2.94×10^3S/m[4]。气体由500K 通过电弧加热到 10000K，氩气密度减小到原值的 1/20，比定压热容加大 3倍，热导率与黏度分别增加 24 倍和 8 倍，气体由不导电变化为良好导体[5]。图 2-9 所示为 Ar-H$_2$ 气体的氢气含量（体积分数），温度与等离子体热焓值的关系，可以看到，单纯氩气等离子体在 10000K 的热焓约为 8MJ/kg，同时由于氩气的热导率较低，因此单纯氩气等离子体对粉体材料的加热速率有限，很难快速熔化高熔点材料。

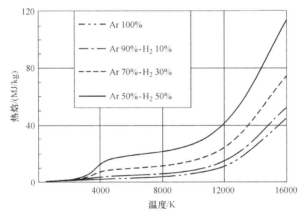

图 2-9 Ar-H$_2$ 气体的氢气含量（体积分数），温度与等离子体的热焓值的关系

为了提高等离子射流的热焓，使粉体能够瞬间加热到熔化或部分熔化，等离子喷涂时需要加入氢气或氮气作为二次气体。氢气和氮气是双原子气体，气体加热到等离子状态，首先将双原子气体分解为单原子气体，然后单原子气体进一步转变为电离气体。图 2-10 所示为氩气和氢气状态的粒子密度（分子、原子、离子）与温度的关系[5]。随着温度的升高，气体分子 Ar 和 H$_2$ 的密度降低，而Ar$^+$、H$^+$ 离子密度增加。图 2-11 所示为不同氩气-氢气比率的热导率（体积分数）与温度的关系。由图 2-9 可知对于同样温度 10000K 的 90% Ar-10% H$_2$ 和70% Ar-30% H$_2$ 的等离子体（体积分数），热焓分别为 10MJ/kg 和 18MJ/kg，明显高于纯氩气等离子体在 10000K 的热焓 8MJ/kg。图 2-11 表明，等离子气体的热导率随氢气的增加而增加。

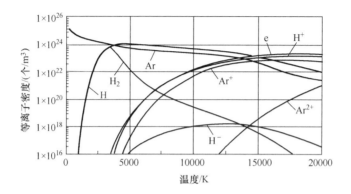

图 2-10　氩气和氢气状态的粒子密度与温度的关系

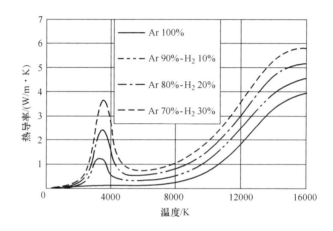

图 2-11　不同氩气-氢气比率（体积分数）的热导率与温度的关系

等离子体热焓（热量）在很大程度上取决于气体的电离。图 2-12 所示为不同等离子气体（Ar、He、N_2、O_2、H_2）的热焓随温度的变化[6]。热焓的急剧变化是由于离解和电离的反应热造成的。氢气为双原子气体，电离中，首先由稳定双原子气体，变成不稳定的单原子，进而电离成 H^+ 等离子体，因此，双原子氢气的热焓很高，双原子氮气也是如此。氩气为单原子气体，高温下氩的电离低于氢气，但其热焓比氢低。氩气也是单原子气体，随着温度的升高，氩气热焓升高速度慢。图 2-12 表明，双原子气体电离时，需要的能量多，因此，释放的热焓也多，故有利于提高等离子喷涂的热焓。

除氢气、氮气外，氦气也是等离子喷涂时经常使用的二次气体，氦气也能够提高等离子体的热焓，并具有较高的热导率，增加了等离子体向粉体传热。在温度 10000K 时，氢气的热导率为 3.7W/（m·K）高于氦气 2.4W/m，这表明在温

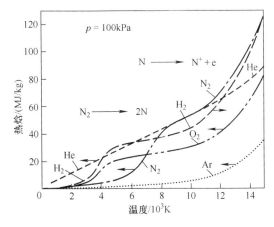

图 2-12　Ar，He，N$_2$，O$_2$ 和 H$_2$ 的热焓随温度的变化

度低于 10000K 时，氢气作为等离子喷涂的二次气体更有利于增加等离子体向粉体的传热，有利于粉体的熔化，但是图 2-13 所示过高的氢气含量会导致等离子电弧电压的波动（Arc voltage fluctuation）[7]，这与双原子气体分解为等离子的过程有关。双原子氢气高温下首先分解氢原子，然后进一步电离为离子，原子与离子数量受温度和电流等影响，处于不断变化状态，因此等离子电弧电压波动较大。与氢气相比氦气为单原子气体，引起的电压波动较小。电压的波动会导致等离子射流能量、速度波动，等离子电压的波动会对涂层组织产生影响，特别是喷涂敏感的纳米陶瓷材料。图 2-14 所示为电压波动对等离子喷涂纳米悬浮液涂层的影响，图 2-14a 的电压波动为 8%，而图 2-14b 的电压波动为 15%，涂层中出现了高气孔率的组织。当等离子体温度超过 12000K，氦气可增加等离子体的黏度，有利于提高粉体的速度。

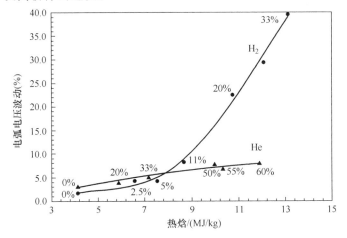

图 2-13　电弧电压波动与等离子气体热焓的关系

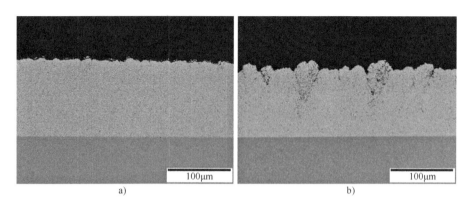

a)   b)

图 2-14   电压波动对等离子喷涂纳米悬浮液涂层的影响

a）电压波动为 8%   b）电压波动为 15%

Joulia 等人[7]调查了等离子射流速度与等离子气体成分、热焓的关系（见图 2-15）。He 曲线代表 Ar-He 中 He 的体积百分比；H_2 曲线代表 Ar-H_2 中 H_2 的体积百分比。发现在热焓为 10MJ/kg 时，50% Ar-50% He 等离子射流的速度达到 2200m/s。但是在同样的热焓值下，85% Ar-15% H_2 等离子射流速度仅为 900m/s，远低于 50% Ar-50% He 等离子射流速度，可见氦气能够提高等离子射流速度。

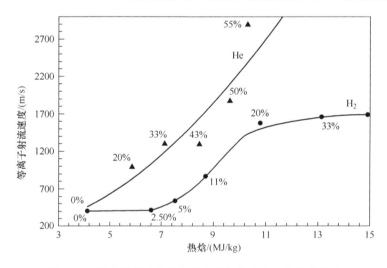

图 2-15   等离子射流速度与等离子气体成分、热焓的关系

氮气也可提高等离子体的热焓值，但是高温下氮气可与某些材料发生反应，形成氮化物。此外氮气会加速阴极钨的电弧腐蚀，特别是当使用纯钨金属作为阴极时，容易形成氮化钨而烧蚀，另外喷涂金属材料还可能发生反应形成氮化物。等离子气体种类、成分比率对等离子射流温度、热焓、速度和黏度影响很大，而等离子

体的这些特性又直接影响对粉体颗粒的加热和加速。在热喷涂等离子体中，仅仅用温度不能完全表述等离子体对粉体颗粒的加热能力。例如，单纯氩气等离子体的温度虽然很高，但是对粉体加热的能力却很低，相反在同样功率条件下，氩-氢等离子体的温度低于纯氩等离子体，但是对粉体加热能力却远高于纯氩等离子体。热焓值是评价等离子体的重要参数，等离子体在 T_2 温度下的热焓值为

$$h = \int_{T_1}^{T_2} mc_p \mathrm{d}T \qquad (2.1)$$

式中，m 为构成等离子体的单位气体质量；c_p 为气体的比定压热容；T_1 为气体的初始温度。高温等离子条件下的热焓值是等离子体中各种不同能量粒子的集合。

作者等人[8]用热焓探针方法分别测量了喷枪喷嘴出口 5～35mm 处，Ar-N_2 和 Ar-H_2 两种等离子射流分别在 70A-70V 和 100A-50V 工作条件下的温度和速度。表 2-1 所列为等离子喷枪工作参数，为了获得较高的电压，等离子气体中氮气或氢气的含量要高。等离子射流的温度和速度测量结果如图 2-16 所示。

表 2-1　等离子喷枪工作参数

等离子	电流/A	电压/V	氩气流量/(L/min)	氮气流量/(L/min)	氢气流量/(L/min)
Ar-N_2	70	70	21.5	24	—
	100	50	24	12	—
Ar-H_2	70	70	24	—	12
	100	50	24	—	8.5

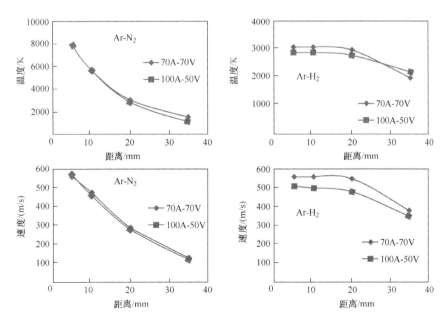

图 2-16　Ar-N_2 和 Ar-H_2 等离子射流温度和速度分布

从图 2-16 可以看出，Ar-N$_2$ 等离子射流温度在喷嘴出口 5mm 处明显高于 Ar-H$_2$ 等离子体，但是随喷嘴出口距离的增加温度迅速下降。而 Ar-H$_2$ 等离子射流温度和速度在喷嘴出口距离 5～20mm 范围内下降很少，之后在 20～35mm 时下降较快，工作气体成分明显影响喷嘴出口等离子射流的温度和速度。在几乎同样的输入功率下，无论是 Ar-N$_2$ 还是 Ar-H$_2$ 为工作气体，70A-70V 和 100A-50V 的不同工作条件对温度和速度影响较小。

在上述四种条件下对粒度 20μm 的破碎 Al$_2$O$_3$-13% TiO$_2$（质量分数）粉末进行喷涂，涂层的断面组织如图 2-17 所示，并测量了上述涂层的硬度。结果表明，以 Ar-N$_2$ 为工作气体，在 70A-70V 和 100A-50V 条件下喷涂涂层硬度分别为 897HV0.3 和 855HV0.3。而以 Ar-H$_2$ 为工作气体，70A-70V 和 100A-50V 条件喷涂的涂层硬度分别为 1243HV0.3 和 1236HV0.3。以 Ar-H$_2$ 为工作气体喷涂 Al$_2$O$_3$-13TiO$_2$（TiO$_2$ 的质量分数为 13%）涂层硬度高于 Ar-N$_2$ 气体等离子喷涂涂层，其原因在于 Ar-H$_2$ 等离子体热焓值较高使粉末熔化程度更高。另外试验结果还表明，无论是 Ar-N$_2$ 还是 Ar-H$_2$ 为工作气体，电流-电压的变化对涂层硬度影响较小。

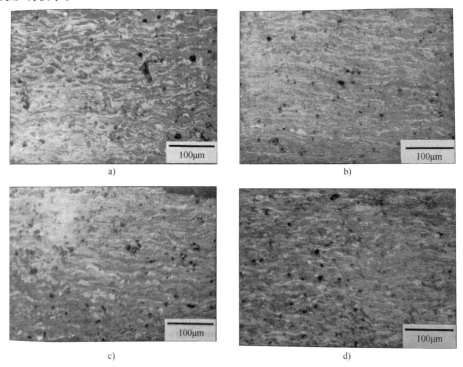

图 2-17　涂层的断面组织

a) Ar-N$_2$：70A-70V　b) Ar-N$_2$：100A-50V　c) Ar-H$_2$：70A-70V　d) Ar-H$_2$：100A-50V

　　Lima[9]等人使用 Oerlikon，3MB 等离子喷枪，分别在等离子气体流量 50L/minAr-10L/minH₂（简写为 50Ar-10H₂，后余同）和 50L/minN₂-10L/minH₂ 下喷涂了 YSZ 涂层。表 2-2 所列为喷涂参数和喷涂沉积效率。结果表明，虽然 50N₂-10N₂ 等离子功率略低（29～37kW），但是 50N₂-10H₂ 等离子气体沉积效率却明显高（60%～62%）。试验测量了喷嘴出口 75mm 处，YSZ 颗粒温度和速度的关系，如图 2-18 所示。50N₂-10H₂ 等离子喷涂的 YSZ 颗粒温度明显高于 50Ar-10H₂ 等离子喷涂，但是颗粒速度低于 50Ar-10H₂ 等离子喷涂，这一结果与沉积效率相对应。

表 2-2　Ar/H₂ 和 N₂/H₂ 等离子喷涂参数和沉积效率

编号	Ar（L/min）	N₂（L/min）	H₂（L/min）	I/A	U/V	功率/kW	沉积效率（%）
Ar-1	50		10	540	70	38	36
Ar-2	50		10	510	70	36	30
Ar-3	50		10	560	70	39	38
N₂-1		50	10	420	78	33	62
N₂-2		50	10	470	79	37	61
N₂-3		50	10	370	78	29	60

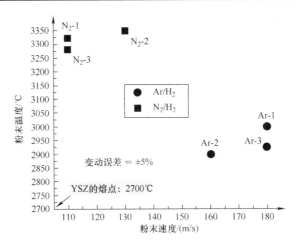

图 2-18　YSZ 颗粒温度和速度的关系

　　图 2-19 所示为 YSZ 涂层的弹性模量和气孔率，颗粒温度相对较低的 50Ar-10H₂ 等离子喷涂 YSZ 涂层的气孔率较高，弹性模量低，可能更适合于热障涂层。

　　上述两例表明，等离子体热焓与输入的电流，工作气体成分有关。等离子喷涂的热焓会影响粉体颗粒的熔化，进而影响涂层组织。除常用的 Ar、H₂、N₂ 等离子工作气体，Pershin 等人[10]使用 SG-100 等离子喷枪，大气下分别以 Ar-He 和 CO₂-CH₄ 作为工作气体，喷涂了 Y₂O₃，工艺参数与喷枪热效率见表 2-3。

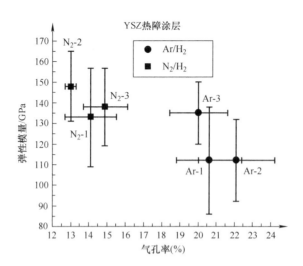

图 2-19   YSZ 涂层的弹性模量与气孔率

表 2-3   工艺参数与喷枪热效率

喷枪	气体流量/（L/min）	电流/A	电压/V	功率/kW	热导率（%）
SG-100	40Ar-8He	750	45	33.8	35.2
CACT	$35CO_2-14CH_4$	300	120	36	56

　　由于 CO_2-CH_4 为多原子气体，工作气体电弧电压高，相应调整电弧电流为 300A。表 2-4 所列为两种喷涂参数下 Y_2O_3 颗粒的温度和速度。在 CO_2-CH_4 工作气体下，Y_2O_3 颗粒的温度和速度均高于 Ar-He 工作气体的喷涂，热能利用率也明显较高。此外研究测量了涂层的耐压强度（介电性能），CO_2-CH_4 喷涂涂层为 10.2kV/mm，而 Ar-He 喷涂涂层为 7.9kV/mm。这是因为 CO_2-CH_4 喷涂涂层较为致密，遗憾的是研究没有介绍使用这样的工作气体对喷枪电极的损害及涂层内是否存在有害元素。

表 2-4   两种喷涂参数下 Y_2O_3 颗粒的温度和速度

喷枪出口距离/mm	颗粒参数	SG-100	CACT
100	温度/℃	2535	2744
	速度/（m/s）	92	120
200	温度/℃	2573	2697
	速度/（m/s）	102	112

　　Valarezo 等人[11]采用 Sulzer Metco 三阴极等离子喷枪，喷涂空心球形 YSZ（Metco 204NS）粉末，喷涂基体为厚度 1mm，长 228mm，宽 25mm 哈氏合金片。等离子电流为 500A，电压为 117V，气体流量为 Ar：He：N_2 = 20L/min：30L/min：7L/min，主要改变的参数有送粉量、喷枪移动速度和喷涂距离见表 2-5。

图 2-20 所示为涂层组织，结果表明涂层组织与送粉量、喷枪移动速度和喷涂距

表 2-5　三阴极等离子喷涂参数

试样编号	送粉量/(g/min)	喷枪移动速度/(mm/s)	沉积量/(g/m)	喷涂距离/mm	喷涂次数/次
A1	90	1000	1.5	150	11
A2	90	1000	1.5	100	11
B1	45	500	1.5	150	11
B2	45	500	1.5	100	11
C1	135	500	4.5	150	4
C2	135	500	4.5	100	4

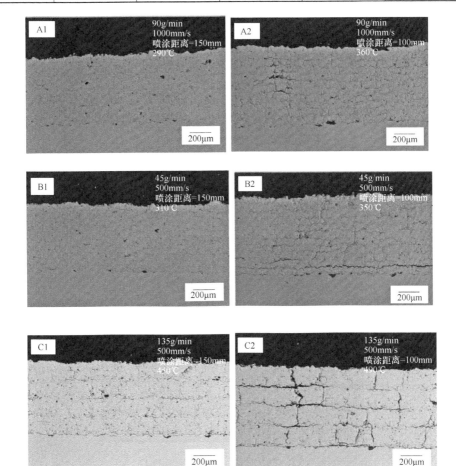

图 2-20　三阴极等离子喷涂空心球形 YSZ 粉末制备的
涂层组织与送粉量、喷枪移动速度和喷涂距离的关系
注：等离子电流为 500A，电压为 117V。

离有很大关系。低的送粉量（小于 90g/min），在较低的喷枪移动速度（500mm/s）下可以获得均匀的涂层组织。当送粉量较高（135g/min）时，涂层内部（见编号 C1）会出现分层结构。当喷涂距离为 100mm 时，无论送粉量如何，涂层均出现分层结构，特别是随着送粉量的增加，分层结构更加明显（见编号 C2）。

2.4   空气等离子喷涂

当喷涂材料为氧化物时，可以考虑使用空气等离子喷枪。图 2-21 所示为大连海事大学热喷涂中心开发的空气等离子喷枪的工作照片[12]，工作气体为压缩空气。由于空气中的氧气对阴极材料氧化腐蚀很大，有必要采用水冷的阴极，阴极材料最好使用铪合金。空气等离子气体的主要成分为双原子的氮气和氧气，因此等离子电弧电压往往很高，可达 100V 以上，并且电弧电压波动较大。工作气体空气的流量越高等离子电弧电压也越高。对空气等离子喷枪，在电流 100A，空气流量 30L/min 进行测量，其电弧电压达到 100V。当空气流量为 50L/min 时，电弧电压升到 150V。空气等离子射流的热焓，可用 CPSP（Critical Plasma Spray Parameter）评价，见式（2.2）。CPSP 越高意味着在一定流量空气下，等离子体的热焓值越高。过高的 CPSP 对喷枪阳极和阴极的烧蚀都很大，但是 CPSP 过低会导致喷涂效率下降。

$$CPSP = 电弧电压 \times 电流/空气流量 \tag{2.2}$$

图 2-21   空气等离子喷枪的工作照片

以 Al_2O_3 为喷涂材料，采用空气等离子喷枪进行喷涂，表 2-6 所列为空气等离子喷涂 Al_2O_3 涂层的工艺参数。图 2-22 所示为不同 CPSP 下喷涂的 Al_2O_3 涂层

XRD 图谱，根据 XRD 图谱可知，不同 *CPSP* 下的涂层，其 γ- Al_2O_3 的相含量大致相同。图2-23所示为 *CPSP* = 40 时的涂层光学断面组织，用图像分析方法测量得出该涂层的气孔率约为 14%。

表 2-6　空气等离子喷涂 Al_2O_3 涂层的工艺参数

参数	设定值
空气流量/(L/min)	30，40，50
电流/A	100
CPSP	309，353，399
喷涂距离/mm	90
送粉量/(g/min)	12
携带气体/(L/min)	10

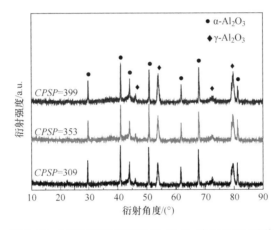

图 2-22　不同 *CPSP* 下喷涂的 Al_2O_3 涂层 XRD 图谱

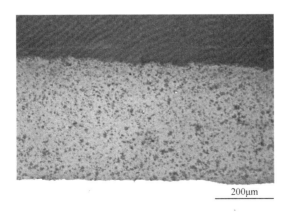

图 2-23　空气等离子喷涂 Al_2O_3 涂层光学断面组织

　　利用热焓探针可以测量喷枪出口一定距离的等离子射流温度。图 2-24 所示为气体流量为 40L/min，工作电流分别为 75A、100A、125A、150A 条件下，空气等离子喷枪出口 25mm 处等离子射流的平均温度。随着工作电流的增加，等离子射流的平均温度也在增加，在工作电流为 75A 时，空气等离子喷枪出口 25mm 处等离子射流的平均温度为 4842K，当工作电流增加到 150A 时，等离子射流的平均温度为 6755K。

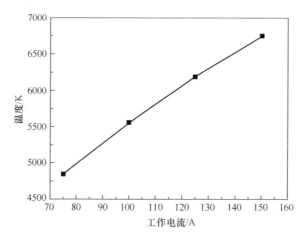

图 2-24　气体流量为 40L/min 时，空气等离子喷枪出口 25mm 处等离子射流的平均温度

2.5　影响电弧电压的因素

　　单一阴极和单一阳极的等离子喷枪虽然结构简单，但是电弧电压不稳定，这是由于阳极弧根不稳定所导致的。电弧在阳极内表面发生弯曲，并在阳极内部形成非对称的电弧结构，弧根一侧的温度高，从而导致工作气体温度、流速在阳极内部的分布非均衡。电弧在阳极内部由于弯曲产生洛伦兹力，使弧根向阴极方向移动。相反工作气体会推动弧根向喷嘴出口方向移动，两者作用力方向相反，力的平衡决定了弧根的位置。由于弧根的非对称性，使得弧根很难保持不动，

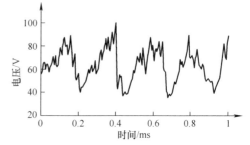

图 2-25　F4 等离子喷枪的电压波动的测量结果

注：Ar 流量为 35L/min，H_2 流量为 10L/min，
电弧电流为 550A。

图 2-25 所示为 F4 等离子喷枪电压波动的测量结果[13]，电压最低为 38V，最高

达 100V，电压波动幅度达到 60V。

　　除了二次双原子气体对电弧电压波动有很大影响，阳极内部形状、尺寸也会对电弧电压波动产生很大影响。Nogues 等人[14]对比研究了普莱克斯 PT-F4 和美科 3MB 两种商用等离子喷枪的电流、气体流量和氢气含量对电弧电压的影响。图 2-26 所示为 PT-F4 和 3MB 等离子喷枪阳极喷嘴内部尺寸，表 2-7 所列为喷枪的主要操作参数。电流、气体流量和氢气含量对电弧电压的影响如图 2-27 所示。PT-F4 喷枪的工作电压高于 3MB 喷枪，这是由于 PT-F4 喷枪采用了高氢气流量（10L/min）的结果。无论哪种喷枪其电弧电压总是随电流的增加而下降，特别是电流从 200A 增加到 300A，喷枪电压下降较大。喷枪的电压随气体流量的增加而增加，特别是对 3MB 喷枪，效果更佳明显。而氢气含量的增加会导致等离子电压明显增加，无论是 PT-F4 还是 3MB 喷枪，效果几乎相同。通过测量给出如下结论：由于 PT-F4 等离子喷枪的氢气流量高，电压波动更敏感，故喷涂粉体颗粒温度略高；而 3MB 等离子喷枪的粒子速度略低于 PT-F4，两种喷枪的涂层组织基本相同。

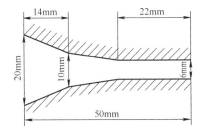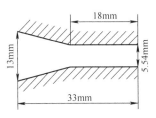

图 2-26　PT-F4 和 3MB 等离子喷枪阳极喷嘴内部尺寸

表 2-7　PT-F4 和 3MB 喷枪的主要操作参数

喷枪	喷嘴长度/mm	内径/mm	Ar 流量/(L/min)	氢气流量/(L/min)	电流/A
PT-F4	50	6.0	33	10	600
3MB	33	5.5	35	4.5	500

　　直流非转移弧等离子发生器的电弧电压一般受电弧电流、阳极内孔尺寸、流入阳极的气体成分、流量的影响。电弧电压基本上复合欧姆定律，即 $V = IR$。I 为电弧电流，R 为电弧的电阻。随着电流的增加，气体的电离程度也会增加，同时洛伦兹力使弧根向阴极方向移动，这些都会导致 R 减小，虽然电流增加，但 IR 并不一定能增加。另外双原子气体的电离对 R 的影响远大于单原子气体，这是二次气体造成电弧电压波动的主要原因。Ramasamy[15]等人对内径 6mm，长度 15mm 的阳极，在电弧电流为 200～375A，工作气体为单一氩气和氩气-氮气混合

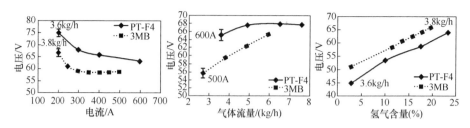

图 2-27   电流、气体流量和氢气含量对电弧电压的影响

气体下的电压进行了测量，并进行了数学归纳分析，建立了描述等离子电压的数学关系。对于单一氩气条件下等离子电压符合如下规律。

$$U_a = 7.74 + 15.33 \times g_{Ar} + (315.23 - 196.82 \times g_{Ar})I_a^{0.67} \qquad (2.3)$$

式中，g_{Ar} 为氩气的质量流量；I_a 为电流。对于氩气-氮气混合气体，等离子电压为

$$U_a = -2.2 + 27.84 \times (g_{Ar} + g_N) + [302.1 + 53.57 \times (g_{Ar} + g_N)]I_a^{0.67} \quad (2.4)$$

式中，g_N 为氮气的质量流量。对于单一阳极单一阴极等离子喷枪，电弧电压不是独立可调节参数。Janisson 等人[16] 研究了氩-氮-氢混合成分的等离子电弧电压随气体流量、电弧电流和喷嘴直径的变化，给出了如下的关系式：

$$U = 5.38 \times A \times D^{-0.22} \times G^{0.37} \times I^{-0.16} \qquad (2.5)$$

式中，D 为喷嘴直径；G 为气体流量；I 为电弧电流；A 为与电弧的特征温度有关的常量。

从上式可以得出，电弧电压随着气体流量的增加而增加，随着喷嘴直径及电弧电流的增加而降低。另外还可以得出，气体流量、喷嘴直径及电弧电流对电弧电压的影响比重也是不同的，根据其指数绝对值的大小，气体流量对电弧电压的影响最大，喷嘴直径其次，而电弧电流的影响最小。工作气体成分及喷嘴新旧也都对电弧电压有着显著影响，下面将具体就各个参数对电弧电压的影响进行讨论。

（1）气体流量   作用于阳极弧根的流体力会随着气体流量的增加而加强，从而使分流过程更容易发生，并且增加气体流量可以加强气体对电弧弧柱的冷压缩，一方面电弧的直径变细，能量会更加集中，从而增加了电弧区的电场强度；另一方面冷气层的厚度变厚，电弧与喷嘴之间的冷气层不易被电弧击穿，分流会在更靠近喷嘴下游的区间发生，从而增加了电弧的平均长度。综上所述，等离子电弧电压会随着气体流量的增加而升高。

（2）喷嘴直径   增加喷嘴直径，首先会降低喷嘴对电弧的机械压缩能力；其次，在给定气体流量的条件下，增加喷嘴的直径会相应地降低喷嘴通道内气体的平均流速，由此减弱了气体对电弧的冷压缩能力。因此导致电弧能量不集中，电弧直径加粗，使电弧区的电场强度明显降低，从而导致电弧电压的下降。热喷涂等离子喷枪的阳极直径一般在 5~8mm。一些研究表明，当阳极直径小于 5mm

时，其电压小于直径 8mm 的阳极，并且阳极内部受电弧腐蚀严重。有些试验则显示，直径 8mm 的阳极电压高于同样条件 6mm 的电压，这可能与阳极内部等离子体的能量密度有关。

（3）电弧电流　增加电弧电流的强度会使电弧的直径变粗，并相应地降低冷气层的厚度及击穿电压的值。分流过程会在喷嘴的更上游区间发生，使电弧的平均长度降低，从而导致电弧电压的下降。通常等离子电弧的伏安特性具有非线性下降的特点，因此需要配合具有下降特性的电源。当电源的下降特性比等离子电弧的伏安特性下降得更为迅速时，等离子喷枪才能稳定工作，从而防止电弧的熄灭或者电路的过载。

（4）工作气体成分　对于使用单原子纯氩气作为工作气体的等离子电弧，其电弧电压通常比较低，这也反映了单原子氩气可以在较低能量下发生电离。而在氩气中混入一定量的双原子气体氮气或者氢气，都会明显地提高电弧电压，这和工作气体的电特性及热特性有关。在等离子体的温度范围内，氩气、氮气及氢气三种气体的电导率大致相同，然而由于氮气和氢气是双原子结构，在等离子体条件下，热导率要比单原子结构的氩气高得多。因此，在氩气中混入一定比例的氢气或氮气，可以提高等离子体的热导率，增加电弧对喷嘴的传热，从而降低了电弧的温度及电导率，提高了电弧区的电场强度。

（5）喷嘴新旧　喷嘴的新旧程度对于电弧电压的影响也是非常大的，通过试验测量，对比了在使用新喷嘴和旧喷嘴的条件下，电弧电压随着工作时间变化的曲线，工作气体为氩气，其结果如图 2-28 所示。可以看到，在使用新喷嘴条件下，即使在比较小的电流条件下，随着工作时间的增长，电弧电压都会有着明显的下降；而在使用旧喷嘴条件下，电弧电压基本上保持恒定。这种状况产生的原因也与电弧的分流有关，新喷嘴的喷嘴壁面比较光滑，电弧和壁面之间的冷气层流动更容易保持在层流状态。在层流

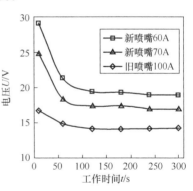

图 2-28　电弧电压随着工作时间变化的曲线

状态下，电弧对壁面的传热比较低，相应的冷气层的温度也较低，冷气层的击穿电压较高，不容易发生分流，因此电弧的平均长度增加，电弧电压也比较高。使用旧喷嘴，由于电弧对喷嘴壁面的烧蚀，壁面变得粗糙，冷气层的流动易趋于湍流状态，电弧对壁面的传热大大升高，冷气层的击穿电压变低，分流更容易在喷嘴的上游区间发生，因此电弧的平均长度缩短了，电弧电压也相应降低。

图 2-29 所示为 F4 等离子喷枪，装配新阳极和阴极，在等离子电流为 550A，

主气体氩气为 32.4L/min，次气体氢气为 12.6L/min，运行 55h 过程中电流、电压、输入功率和输出功率的变化[17]。电压值从最初的 67V 逐渐降低到 55V。电压和能量的变化经历了三个阶段。12h 以内变化较小，12~45h 连续下降，工作 45h 以后，电压、输入功率和输出功率随时间变化大幅下降。基本可以判断，一对阳极、阴极的使用寿命为 45h，最好的状态为前 12h。

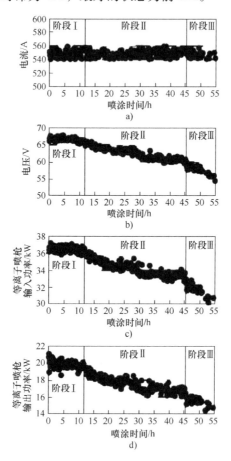

图 2-29　等离子喷枪性能评价（运行 55h，保存恒定电流）

a）电流　b）电压　c）等离子喷枪输入功率　d）等离子喷枪输出功率

2.6　阴极的腐蚀

直流电弧等离子喷枪最大缺点在于电极腐蚀，阳极和阴极在巨大的电流强度下都会发生腐蚀，引起等离子电压、温度、热熔值和流速特性发生变化，最终导致等离子喷涂涂层性能发生变化。采用水冷阴极也许能够减少一些阴极的腐蚀，如 SulzerMetco 的 9M 等离子喷枪的阴极与铜连接部分，采用水冷却，但是由于金属钨部分只是间接热传导冷却，使用后也会发现阴极尖端发生熔化、蒸发烧损现象。另外阴极的腐蚀与等离子工作气体成分、电流大小、电极形状及冷却条件有关，如选用氮气，用纯钨电极时，损耗量大，等离子电弧不能稳定工作。表 2-8 所列为阴极材料及适应的气体成分。

表 2-8　阴极材料及适应的气体成分

电极材料	使用气体	使用情况
钍钨	氩气、氩氮、氩氢	损耗量较少，考虑辐射，用量减少
锆钨	氩、氮、氢氮、氢氩	可以用，损耗量较钍钨稍大
镧钨	氩、氮、氢氮、氢氩	可以用，损耗量较钍钨稍大
铈钨	氩、氮、氢氮、氢氩	损耗量较钍钨小，正在推广使用
钇钨	氩、氮、氢氮、氢氩	损耗量较铈钨小，发展中新产品
纯铪	氮气、压缩空气、氧气	把铪嵌于气冷或水冷铜内用
纯钨	氩、氩氢	损耗大，一般不用
纯锆	氮气、压缩空气	把锆嵌于气冷或水冷铜内用
石墨棒	空气、氮气、氩气	损耗量大
水冷铜棒	空气、氮气、氩气	耐电流强度小，限直流反接时使用

与阴极腐蚀相比，阳极腐蚀引发的等离子电压、温度、热焓值和流速特性的变化更加明显。这主要是阴极腐蚀发生在阴极前端，对等离子气体流来讲仍然处于比较对称状态。而阳极腐蚀一般不会均匀地发生在阳极内表面，而是集中在某一部位，局部的腐蚀坑会造成等离子射流的偏向，严重地影响等离子喷涂质量。阳极的腐蚀会伴随等离子电弧电压的降低，以及射流能量的下降。

从以上分析可以看出，直流等离子喷枪有难以克服的缺陷，电弧弧根造成阳极腐蚀，当发生腐蚀时常有熔化的阳极铜点喷涂射到涂层中，从而造成产品的缺陷，如喷涂氧化铬激光雕刻网纹辊。阳极的腐蚀造成了等离子电压逐渐下降，降低了喷枪的热导率。电压的波动，加剧了等离子喷枪出口的湍流，造成涂层质量不均匀和低沉积效率。

2.7　等离子喷枪设计中的问题

等离子喷枪是等离子喷涂设备的核心，喷枪的设计追求稳定和高效的长时间运行。遗憾的是，直流电弧等离子发生器总存在电弧腐蚀问题，而电弧腐蚀影响会喷枪的稳定性。喷枪的效率除了与电弧腐蚀有关外，还与阴极和阳极的形状和尺寸有关。Sooseok Choi 等人[18]研究了图 2-30 所示的喷嘴直径对等离子射流温度分布的影响，当阳极喷嘴内径由 7mm 变为 9mm 时，等离子喷枪外部射流温度约提高 1000K。而对于等径喷嘴，喷嘴外部的温度，$D=7mm$ 略高于 $D=9mm$，如图 2-31 所示。

研究还表明，阳极喷嘴入口角度对等离子电弧弧根的位置有影响，表现为

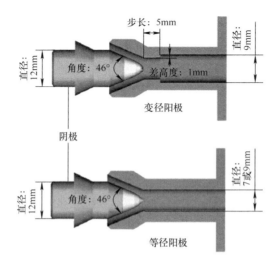

图 2-30 变径阳极与等径阳极喷嘴尺寸

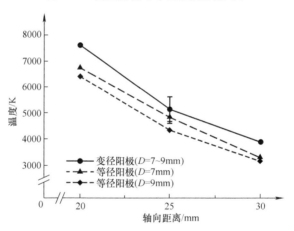

图 2-31 变径阳极与等径阳极喷嘴在等离子射流轴线的温度分布

影响等离子电压。Yang[19]研究了图 2-32 所示结构的阳极喷嘴入口角度和内径对电弧电压的影响。表 2-9 所列为喷嘴的主要几何尺寸参数，电弧电流和几何尺寸对电弧电压的影响如图 2-33 所示。可以看到入口角度为 26°工作电压高于入口角度 42°，而随着内径的增加，等离子电弧电压有所增加。

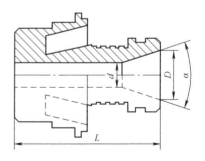

图 2-32 喷嘴几何尺寸，$D = 12.5$mm，$L = 32.8$mm

表 2-9　喷嘴的主要几何尺寸参数

分类	入口角度 $\alpha/(°)$	内径 d/mm
N-1	26	6.3
N-2	26	5.5
N-3	26	4.5
N-4	42	6.3
N-5	42	5.5
N-6	42	4.5

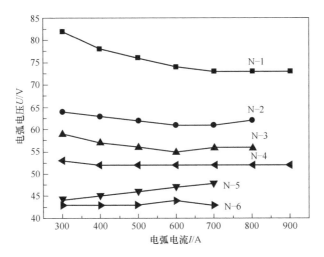

图 2-33　电弧电流和几何尺寸对电弧电压的影响

注：Ar 流量 33L/min，H_2 流量 1.6L/min。

2.8　其他类型结构的等离子喷枪

通过以上分析我们知道单一阳极、单一阴极直流等离子发生器电弧弧根不稳定，导致等离子电压波动，并且由于这种结构等离子喷枪的工作电压符合电压最小原理，因此电压不可能太高，在单一氩气条件下，即使用新阳极，通常电压小于 40V，氩-氢混合气体下小于 80V。而随着使用时间的增加阳极发生腐蚀，故电压会降低。如果要提高等离子发生器的输出功率，只能增加等离子电流，因此对于 40kW 左右的等离子喷涂，一般等离子电流为 500~700A。传统的热喷涂等离子喷枪不可能获得较高的电弧电压。下面介绍几种电弧稳定、高电压的等离子喷枪。

2.8.1 双阳极直流等离子喷枪

为了获得稳定、高电压电弧等离子体，作者等人研究了双阳极直流等离子发生器[20,21]，其所组成的等离子喷枪结构如图 2-34 所示。阴极为单一结构，阳极被绝缘层分割为两个部分，距离阴极端部较近的阳极称为阳极 I，较远的称为阳极 II。主要工作气体由阳极 I 入口进入喷枪阳极内部。阳极 I 和阳极 II 之间设置一个开关，用导线与电源正极连接，开关用来控制阳极弧根的位置。起弧的时候开关是闭合的，阳极 I 和阳极 II 被短接在一起，根据弧压最小原理，弧根会在阳极 I 的表面上形成，电弧稳定燃烧之后，将开关断开，从而阻断阳极 I 与电源连接，此时只有阳极 II 与电源连接。由于喷嘴内部充满了具有良好电导率的热等离子气体，在电势的作用下，新的弧根将会被迫转移到阳极 II 表面，从而拉长了电弧的长度，提高了电弧电压。在阳极 II 模式下，再将开关闭合，短接阳极 I 与阳极 II，阳极弧根又会转移到阳极 I 的表面上。这样通过简单的开关开闭，就可以有效地调节阳极弧根的位置，从而获得不同特性的等离子射流。

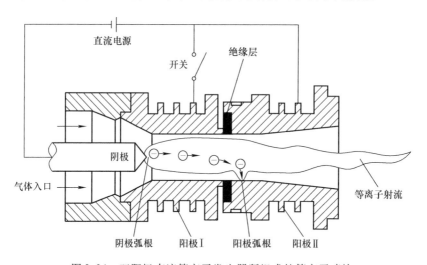

图 2-34　双阳极直流等离子发生器所组成的等离子喷枪

此外，双阳极直流等离子喷枪可以设置两个气体入口，一个在阴极与阳极 I 之间，采用轴向进气方式；另一个在两阳极间绝缘层处，在该处通入一定量的冷却气体有两个好处：其一，可以有效保护绝缘层，防止电弧传热导致绝缘陶瓷熔化；其二，冷气体进一步压缩了电弧，有效防止了两个阳极间串弧现象的发生，有助于电弧的稳定性。双阳极直流等离子喷枪有以下特性：

1）电弧弧根由阳极 I 的长度决定，等离子电压高。

2）等离子射流相对稳定，可形成层流等离子体。

3）电弧电流低，阳极烧损少。

4）电压-电流为上升特性。这种等离子发生器的缺点是，当电流太大时，阳极间的绝缘层由于冷却不够充分容易被烧损。当阳极Ⅰ太长时，电压过高容易引起两阳极间放电。

两种不同阳极模式下等离子射流的能量可以从图 2-35 中直观地观察出来。在阳极Ⅰ模式下，射流光亮区面积比较小，发光强度比较弱；在阳极Ⅱ模式下射流光亮区域的长度和面积都有明显的增加。

图 2-35　不同阳极模式下的等离子射流

利用双阳极直流等离子喷枪，对 WC-12Co 粉末在两种模式下进行喷涂[21,22]，表 2-10 所列为阳极Ⅰ和阳极Ⅱ模式的喷涂参数，为了进行比较，两种模式喷涂功率选择在 8kW。图 2-36 所示为两种模式下喷涂 WC-Co 涂层的断面组织，阳极Ⅰ模式喷涂涂层的气孔率高于阳极Ⅱ模式喷涂。涂层的 XRD 如图 2-37 所示，阳极Ⅰ模式喷涂涂层的脱碳高于双阳极模式喷涂，这可能是由于稳定电弧等离子喷涂，降低了卷入等离子射流的空气的原因。

表 2-10　阳极Ⅰ和阳极Ⅱ模式的喷涂参数

模式	喷涂粉末	电压/V	电流/A	功率/kW	涂层硬度　HV0.3
阳极Ⅰ	WC-12Co	50	160	8	1087
阳极Ⅱ	WC-12Co	80	100	8	1264

2.8.2　稳定电弧等离子喷枪

图 2-38 所示为另一种稳定电弧等离子喷枪[23]，由一个阴极和一个阳极构成，阴极和阳极间设置多级串联的中性绝缘片，增加了阴极到阳极的距离，阳极最外端与电源正极连接，启弧后电弧弧根落在最外边的阳极上，限制了电弧弧根

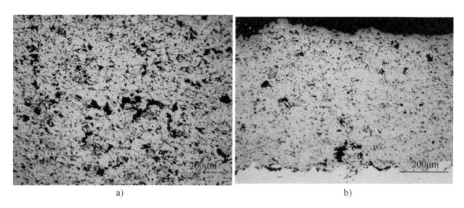

图 2-36   两种模式下喷涂 WC-Co 涂层的断面组织

a）电弧阳极 I   b）电弧双阳极

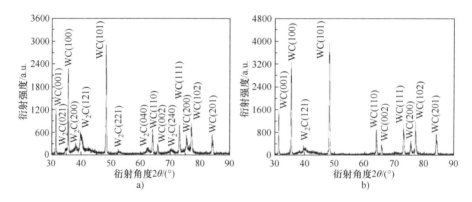

图 2-37   WC-Co 涂层的 XRD

a）电弧阳极 I   b）电弧双阳极

的移动，这种喷枪即便使用单一氩气，工作电压也很高。由于电弧电压高，即便在低电流下也能提高等离子射流的热焓，这样的等离子喷枪有 Oerlikon Metco SinplexPro™。

2.8.3   三阴极等离子喷枪

Sulzer Metco 公司[24]开发了三阴极等离子喷枪，喷枪原理如图 2-39 所示，该喷枪采用三个独立的直流电源，分散电弧的电流强度，减小了阳极的腐蚀。这种等离子喷枪已经在商业上使用，如

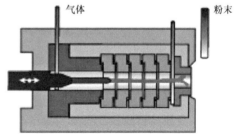

图 2-38   稳定电弧等离子喷枪

TriplexPro-200。Chen 等人[24]使用 TriplexPro-200 喷枪，分别在 Ar-H_2，Ar-N_2 和 Ar-He 不同气体下喷涂了 8YSZ，C_2O_3 和 Ni-5Al 等粉末材料，介绍了涂层组织、气孔率和硬度等结果。三阴极等离子喷枪制备涂层的致密性优于传统的单一阴极，单一阳极结构等离子喷枪。据报道这样的喷枪存在随着电流的增加，三条电弧全部闭合一起落在阳极上破坏喷嘴的问题。

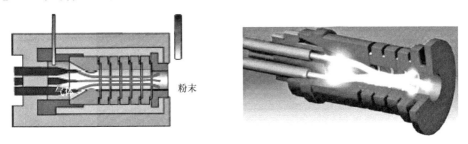

图 2-39　三阴极等离子喷枪（Sulzer Metco）

2.8.4　三阳极等离子喷枪

与三阴极喷枪相对应，德国 GTV 公司设计了三阳极等离子喷枪[23]，原理如图 2-40 所示。喷枪有一个阴极和三个相互绝缘的阳极块（120°排列），三个直流电源的正极分别与各阳极连接，电源的负极连接在一起与喷枪的阴极连接，喷枪工作时分别形成三股电流，减少了大电流对电极的腐蚀，另外三个阳极有利于使温度分布更加均匀，一个阴极也有利于等离子工作气体的对称性。阴极与阳极之间为水冷的数片绝缘环，总长 38mm，内径 7mm。粉末从喷嘴出口分 120°三个送粉口送入等离子射流。由于阴极到阳极的距离为 38mm 以上，因此三阳极等离子喷枪工作电压较高，如在氩气流量 150L/min，电流 150A 时，电压达到 130V。

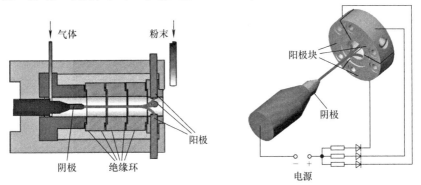

图 2-40　三阳极等离子喷枪原理

图 2-41 所示为氩气流量 50L/min，三阳极等离子喷枪的电流与工作电压的关系。另外，Schläfer 等人[25]使用一种 5 级串联绝缘片的三阳极等离子喷枪，在电流 420A，功率 71kW，送粉量 120g/min 条件下喷涂了 Cr_2O_3，沉积效率为 50%，涂层硬度达到 1440HV0.3。

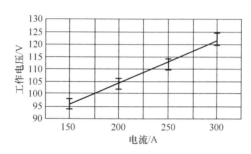

图 2-41　氩气流量 50L/min，三阳极等离子喷枪的电流与工作电压的关系

2.8.5　水稳定电弧等离子喷枪

除上述结构稳定电弧等离子喷枪外，水稳定电弧等离子喷枪很早就在工业上得到了应用，属于稳定电弧等离子喷枪[26,27]。图 2-42 所示水稳定电弧等离子喷枪采用旋转冷却铜盘作为阳极，由于阳极的旋转降低了电弧在阳极表面的腐蚀，使喷枪可以工作在较大的电流下。水蒸气在阳极内部被电弧加热为等离子体，电弧被压缩在轴心，故可以获得较高的电压。这种等离子发生器的电流在 300 ~ 600A，工作电压在 260 ~ 300V，功率很大一般在 80 ~ 200kW，等离子射流温度达 28000K，速度达 7000m/s[28]。

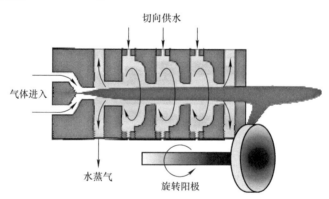

图 2-42　水稳定电弧等离子喷枪

2.8.6　射频感应耦合等离子发生器

射频（RF 或高频）感应耦合等离子发生器是另一种等离子发生器，与直流

等离子发生器结构不同，没有构成放电和电源回路的阴极和阳极，因此不会发生电极腐蚀问题。等离子体可以通过电容耦合（在放电管有两个电极）和电感耦合等不同耦合方式产生。电容耦合放电多用于低气压等离子体的产生（射频辉光放电），其主要优点是能以低于比电感耦合的功率维持放电，但因为电容耦合放电的耦合效率低，通常高频感应耦合等离子发生器多采用电感耦合方式，如图 2-43 所示。1961 年 Reed[29,30] 首次报道了高频感应耦合等离子发生器在大气压、流动气体条件下的成功运行，这种等离子体发生器已在陶瓷粉制备、光谱化学分析中样品加热、喷涂、颗粒球化、金刚石膜制备等诸多方面得到广泛应用，至今其基本结

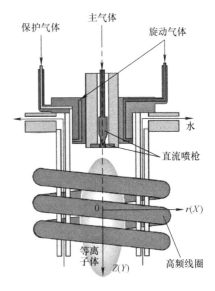

图 2-43 高频感应耦合等离子发生器

构没有多大改变。高频感应耦合等离子发生器通常是在石英管外部套一个绕制的线圈，使外电源供给的高频电流通过线圈所产生的磁场与放电管中的等离子体相耦合。在工作气体达到击穿条件并形成导电通道后，线圈中流过的激发电流所产生的交变磁场会在气体中感应出交变电场，该交变电场在导电气体中激发感应电流，通过焦耳热效应持续加热不断输入发生器的冷气体，从而维持稳定的等离子流体状态。由于这种等离子感应耦合发生器没有电极烧蚀所引起的污染问题，特别适合于要求洁净的各种应用，如光谱分析中样品的加热，光导纤维玻璃材料的制备等，并且可以用各种类型的气体（如氧、氢、氮、氩）作为工作气体。

高频感应耦合等离子发生器的工作原理与工业中常见的金属感应加热炉基本相同，只是以高温部分电离气体取代了感应加热炉中被加热的金属。因此，过去在金属感应加热分析中所用的若干概念也被沿用于高频感应耦合等离子发生器的分析，以优化设计参数，获得较高的发生器工作效率。感应耦合加热中的一个重要参数是趋肤层厚度[31,32]：

$$\delta = (\pi\xi\sigma f) - 1/2 \tag{2.6}$$

其中，磁导率 $\xi = 4\pi \times 10^{-7} H/m$，对于氩气，取电导率 $\sigma = 2700 S/m$（对应于温度约为 $10^4 K$），工作频率 $f = 3 MHz$，则趋肤层厚度 $\delta = 5.6 mm$。

趋肤层厚度随着频率的升高而减小，即随着发生器工作频率的提高，等离子体中焦耳热将集中于更窄的区域。趋肤层厚度是影响高频感应耦合等离子体发生器效率的重要参数，通常认为，当放电区约为趋肤层厚度的 1.5 倍时，耦合效率最高。为防止石英管过热，通常用一股流量相当大的冷气流来保护放电管内壁，

因而在管壁附近总存在一个不导电的冷气体层。另外一个影响发生器耦合效率的几何参数是放电区与电感线圈半径之比，该比值越大，耦合效率越高。

放电管半径的选择与发生器功率有关，功率越大要求放电管半径越大，但为了保持趋肤层厚度与放电管半径比值合适，故应维持低频率工作。可能维持放电的最小功率除了与发生器几何尺寸、工作频率有关外，还与工作气体种类与工作电压有关。工作频率越低，发生器直径越大，最小维持功率越大；气体压力越高，最小维持功率越大。因而高频感应耦合等离子体发生器可以在低气压下点火（开始放电），然后再提高工作压力，同时增加供给发生器的功率；氩气要求的最小维持功率的数值最低，因此可以先用氩气引发放电，然后加热其他气体以形成所需的混合气体等离子体，或者逐步用其他气体替换氩气，以获得纯氢、纯氧等工艺过程所需要的等离子体。替换过程中需要同时增加输入给等离子发生器的功率，以避免放电熄灭。

除了单纯高频感应耦合等离子发生器外，也有将直流电弧等离子与高频等离子结合的热等离子发生器。这种混合等离子发生器的优点在于，直流电弧等离子发生器可以弥补高频等离子中心加热的不足。粉体颗粒可以先经过直流等离子加热，然后在高频等离子中进一步加热，从而使粉体颗粒完全熔化。

2.9　大气等离子喷涂参数与喷涂组织

大气等离子喷涂参数，如等离子工作气体成分、流量、电弧电流及喷嘴尺寸结构、送粉位置（内送粉与外送粉）、喷涂距离、粉末结构和尺寸等对喷涂组织有很大影响。下面以喷涂 Al_2O_3 粉末和纳米团聚 8YSZ 为例，介绍喷涂参数对涂层组织的影响。

2.9.1　大气等离子喷涂氧化铝

作者等人研究了等离子喷涂参数对 Al_2O_3 涂层组织的影响[33,34]。以 30Ar-5H_2 L/min 为等离子喷涂气体，喷涂采用外送粉，粉末为破碎-烧结粉末，粒度 15～30μm，送粉量 20g/min，喷涂距离 100mm。图 2-44 所示为等离子电流 300A，450A 和 600A 下大气等离子喷涂 Al_2O_3 涂层组织。涂层中黑色点状物为气孔，在 300A、450A 和 600A 下，涂层的气孔率分别为 8.5%、5% 和 3.5%。涂层的气孔率与喷涂中粉末的熔化程度有关，随着等离子喷涂电流的增加，熔化程度也会增加，故涂层的气孔率将减少。图 2-45 所示为粉末、300A、450A 和 600A 下大气等离子喷涂 Al_2O_3 涂层的 XRD。原始粉末为 α-Al_2O_3，但在涂层中出现了 γ-Al_2O_3，且涂层中 γ-Al_2O_3 的含量随喷涂电流的增加而增加。γ-Al_2O_3 为喷涂过程中熔化的 Al_2O_3 在基体上急冷凝固的结果，为非平衡相，以此可以判断喷涂中粉末的熔化程度。

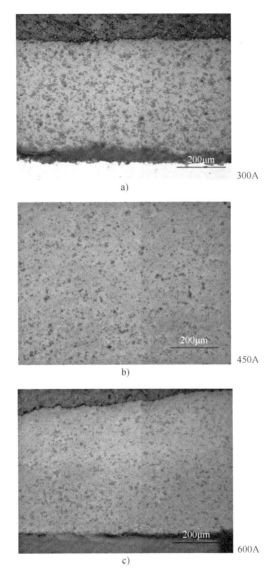

图 2-44　等离子电流 300A、450A 和 600A 下大气等离子喷涂 Al_2O_3 涂层组织

　　氧化铝涂层可作为绝缘涂层，介电常数是评价绝缘性能的指标。喷涂后，通过磨削，分别测量了不同涂层厚度下的介电常数。图 2-46 所示为测量不同涂层厚度的介电常数与涂层厚度的关系。当喷涂电流为 300A 时，涂层中 α-Al_2O_3 相较多，涂层介电常数较低。由图 2-46 可知涂层的介电常数随 γ-Al_2O_3 含量的增加而变大，且介电常数越低表明涂层的绝缘性越好。

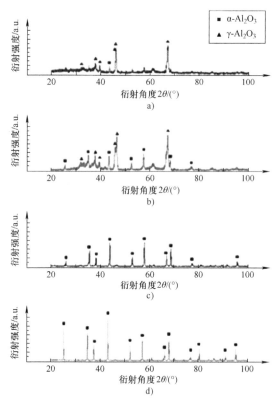

图 2-45   粉末、300A、450A 和 600A 下大气等离子喷涂 Al_2O_3 涂层的 XRD

a）600A   b）450A   c）300A   d）粉末

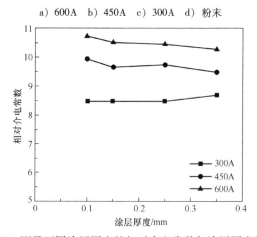

图 2-46   测量不同涂层厚度的相对介电常数与涂层厚度的关系

2.9.2   大气等离子喷涂纳米团聚 8YSZ 粉末

作者等人[35]研究了等离子喷涂参数对纳米团聚 8YSZ 涂层组织的影响。使用内侧送粉等离子喷枪,以 30Ar-5H$_2$L/min 为等离子喷涂气体,在等离子电流为 300A、400A 和 500A 下,分别喷涂了纳米团聚 8YSZ 粉末。图 2-47 所示为粉末形貌。图 2-48 所示为不同等离子电流下大气等离子喷涂纳米团聚 8YSZ 涂层,涂层的气孔率随喷涂电弧电流的增加而减少。

a)　　　　　　　　　　　　　　　b)

图 2-47　纳米团聚 8YSZ 粉末形貌

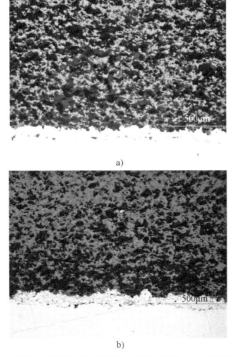

a)

b)

图 2-48　大气等离子喷涂纳米团聚 8YSZ 涂层,工作气体 30Ar-5H$_2$

a) 300A　b) 400A

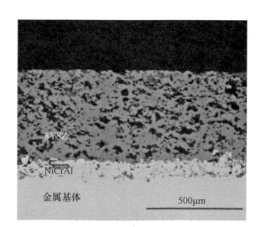

c)

图 2-48　大气等离子喷涂纳米团聚 8YSZ 涂层，工作气体 30Ar-5H$_2$（续）

c）500A

改变等离子工作气体为 20Ar-5H$_2$-30He L/min，在相同电流下，涂层组织发生了变化[36]。图 2-49 所示为等离子工作气体 20Ar-5H$_2$-30He L/min 下制备的涂

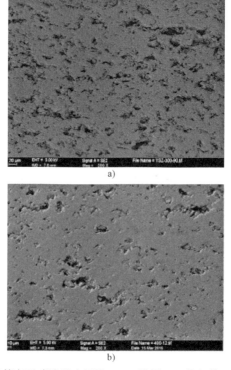

图 2-49　大气等离子喷涂纳米团聚 8YSZ 涂层，工作气体 20Ar-5H$_2$-30He

a）300A　b）400A

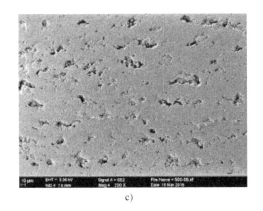

c)

图 2-49　大气等离子喷涂纳米团聚 8YSZ 涂层，工作气体 20Ar-5H$_2$-30He（续）

c）500A

层，与等离子工作气体为 30Ar-5H$_2$ 的涂层相比，其涂层的气孔率更低，可见氦气的加入使粉末的熔化程度或颗粒的速度有了进一步提高。此外还对涂层的抗热震性进行了评价。结果表明 400A 喷涂的涂层耐热震性最高。

2.10　低压等离子喷涂

2.10.1　大气和低压等离子射流

大气等离子喷涂射流的压力和密度较高，同时由于受周围大气环境的影响，等离子射流从喷嘴喷出后与周围大气混合，导致等离子射流温度和速度急速降低。图 2-50 所示为 Fincke 等人[37]用热熔探针方法测量的喷枪外部等离子体射流的中心温度和卷入空气百分比。可以看出，离开喷嘴约 1.5cm 后，大气等离子体温度急速下降，卷入空气量逐渐增加，因此大气等离子喷涂距离一般较短，通常小于 12cm。

大气等离子在喷枪出口通常为湍流等离子体，高温区域很短，同时由于周围空气的迅速卷入，故在涂层中可以观察到大量层状结构的氧化物。研究表明，采用大气等离子喷涂不锈钢或者耐高温合金，获得涂层的耐蚀性和耐高温氧化性与铸造或锻造的结构材料相比损失很多。为了获得氧化物较少的致密涂层，20 世纪 70 年代研究出了低压等离子喷涂，使喷涂在密闭的低压容器中进行。为了保持容器内低压，大流量机械泵不断地将容器内的气体抽出，使等离子射流的压力和温度分布不同于大气等离子射流。本节将介绍低压等离子射流的特性和涂层组织。

图 2-51 所示为大连海事大学开发的低压等离子喷涂设备和喷枪[38,39]。与大

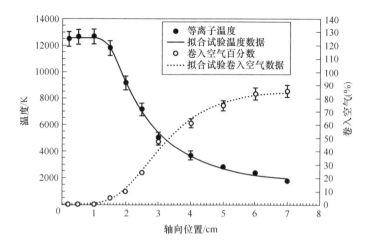

图 2-50   大气等离子射流中心温度分布和卷入空气百分比

气压力相比，传统的低压等离子喷涂环境压力一般在 5000 ~ 10000Pa。环境的低压使等离子高温区域得到延长，同时由于外部压力的降低，相对提高了等离子射流的速度，因此在低压等离子容器中可以观察到等离子射流出现了超音速马赫环，图 2-52 所示为容器压力 10^5Pa、10^4Pa 和 50Pa 下等离子射流的照片。

与大气等离子喷涂相比低压等离子喷涂有如下特征：①等离子高温区域延长，射流膨胀，等离子密度较低，克努森数增大。较长的等离子射流增加了对粉体的加热的均匀性；②射流达到超音速，可以形成更致密的涂层；③在同样的喷涂距离下，等离子体对基体的加热能力增加，使基体温度升高。相同条件下喷涂合金粉末材料，可以形成等轴晶涂层，明显区别与大气等离子喷涂的层片状组织；④与大气等离子喷涂金属粉末相比，低压等离子喷涂涂层中氧化物含量明显降低。

图 2-51   大连海事大学开发的低压等离子喷涂设备和喷枪

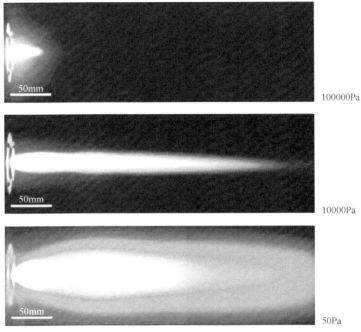

图 2-52　等离子射流与环境压力，600A，Ar- H_2

2.10.2　低压等离子喷涂涂层组织

　　FeAl 金属间化合物是一种低廉的耐高温氧化材料，常用于耐氧化涂层。由于材料中的 Al 容易氧化，大气等离子喷涂涂层中会含有一些氧化物，而氧化物的含量与喷涂方法有关。图 2-53 所示为大气等离子和低压等离子喷涂 FeAl 涂层的断面组织的比较。

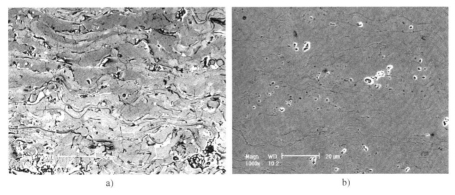

a)　　　　　　　　　　　　　　　b)

图 2-53　大气等离子和低压等离子喷涂 FeAl 涂层的断面组织（SEM）的比较

a）大气等离子喷涂　b）低压等离子喷涂

　　大气等离子喷涂 FeAl 涂层有很多黑色氧化物，这是由于等离子射流温度高，颗粒飞行速度低，加上大气等离子喷涂时空气的卷入，导致涂层发生氧化。低压等离子喷涂环境的氧气分压低，射流温度高，加上射流达到超音速，因此涂层组织更加致密，氧化物含量也低。

　　低压等离子喷涂不锈钢：由于低压等离子喷涂可使基体获得较高的温度，喷涂中加速了粉末的熔化程度，可以直接喷涂制备出等轴晶结构的金属涂层。图 2-54 所示为高阳等人[40]在容器压力 50Pa 下，喷涂 316 不锈钢粉末，获得的等轴晶结构涂层。图 2-55 所示为低压等离子射流光谱，电流在 400A 时，可以看到加入不锈钢粉体的等离子光谱，粉末气化得很少，说明熔化程度也不高。电流为 700A 时，光谱中 Fe 峰增加，粉末气化明显，熔化程度也高，此时喷涂可直接获得等轴晶金属涂层。

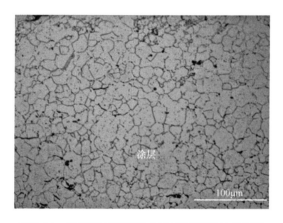

图 2-54　低压等离子喷涂 316 不锈钢等轴晶组织

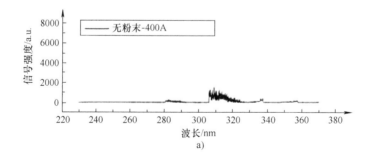

图 2-55　低压等离子射流光谱

a）400A 无粉末

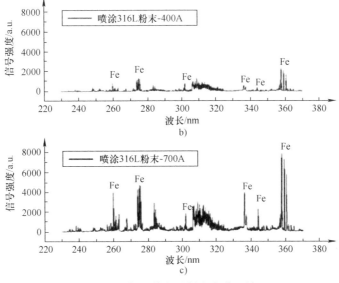

图 2-55　低压等离子射流光谱（续）

b）400A，加入粉末　c）700A，加入粉末

2.10.3　低压等离子喷涂 Ti-6Al-4V 合金

大气等离子喷涂金属钛和钛合金容易发生颗粒氧化，导致涂层中含有很多氧化物，影响涂层性能。低压等离子喷涂金属钛和钛合金能够大幅度降低涂层中氧化物的含量。高阳等人[41]选用图 2-56 所示的 10～60μm 和 10～150μm 两种粒度的氢化脱氢 Ti-6Al-4V 合金粉末进行低压等离子喷涂，低压等离子喷涂条件见表 2-11。与气体雾化或等离子雾化球形粉末相比，氢化脱氢粉末成本较低。

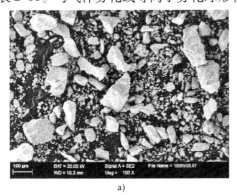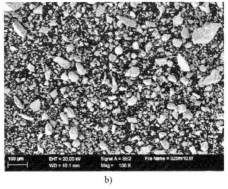

图 2-56　氢化脱氢 Ti-6Al-4V 合金粉末

a）10～150μm　b）10～60μm

表 2-11   低压等离子喷涂条件

低压等离子喷涂参数	数值
等离子电流/A	300 ~ 400
等离子气体 Ar 流量/(L/min)	40
等离子气体 H₂ 流量/(L/min)	8
喷涂距离/mm	340
粉末量/(g/min)	15
容器压力/Pa	3000 ~ 5000

图 2-57 所示为使用粒度较细的 10 ~ 60μm 粉末，在喷涂电流 350A 下制备的涂层和之后在 870℃、1000℃ 和 1100℃ 温度下，2h 真空热处理后涂层的变化。Ti-6Al-4V 合金根据成分在 990 ~ 995℃ 发生 β 转变。低于 870℃，Ti-6Al-4V 合金为 α + β 相，喷涂原始涂层（as-sprayed）呈现片状堆积结构，随着处理温度的提高，涂层内部组织发生再结晶，涂层向等轴晶组织转变。

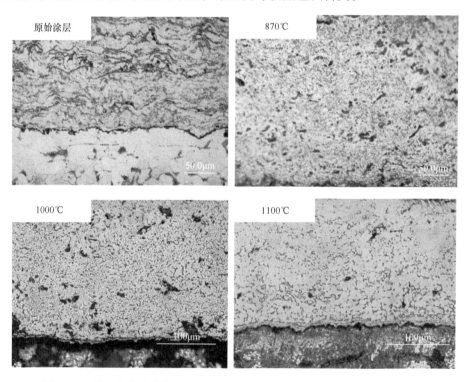

图 2-57   低压等离子喷涂 Ti-6Al-4V 涂层组织和热处理后涂层组织的变化，
喷涂使用 10 ~ 60μm 粉末，电弧电流 350A，2h 热处理

图 2-58 所示为使用粒度较粗的 10 ~ 150μm 粉末，在喷涂电流 400A 下制备的原始涂层和之后不同温度下，5h 真空热处理后涂层的变化。原始涂层含有未

熔化、半熔化的大颗粒和完全熔化的层状组织，层状组织中氧化物含量较高，随着处理温度的提高，组织发生再结晶，涂层向等轴晶组织转变。无论使用细粉还是粗粉，低压等离子喷涂 Ti-6Al-4V 合金涂层的致密性较高。

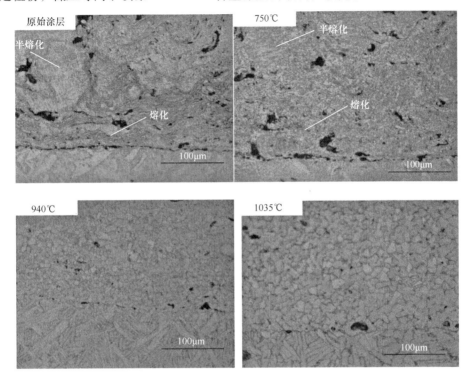

图 2-58　低压等离子喷涂 Ti-6Al-4V 涂层组织和热处理后涂层组织的变化，
喷涂使用 10~150μm 粉末，喷涂电流 400A，5h 热处理

通过对粉末和原始涂层，以及热处理涂层进行 X 射线衍射，可以计算 Ti-6Al-4V 合金晶格常数 c/a 的变化，以此判断涂层中含氧量的变化，图 2-59 所示

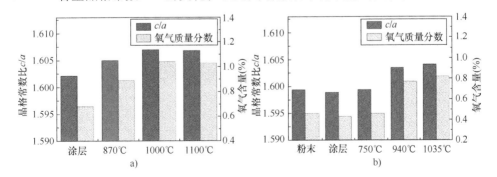

图 2-59　氧气含量与晶格常数比 c/a 的关系

a）细粉喷涂和热处理涂层　b）粗粉喷涂和热处理涂层

为两种粉末沉积涂层的晶格常数 c/a 的变化。细粉喷涂氧化物的含量高于粗粉喷涂涂层，c/a 比率随热处理温度增加而增加，同时涂层硬度增高。

2.10.4　低压等离子喷涂纳米 8YSZ

低压等离子喷涂纳米 8YSZ 与传统大气等离子喷涂的组织有很大不同。表 2-12 所列为低压等离子喷涂参数，分别采用 Ar-He 和 Ar-H$_2$ 两种等离子气体，喷涂了图 2-47 的纳米团聚 8YSZ 粉末。图 2-60 所示为等离子射流，环境压力为 200Pa。Ar-He 等离子射流比较集中，而 Ar-H$_2$ 等离子射流比较膨胀、密度低[38]。

表 2-12　低压等离子喷涂参数

设定项目	Ar-H$_2$	Ar-He
主气体 Ar 流量/(L/min)	40	20
次气体 H$_2$ 流量/(L/min)	10	—
次气体 He 流量/(L/min)	—	30
送粉气 Ar 流量/(L/min)	3	3
电弧电流/A	500	500
喷涂距离/mm	400	400
送粉量/(g/min)	10	10

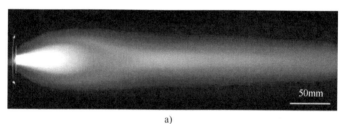

50mm

a)

50mm

b)

图 2-60　Ar-He 和 Ar-H$_2$ 等离子射流（环境压力 200Pa）

a）Ar-He 等离子射流　b）Ar-H$_2$ 等离子射流

图 2-61 所示为上述两种气体条件下制备的涂层组织。Ar-He 等离子喷涂出现了 200nm 为主的等轴距组织，而 Ar-H$_2$ 等离子喷涂涂层组织颗粒不均一，且较大。

图 2-61　低压 Ar-He 和 Ar-H₂ 气体等离子喷涂纳米 8YSZ 涂层

a）Ar-He 气体等离子喷涂　b）Ar-H₂ 气体等离子喷涂

2.10.5　等离子喷涂物理气相沉积（PS-PVD）涂层

传统的等离子喷涂是将粉末加热到熔化或半熔化，撞击基体后凝固形成堆积涂层。20 世纪末，出现了一项新的技术：PS-PVD。PS-PVD 采用 Ar-He 为等离子工作气体，在环境压力低于 100Pa，喷枪功率 60kW 以上，将微小粒度的 YSZ 粉体部分加热到气相，并在金属基体上沉积出羽毛状柱状晶的 YSZ 热障涂层。Mauer[42] 采用大功率 O3CP 喷枪，在表 2-13 喷涂参数下，分别使用 35Ar-60He L/min、35Ar-60He-10H₂ L/min 和 100Ar-10H₂ 三种气体，在喷枪功率 60kW，喷涂了 Metco YSZ 6700 粉末（粉末形态见图 2-62）。图 2-63 ~ 图 2-65 所示分别为三种气体沉积下的涂层组织。结果表明，使用不含氢气的 100Ar-10H₂ 等离子气体不能形成气相沉积的柱状晶组织，而是形成了与传统等离子喷涂组织结构相近的凝固堆积和气相冷凝的混合组织。采用含有氢气的 35Ar-60He 和 35Ar-60He-10H₂ 等离子气体可沉积出羽毛状的柱状晶组织涂层，但形态有所不同。研究者基于 Xi Chen 等人的模拟方法，采用 CEA2 code 计算出图 2-66 所示的热能传热与颗粒直径的关系，解释了上述组织的形成。对于氧化锆材料熔化所需的热焓为 2.386kJ/kg，蒸发为 8.561kJ/kg。Mauer 等人认为采用 Ar-He 气体时，等离子热焓可使直径 0.92μm 的粒子蒸发。相比之下，只有 60% 的热焓从 Ar-H₂ 等离子体中转移出来，因此只有直径为 0.55μm 以下的粒子才能完全蒸发。这意味着，使用 Metco M6700 粉末，采用 Ar-H₂ 等离子气体时，主要是凝固沉积而不是气相沉积。

表 2-13   不同气体成分 PS-PVD 沉积参数

项目	Ar-H$_2$	Ar-He	Ar-He-H$_2$
等离子气体流量/(L/min)	Ar100， H$_2$10	Ar35， He60	Ar35， He60， H$_2$10
电流/A	2200	2600	2200
功率/kW	60	60	60
压力/Pa	200	200	200
送粉量/(g/min)	2×8	2×8	2×8
喷涂距离/mm	1000	1000	1000

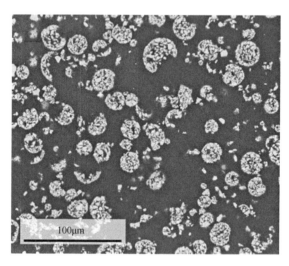

图 2-62   Metco YSZ 6700 粉末

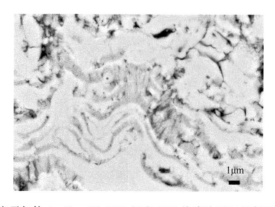

图 2-63   等离子气体 Ar-H$_2$，PS-PVD 沉积 YSZ 热障涂层组织断面组织（SEM）

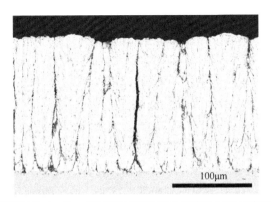

图 2-64　等离子气体 Ar-He，PS-PVD 沉积 YSZ 热障涂层组织断面组织（SEM）

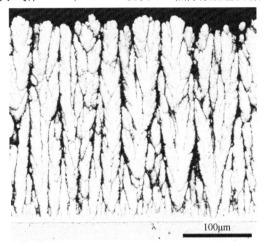

图 2-65　等离子气体 Ar-He-H$_2$，PS-PVD 沉积 YSZ 热障涂层组织断面组织（SEM）

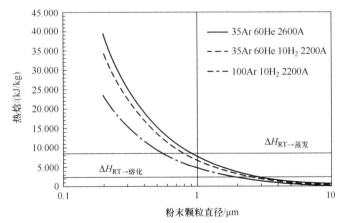

图 2-66　三种气体成分下等离子体传递给球形粉末的热熔与粉末颗粒直径的关系
注：两条水平线分别代表粉末的熔化和蒸发热熔。

  Anwaar 等人[43]也基于 Xi Chen 的模拟方法和 CEA2 code 计算了 PS-PVD 粉末的蒸发。指出当等离子工作气体为 30Ar-60He L/min，喷枪能量在 64kW 时处于最佳的气相沉积状态，此时约有 3.4% 的能量被 Metco M6700-YSZ 粉末吸收，形成了气相沉积的柱状晶涂层。

  Fang Jia 等人[44]使用 Sulzer-Metco PS-PVD 系统和 O3CP 喷枪，分别喷涂了四种 YSZ 粉末，研究了粉末特性对 PS-PVD 涂层的影响。喷涂采用 60Ar-36He L/min 等离子气体，喷涂功率为 120kW，环境压力为 1.5mbar，喷涂距离为 900mm，送粉量为 20g/min，基体预热温度为 900℃。研究者认为粉末特性对制备涂层组织有重要的影响。图 2-67 所示为四种粉末的尺寸、形态和对应的喷涂涂层组织。

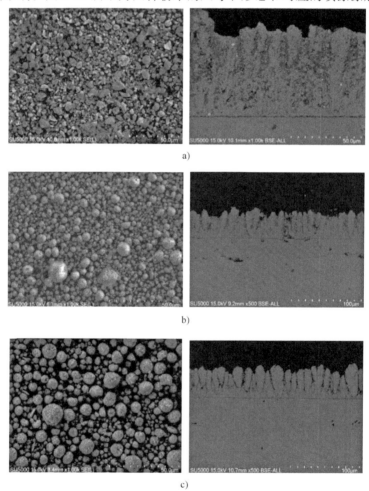

图 2-67　四种粉末的尺寸、形态和对应的喷涂涂层组织

a）粉末 1　b）粉末 2　c）粉末 3

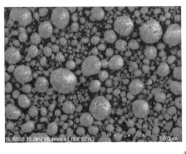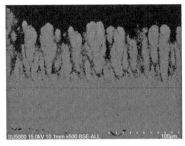

d)

图 2-67　四种粉末的尺寸、形态和对应的喷涂涂层组织（续）

d）粉末 4

粉末 1：细小破碎颗粒，$D90 = 6.533\mu m$，$D50 = 2.619\mu m$。由于粉末颗粒太小，该粉末流动性很差。涂层组织表现为在柱状晶缺陷中含有大量粉末颗粒。这是因为粉末在等离子体中加热不均匀，粉末没有充分的气化。

粉末 2：随着粉末颗粒尺寸的增加，$D90 = 12.870\mu m$，$D50 = 5.808\mu m$，喷涂中粉末的气化得到改进，但是柱状晶涂层中每一列的高度和宽度不是很均匀。

粉末 3：当 YSZ 粉末的 $D90$ 和 $D50$ 分别增加到 $16.738\mu m$ 和 $6.822\mu m$ 时，结果表明，在这种颗粒分布下的粉末达到了充分的气化，出现了柱状晶。

粉末 4：图 2-67d 为 $D90$ 粒径为 $23.136\mu m$ 的 YSZ 粉末和制备的涂层形貌，柱状晶粒之间存在较大的尺寸间隙。当 $D90$ 为 $16.738\mu m$ 时，涂层孔隙率降至 16% 左右。减少柱状体之间的间隙，获得气孔率和缺陷相对较低的涂层，有利于提高涂层的耐蚀性。当粉末 $D90$ 的粒径增大到 $23.136\mu m$ 时，涂层的孔隙率约为 23%。

在 PS-PVD 射流中，YSZ 颗粒的气化程度与粉末的粒径分布密切相关，YSZ 粉体的气化，要求 YSZ 粉体有合适的粒度分布。当 YSZ 粉体粒度分布集中在较细的区域时，粉体输送效果差。另外，粒径小的粉末难以进入射流中心得到气化，可能会被吹到涂层中与气化颗粒混合。当 YSZ 粉体粒度分布集中在较粗的粒度区域，部分层状结构混合在 PS-PVD 热障涂层中，熔融颗粒由于轴向速度高而未完全气化，导致粉末在短时间内停留在射流中，折射率高。为获得理想的柱状结构涂层，建议采用粒度分布双峰型的 YSZ 粉末颗粒作为喷涂粉末。

利用 PS-PVD 制备柱状晶涂层的关键是使 YSZ 粉体尽可能的蒸发，为此最低需要 60kW 以上的等离子喷涂功率。超低压是获得 YSZ 蒸发的外部环境，压力一般要低于 200Pa。实践证明等离子工作气体种类是形成柱状晶涂层的主要条件，Ar-He 气体有利于形成柱状晶涂层。另外一个关键参数是粉末的粒度和形貌，破碎过细的粉末不利于送粉，难以进入射流中心得到气化。团聚粉末 Metco-

6700 YSZ 是专为 PS-PVD 制备柱状晶涂层而开发的。另外还有一个参数是喷涂距离，距离短可能形成无柱状晶的致密结构涂层，而喷涂距离过大，柱状晶疏松，会导致涂层气孔率很大，只有适当的喷涂距离才能制备出羽毛状柱状晶组织涂层，图 2-68 所示为在喷涂距离为 450mm、550mm 和 600mm 下沉积形成的涂层组织。450mm 喷涂距离形成了致密结构涂层，550mm 喷涂距离形成混合结构的涂层组织，600mm 以上喷涂距离才能形成羽毛状柱状晶组织的涂层[45,46]。

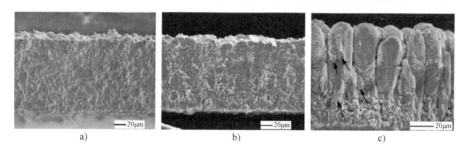

图 2-68   PS-PVD 喷涂 Metco6700 YSZ 粉末的涂层沉积组织

a）喷涂距离为 450mm   b）喷涂距离为 550mm   c）喷涂距离为 600mm

Zhang[47] 等人的研究结果也表明，使用 Metco 6700YSZ 粉末和 O3PC 喷枪，Ar-He 气体，喷涂功率 67kW，在喷涂距离 950mm，基体温度 850℃时获得了柱状晶组织的涂层。随着基体温度降至室温，多孔涂层趋向致密涂层。随着喷射距离增加到 2200mm，等离子体羽流末端出现均匀形核，在等离子体射流的作用下，形成了纳米颗粒凝聚的团簇。

参 考 文 献

[1] XUE S, PROULX P, BOULOS M T. Extended-field electromagnetic model for the inductively coupled plasma [J]. Journal of Physics D Applied Physics, 2001, 34: 1897-1906.

[2] SEYED A. Co-spraying of alumina and stainless steel by d. c. plasma jets [D]. Belfot: University of Limoges France, 2004.

[3] WILDEN J, BERGMANN J P, TROMMER M, et al. Full mechanised cladding of 3-dimensional components in constrains position with the PPAW-process [C] //International Thermal Spray Conference, Basel: ASM Thermal Spray Sociate (TSS), 2005.

[4] JANLSSON S, VARDELLE A, COUDER J F, et al. Plasma spraying using Ar-He-H_2 gas mixtures [J]. Journal of Thermal Spray Technology, 1999, 8 (4): 545-552.

[5] TRELLES J P, CHAZELAS C, VARDELLE A, et al. Arc plasma torch modeling [J]. Journal of Thermal Spray Technology, 2009, 18 (5): 728-752.

[6] BOULOS M I, FAUCHAIS P, PFENDER E. Thermal plasmas, fundamentals and applications [M]. New York: Springer, 1994.

[7] JOULIA A, DUARTE W, GOUTIER S, et al. Tailoring the spray conditions for suspension

plasma spraying [J]. Journal of Thermal Spray Technology, 2015, 24: 24-29.

[8] GAO Y, AN L T, SUN C Q, et al. The characteristic of low power consumption plasma jet and ceramic [J]. Journal of Thermal Spray technology, 2004, 13 (4): 521-525.

[9] LIMA R S, GUERREIRO B M H. Environmental, economical and performance impacts of Ar/ H_2 & N_2/H_2 plasma sprayed YSZ tBCs [J]. Journal of Thermal Spray Technology, 2019, 29 (2): 71-78.

[10] PERSHIN L, MOSTAGHIMI J. Yttria deposition by a novel plasma torch [C] //Proceedings of the International Thermal Spray Conference, Düsseldorf: German Welding Society, 2010.

[11] VALAREZO A, DWIVEDI G, SAMPATH S, et al. Elastic and anelastic behavior of TBCs sprayed at high deposition rates [C] //Proceedings of the International Thermal Spray Conference, Barcelona: German Welding Society, 2014.

[12] 蔡琳. 空气等离子喷涂纳米氧化铝涂层组织、性能研究 [D]. 大连: 大连海事大学, 2019.

[13] FAUCHAIS P, VARDELLE A. Heat, mass and momentum transfer in coating formation by plasma spraying [J]. International Journal of Thermal Sciences, 2000, 39: 852-870.

[14] NOGUES E, VARDELLE M, FAUCHAIS P, et al. Arc voltage fluctuations: Comparison between two plasma torch types [J]. Surface & Coatings Technology, 2008, 202: 4387-4393.

[15] RAMASAMY R, SELVARAJAN V, PERUMAL K, et al. An attempt to develop relations for the arc voltage in relation to the arc current and gas flow rate [J]. Vacuum, 2000, 59: 118-125.

[16] JANISSON S, VARDELLE A, COUDERT J F, et al. Plasma spraying using Ar-He-H_2 gas mixtures [J]. Journal of Thermal Spray Technology, 1999, 8: 545-552.

[17] LEBLANC L, MOREAU C. The long-term stability of plasma spraying [J]. Journal of Thermal Spray Technology, 2002, 11: 380-385.

[18] CHOI S, HWANG T H, SEO J H, et al. Effects of anode nozzle geometry on ambient air entrainment into thermal plasma jets generated by nontransferred plasma torch [J]. IEEE Transcation on Plasma Science, 2004, 32 (2): 473-478.

[19] YANG H, WANG L. Influence of parameters on volt-ampere characteristic of plasma arc in high velocity plasma spraying [C] //Proceedings of the International Thermal Spray Conference, Maastricht: ASM International-Thermal Spray Society, 2008.

[20] 高阳, 双阳极热等离子发生器: [P]. 2005-03-02.

[21] GAO Y, AN L T, YAN Z J, et al. Effect of anode arc root position on the behavior of the DC Non-transferred plasma jet at field free region [J]. Plasma Chemistry and Plasma Processing, 2005, 25: 215-226.

[22] AN L T, GAO Y, SUN C Q. Effects of anode arc root fluctuation on coating quality during plasma spraying [J]. Journal of Thermal Spray Technology, 2011, 20 (4): 775-781.

[23] DZULKO M, FORSTER G, LANDES K D, et al. Plasma torch developments [C]. Ohio: ASM International Thermal Spray Society, 2005.

[24] CHEN D, COLMENARES-ANGULO J, MOLZ R, et al. Helium-free parameter development for TriplexPro-210 plasma gun [C] //Proceedings of the International Thermal Spray Conference, Hamburg: German Welding Society, 2011.

[25] SCHLÄFER T, WANK A, SCHMENGLER C, et al. A novel high spray rate APS gun [C] //Proceedings of the International Thermal Spray Conference, Düsseldorf: German Welding Society, 2017.

[26] HRABOVSKY M. Plasma generator with water stabilized DC arc [C] //Proceedings of industrial applications of plasma physics. Varenna: Italy Physical Society, 1992.

[27] CHRASKA P, HRABOVSKY M. An overview of water stabilized plasma guns and their applications [C]. Ohio: ASM International Thermal Spray Society, 1992.

[28] HRABOVSKY M, KOPECKY V, SEMBER. Water stabilized arc as a source of thermal plasma [C] //Proceedings of International Symposium on Heat and Mass Transfer Under Plasma Conditions, New York: IEEE, 1995.

[29] REED T B. Induction coupled plasma torch [J]. Journal of Applied Physics, 1961, 32 (5): 821-824.

[30] REED T B. Growth of refractory crystals using the induction plasma torch [J]. Journal of Applied Physics, 1961, 32 (12): 2534-2536.

[31] FREEMAN M P, CHASE J D. Energy-transfer mechanism and typical operating characteristics for the thermal RF plasma generator [J]. Journal of Applied Physics, 1968, 39 (1): 180-190.

[32] CHASE J D. Magnetic pinch effect in the thermal r. f. induction plasma [J]. Journal of Applied Physics, 1969, 40: 318-325.

[33] GAO J Y, XIONG X Y, GAO Y. The effect of the α/γ phase on the dielectric properties of plasma sprayed Al_2O_3 coatings [J]. Journal of Materials Science: Materials in Electronics, 2017, 28: 12015-12020.

[34] GAO Y, XU X L, YAN Z J, et al. High hardness alumina coatings prepared by low power plasma spraying [J]. Surface and Coatings Technology, 2002, 154: 189-193.

[35] GAO Y, GAO J Y, YANG D M. Equiaxed and porous thermal barrier coatings deposited by atmospheric plasma spray using a nanoparticles powder [J]. Advanced Engineering Materials, 2014, 16 (4): 406-412.

[36] YANG D M, GAO Y, LIU H J, et al. Thermal shock resistance of bimodal structured thermal barrier coatings by atmospheric plasma spraying using nanostructured partially stabilized zirconia [J]. Surface and Coatings Technology, 2017, 315: 9-16.

[37] CHOI S, HWANG T H, SEO J H, et al. Effects of anode nozzle geometry on ambient air entrainment into thermal plasma jets generated by nontransferred plasma torch [J]. IEEE International Conference on Plasma Science, 2003, 46: 4201-4213.

[38] GAO Y, ZHAO Y, YANG D M, et al. A Novel Plasma-Sprayed Nanostructured Coating with Agglomerated-Unsintered Feedstock [J]. Journal of Thermal Spray Technology, 2016, 25:

291-300.

［39］GAO Y, YANG D M, SUN C Q, et al. Deposition of YSZ Coatings in a Chamber at Pressures below 100 Pa Using Low-Power Plasma Spraying with an Internal Injection Powder Feeding ［J］. Journal of Thermal Spray Technology, 2013, 22 (7): 1253-1258.

［40］GAO Y, YANG D M, GAO J Y. Characteristics of a Plasma Torch Designed for Very Low Pressure Plasma Spraying ［J］. Journal of Thermal Spray Technology, 2012, 21: 740-744.

［41］GAO Y, SHEN K Y, WANG X Y. Microstructural evolution of low-pressure plasma-sprayed Ti-6Al-4V coatings after heat treatment ［J］. Surface and Coatings Technology, 2020, 393: 125792.

［42］MAUER G. Plasma Characteristics and Plasma-Feedstock Interaction Under PS-PVD Process Conditions ［J］. Plasma Chem & Plasma Process, 2014, 34: 1171-1186.

［43］ANWAAR A, WEI L L, GUO H B, et al. Plasma-Powder Feedstock Interaction During Plasma Spray-Physical Vapor Deposition ［J］. Journal of Thermal Spray Technology, 2017, 26: 292-301.

［44］JIA F, GAO L H, YU Y G, et al. Influence of YSZ powder characteristics on the morphology of PS-PVD thermal barrier coatings ［C］//Proceedings of International Thermal Spray Conference, Yokohama: ASM International-Thermal Spray Society, 2019.

［45］LI C Y, GUO H B, GAO L H, et al. Microstructures of yttria-stabilized zirconia coatings by plasma spray-physical vapor deposition ［J］. Journal of Thermal Spray Technology, 2015, 24: 534-541.

［46］GAO L H, WEI L L, GUO H B, et al. Deposition mechanisms of yttria-stabilized zirconia coatings during plasma spray physical vapor deposition ［J］. Ceramics International, 2016, 42: 5530-5536.

［47］ZHANG X F, ZHOU K S, DENG C M, et al. Gas-deposition mechanisms of 7YSZ coating based on plasmaspray-physical vapor deposition ［J］. Journal of the European Ceramic Society, 2016, 36: 697-703.

第3章

爆炸喷涂

3.1 引言

金属碳化物（WC-Co、WC-CoCr、WC-Ni、NiCr-CrC 等）是良好的耐磨材料，在热喷涂领域有着广泛的应用需求。等离子喷涂技术出现后，最初也用来喷涂金属碳化物，且有很多关于等离子喷涂金属碳化物的报道。但是由于等离子喷涂温度高，射流速度往往没有达到超声速，因此等离子喷涂碳化物涂层的气孔较多，且容易发生脱碳，影响了涂层的性能。为了制备致密、脱碳量少的碳化物涂层，迫切需要新的喷涂技术。爆炸喷涂是一种利用可燃性气体混合物在爆炸管内有方向性的爆燃，粉末材料在爆炸管内被加热、加速轰击到工件表面形成涂层的技术。爆炸喷涂技术最早由美国联合碳化物公司林德分公司（Union Carbide Corp. Linde Division）于 1955 年发明的专利技术[1,2]。爆炸喷涂喷枪为技术的主体，根据英文 Detonation，爆炸喷涂喷枪取名为 D-Gun。该技术开发的背景主要针对制备高质量、致密、脱碳量相对少的金属碳化物涂层。爆炸喷涂技术发明后，美国联合碳化物公司并没有向外出售设备，而是利用开发的 D-Gun 设备为客户喷涂加工。由于爆炸喷涂技术比当时的等离子喷涂碳化物制备的涂层性能好，结合强度高，获得了以美国为主要区域的大部分金属碳化物的喷涂市场。1980 年美国联合碳化物公司组建了以生产工业气体为主的 Praxair 公司，并由 Praxair Surface Technology 分公司继承了爆炸喷涂技术。20 世纪 90 年代 Praxair 公司改进了喷涂气体的种类，推出氧气、乙炔 + 丙烷的 Super D-Gun 技术，进一步提高了涂层的质量，但是喷枪结构至今没有太大变化。20 世纪 60 年代苏联乌克兰国家科学院材料问题研究所和乌克兰国家科学院巴顿焊接研究所也开始从事爆炸喷涂技术的研究工作，开发了一系列爆炸喷涂设备，如"第聂泊"和"捷米顿"型爆炸喷涂设备，之后提出了一种用计算机控制的在爆炸管上安装两个送粉筒的爆炸喷涂设备，取名为 CCDS2000[3-5]。Praxair D-Gun 和"第聂泊"型爆炸喷涂设备是以机械传动方式带动的凸轮或活塞作为气体阀门，将乙炔、氧气等气体混合导入爆炸管中，由火花塞引爆形成有方向性燃爆。21 世纪初西班牙

Aerostar Coatings[6]发明了以丙烯、丙烷、甲烷等不易回火燃气为爆炸气体的无机械阀门控制高频脉冲爆炸（High Frequency Pulse Detonation，HFPD）喷涂设备，由于没有机械传动，爆炸频率要高于D-Gun和"第聂泊"型爆炸喷涂，据该公司称HFPD最高爆炸频率为100Hz。

3.2 气体爆炸喷涂

图3-1所示为爆炸喷涂设备的构成，主要由爆炸喷枪、气体流量与爆炸频率控制柜、水冷却装置和送粉器构成。Praxair D-Gun和"第聂泊"型爆炸喷涂设备采用电动机旋转带动机械开关控制爆炸气体进入喷枪。氧气和乙炔等作为爆炸气体，按流量比例送入爆炸喷枪管内混合，同时从喷枪的后部送入喷涂粉末，通过火花塞点火引爆，使喷枪管内燃气瞬间升温到2500~3000℃，并将粉末加热到熔化或局部熔化状态，同时获得500~800m/s的速度喷射到工件表面形成涂层，一次爆炸后引入氮气或空气排除枪管中的残余气体，以进行清膛，直到下一次爆炸过程的开始。Praxair D-Gun和"第聂泊"爆炸喷涂每秒可完成上述循环2~8次，每次爆炸形成直径20~25mm，厚度5~10μm的爆炸涂层，通过使工件与喷枪以一定相对速度运行，可以形成具有一定厚度的堆积涂层。

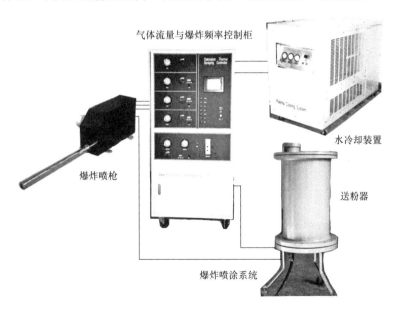

图3-1 爆炸喷涂设备的构成

Praxair D-Gun爆炸喷涂设备采用电动机驱动凸轮旋转，使进气阀"开"和"关"，控制爆炸气体进入喷枪，并采用与进气同步的间接式送粉方式。"第聂泊"型爆炸喷涂设备则采用电动机驱动活塞往复运动，以控制进气阀"开"和"关"，粉末以连续方式送入喷枪，即无论是送气还是爆炸后清扫阶段始终送粉。爆炸喷涂可以分解为图 3-2 所示的四个阶段。

1）进气与送粉阶段：当凸轮旋转到该位置范围时，氧气和乙炔进气阀打开，根据预先设定的气体压力，将一定流量比率的燃气和氧气引入爆炸喷枪管内混合，与此同时粉末从喷枪后部在携带气体的推动下进入爆炸喷枪管内与可燃气体混合。

2）气体隔断与引爆，凸轮继续旋转，关闭燃气和氧气阀门，打开阻燃气体阀（通常为氮气），隔断爆炸喷枪管内进气阀间的燃气。

3）火花塞点火，引爆爆炸喷枪管内燃气。

4）清扫阶段：凸轮继续旋转，向爆炸喷枪管内引进氮气或空气等非燃气体进行清膛，另外清扫气体会对喷涂工件有一定的冷却作用。

Praxair D-Gun 向爆炸喷枪管内的送粉，采用了一种机械控制与进气同步的间歇式送粉方式，在爆炸和清扫阶段会停止向爆炸喷枪管内送粉，这样的控制可以减少粉末材料的浪费。另外通过送粉间隔的控制，可以控制粉末在爆炸管内的分布范围，有利于提高涂层质量。

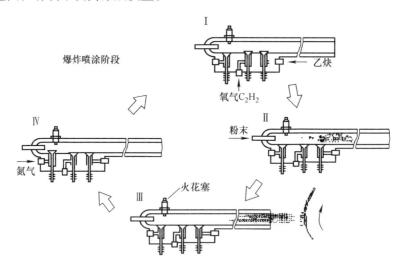

图 3-2 Praxair D-Gun 和"第聂泊"型爆炸喷涂原理

除上述 Praxair D-Gun 和"第聂泊"型爆炸喷涂设备外，Siberian Technologies of Protective Coating LTD（Russia）开发了图 3-3 所示的计算机控制电磁阀进气开关的 CCDS 2000 爆炸喷涂设备。爆炸喷枪管长度为 1m，直径为 26mm，使用氧气-乙炔作为爆炸气体。氧气和乙炔的消耗量分别为 $10m^3/h$ 和 $5m^3/h$，氮气作为清扫隔断气体，消耗量为 $20m^3/h$，爆炸频率为 10 次/s。粉末从喷枪的中间进入喷管内部，喷管上安装了两个送粉器可同时送入两种粉末，粉末的供给采用电磁阀控制的间歇送粉方式。该喷枪的质量大约为 18kg，低于 Praxair D-Gun 和"第聂泊"型爆炸喷涂喷枪，适合使用机械手喷涂。Yongjing Cui 等人[7]用该喷枪在纤维基体上喷涂了金属铝和 WC-Co 涂层。

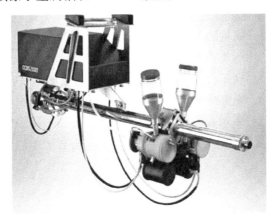

图 3-3　计算机控制电磁阀进气开关的 CCDS 2000 爆炸喷涂设备

　　图 3-4 所示为 Aerostat Coatings 开发的无机械阀门的高频脉冲爆炸（HFPD）喷涂，使用不易回火的丙烯、丙烷或天然气作为爆炸气体。由于没有机械传动控制进气，气体可以连续进入爆炸喷枪管，爆炸喷枪管进气口设有单向进气阀，当燃气和氧气进入爆炸喷枪管混合后，火花塞点火，爆炸，生成一氧化碳、二氧化碳和水蒸气，爆炸喷枪管内瞬间压力增加，单向进气阀关闭。压力降低后，进气阀再次打开，燃气、氧气再次进入爆炸喷枪管，开始第二次爆炸。Endo 等人[8]也报告了一种用惰性气体和液体作为隔断清扫的脉冲爆炸喷涂，在介绍了脉冲爆炸原理的同时计算了惰性气体和液体清扫两种模式下的爆炸温度和速度，并对 MCrAlY 和 YSZ 粉末进行了喷涂。

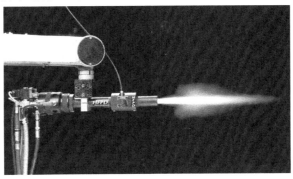

图 3-4　无机械阀门的高频脉冲爆炸（HFPD）喷涂

3.3　爆炸气体性质

爆炸喷涂可采用乙炔、氢、甲烷、丙烷等可燃气体同氧气混合作为爆炸气体，爆炸产生的超音速气流速度达 3000m/s。当采用乙炔作为燃气时，中心温度可达 3450℃，粉末微粒离开喷枪的飞行速度达 1200m/s。每次爆炸可在工件表面形成数微米厚的圆形涂层。由于工件表面与喷枪之间的相对运动，每次形成的涂层圆斑以一定的步距相互错叠，在工件表面形成完整、厚度均匀的涂层。根据实际需要对工件表面进行多次喷涂，最终形成需要厚度的涂层。爆炸喷涂涂层性能与爆炸参数，如气体成分和流量，粉末送入爆炸管内的位置等有关，对涂层组织有密切的影响。

爆炸产物的温度 T、速度 v 和压力 p 可由如下方程表示[9]：

$$T = \frac{2k}{k+1} \frac{Q}{c_v} \tag{3.1}$$

$$v = \frac{k+1}{k} \sqrt{\frac{8310k}{M_1}} \tag{3.2}$$

$$p = 2(k-1)\rho Q \tag{3.3}$$

式中，$k = c_p/c_v$，为爆炸冲击波系数，c_p，c_v 分别为爆炸产物的比定压热容和比定容热容 [J/(kg·K)]；Q 为单位质量可燃混合气体的化学反应热（J/mol）；ρ 为起始可燃混合气体密度（kg/m³）；M_1 为爆炸产物的平均分子量。爆炸气体理论速度 D（m/s）可通过如下公式计算，这里 γ 为燃气的比热容，Q_0 为爆炸能量。

$$D = \sqrt{2(\gamma^2 - 1)Q_0} \tag{3.4}$$

由上述方程可知，爆炸产物的温度、速度和压力与燃气混合物化学组成及燃气/氧气比例有很大关系。改变可燃气体混合物的化学组成可大范围地改变爆炸产物温度。表 3-1 所列为根据上述公式计算得出的 $H_2 + O_2$ + 其他气体混合物的爆炸冲击波参数。

表 3-1　$H_2 + O_2$ + 其他气体混合物的爆炸冲击波参数

气体混合物	压力/atm	温度 T/K	速度 v/(m/s)	
			计算值	实测值
$2H_2 + O_2$	18.050	3583	2806	2819
$(2H_2 + O_2) + 5O_2$	14.130	2620	1732	1700
$(2H_2 + O_2) + 4H_2$	14.390	2620	1850	1822
$(2H_2 + O_2) + 5N_2$	15.970	2975	1627	1627
$(2H_2 + O_2) + 5He$	16.320	3097	3617	3160
$(2H_2 + O_2) + 5Ar$	16.321	3097	1762	1700

注：atm 为标准大气压，1atm = 101325Pa。

可以看出，爆炸速度受混合物密度影响很大，特别是 He 和 Ar 的对比结果，说明当 H_2/O_2 一定时，低密度混合物可以获得更高的爆炸冲击速度。表 3-2 所列为不同气体混合物的爆炸冲击波参数，可以看出，$4H_2+O_2$ 具有最高的爆炸冲击波速度，而 $0.7C_2H_2+O_2$ 具有较高的爆炸温度。对于低熔点金属粉末，H_2+O_2 便能获得好的喷涂效果，而 $0.7C_2H_2+O_2$ 则适合于高熔点陶瓷粉体。因此，应该根据不同的粉体材料选择不同的爆炸气体。

表 3-2　不同气体混合物的爆炸冲击波参数

气体混合物	测量速度/(m/s)	计算值		
		温度 T/K	速度 v/(m/s)	压力 p/atm
$4H_2+O_2$	3390	3439	3048	17.77
$2H_2+O_2$	2825	3697	2841	18.56
H_2+3O_2	1663	2667	1737	14.02
CH_4+O_2	2528	3332	2639	31.19
$CH_4+1.5O_2$	2470	3725	2535	31.19
$0.7C_2H_2+O_2$	2570	5210	2525	45.60

表 3-3 所列为几种气体爆炸混合物爆炸时的参数[9]。在这些爆燃气体中，$C_2H_2+O_2$ 混合气体可获得 2934m/s 的高速度和 4516K 的高温度，因此爆炸喷涂燃料气体常常优先选用乙炔。

表 3-3　几种气体爆炸混合物爆炸时的参数[9]

爆炸气体成分	爆炸管口速度/(m/s)	温度/K	热动量/MPa	燃烧转移成爆炸波的距离/mm
CH_4+2O_2	2391	3726	1.22	500
$CH_4+1.2O_2$	2652	3653	1.36	>1000
$C_2H_2+O_2$	2934	4516	1.82	10
$C_2H_2+2.5O_2$	2424	4215	1.4	5
$C_2H_6+2O_2$	2606	3673	1.66	>1000
$C_3H_8+5O_2$	2358	3828	1.5	100
$C_3H_8+2.7O_2$	2603	3657	1.86	>1000
$C_3H_6+4.5O_2$	2354	3915	1.49	100
$C_3H_6+2.2O_2$	2640	3762	1.88	>1000
$C_3H_6+C_2H_2+2.5O_2$	2739	3628	1.81	50
$2H+O_2$	2837	3682	0.76	100

混合气体燃料的比率对爆炸产物的温度也有影响，图 3-5 所示为甲烷、乙烷、丙烷、丁烷、丙烯和乙炔与氧气混合物含量（体积分数）与爆炸产物温度的关系，由图可知乙炔具有最高的爆炸温度。

Ulianitsky 等人[10]指出氢的密度相对较低，是一种爆炸能量相对较弱的爆炸气体，并且相应的动能较低。在碳氢化合物中，甲烷产生的动能最小，爆炸敏感性最低，因此不是爆炸喷涂首选的气体。乙烷、丙烷、丁烷和丙烯的动力参数与氧气的化学计量比相差不大。在气体燃料成分中，由于丁烷分子量较大，动力学略优于其他碳氢化合物气体，气体爆炸时温度和冲击较高。乙炔由于其高爆炸而占有特殊的位置，其动态压头与其他烃类的动态压头非常接近。考虑到化学活性，乙炔也是一种很有前途的爆炸喷涂气体，在喷涂 WC-Co 等"重"材料时，乙炔可与丙烯、丙烷、丁烷等分子量较大的烃类气体混合，以提高爆炸产物的速度。为了控制爆炸喷涂温度，往往向爆炸气体中加入氮气，氮气的加入会降低爆炸气流的温度，对于控制金属碳化物脱碳有益。图 3-6 所示为计算得出氧-乙炔爆炸气体中加入氮气对爆炸气体速度的影响，氮气的加入不仅能够降低爆炸气体的温度，还会降低爆炸气体速度。

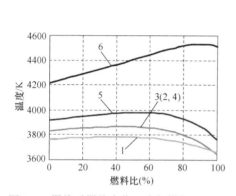

图 3-5　爆炸后爆炸产物温度与燃料比的关系
1—甲烷　2—乙烷　3—丙烷
4—丁烷　5—丙烯　6—乙炔

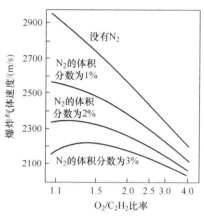

图 3-6　氮气对氧-乙炔爆炸
气体速度的影响

3.4　爆炸喷涂特征

热喷涂中有两个重要参数，一是粉末颗粒被加热的温度，另一个则是速度。适当地提高粉末颗粒的温度有利于提高粉体的沉积效率，但是在过高的温度下喷涂碳化物会造成涂层脱碳分解。例如喷涂 WC-Co，会出现 W_2C，甚至 W 相，这会明显提高涂层的脆性，降低涂层的韧性。喷涂中粉末颗粒速度快对于提高涂层的致密性有益，但涂层内部可能会产生较高的应力。过高的能量喷涂金属会导致粉末过熔，黏附在爆炸管内。图 3-7 所示为等离子喷涂与爆炸喷涂射流的温度和速度的比较。与高温等离子喷涂相比，爆炸喷涂具有温度低、速度快的特点，适合喷涂碳化物、中等熔点的金属、合金及熔点相对低的氧化物。

爆炸喷涂的另一个特征是爆炸喷涂燃气和氧气消耗量远低于火焰超音速（HVOF）喷涂，因此爆炸产物的热能量（或热焓值）相对较较低。通常爆炸喷

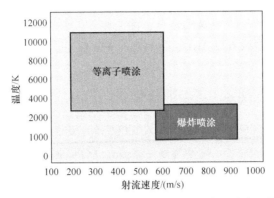

图 3-7　等离子喷涂与爆炸喷涂射流的温度和速度比较

涂氧气的流量小于 80L/min，乙炔的流量小于 50L/min，这样的爆炸气体热能远小于下一章介绍的火焰超音速喷涂燃料和氧气的消耗量。因此爆炸喷涂对喷涂工件的热影响较小，加上每次爆炸间隔清扫气体的冷却，通常被喷涂工件的温度在不冷却下低于 70℃，可以在不施加任何冷却的条件下直接喷涂厚度 0.5mm 的金属薄试片，试片不会氧化。或者在不冷却下喷涂弯曲疲劳试样。爆炸喷涂对于有疲劳强度要求的飞机零件是一种良好的喷涂方法，控制好爆炸喷涂参数，可以提高零件的疲劳强度。另外爆炸喷涂燃料气体可选择的种类较多，如氢气、乙炔、丙烯、丙烷等，而且与氧气的混合比率可以调整的范围很大，很容易控制爆炸气体的温度和速度。

　　爆炸喷涂的频率一般小于 8 次/s，每次爆炸大约形成直径 20 ~ 25mm，厚度数十微米的圆形涂层。已有研究表明，圆形涂层边缘处组织的致密性不如中心部分[11]，并且边缘部分涂层的厚度略高于中心部分。为了形成一定厚度的涂层，爆炸喷涂需要叠加堆积喷涂，每次爆炸需要错开 1/3 ~ 1/2 的圆环直径。以每秒爆炸 5 次，爆炸圆环直径 20mm 为例计算，爆炸喷涂的行走速度为（1/3 ~ 1/2）×20 × 5 = 30 ~ 50（mm/s），这样的移动速度对于喷涂较大直径的轴类零件而言，旋转速度较低。由于爆炸喷涂圆环中心和边缘组织的差异，有些情况下涂层使用一段时间会在涂层表面发现出现圆环状的爆炸喷涂痕迹，外观效果不佳。例如，爆炸喷涂高温炉辊材料 CoCrAlTaY + 10Al$_2$O$_3$（Al$_2$O$_3$ 的质量分数为 10%，Praxair LCO-17），使用一段时间后，在高温炉辊表面会出现喷涂痕迹的圆环，特别是有 MnO 腐蚀的情况下更为明显。

3.5　爆炸喷涂工艺参数与涂层设计

　　爆炸喷涂的气体成分、流量对产生的温度和速度有很大影响，最终结果表现为对涂层组织、相组成产生很大影响。特别是喷涂金属碳化物，硼化物，或者含铝、铬、钛等容易氧化的金属或合金，涂层组织与爆炸气体成分和总量密切相关。下面介绍爆炸喷涂 Ni + Al$_2$O$_3$ 混合物、WC-Co 和 MoB 的涂层组织与喷涂参数的关系。

3.5.1   爆炸喷涂 Ni + Al$_2$O$_3$ 混合物

选用体积比为 50% Ni + 50% Al$_2$O$_3$ 的粉末，Ni 为球形粉末，粒度为 15 ~ 50μm，Al$_2$O$_3$ 为破碎粉末，粒度为 5 ~ 25μm，将两种粉末充分均匀机械混合后作为喷涂材料。采用乙炔和氧气作为爆炸气体，氧气和乙炔的流量比为 O/C = 1.0 和 1.4 两种，根据氧气与乙炔的燃烧比率关系，O/C = 1.0 的爆炸温度要低于 O/C = 1.4 的爆炸温度。爆炸气体中混入适当的氮气可以降低爆炸气体温度，试验中选择氮气的混入量（D）占总气体体积的 40% 和 50% 两种。图 3-8 所示为四种喷涂条件下 Ni + Al$_2$O$_3$ 混合物的爆炸喷涂组织，爆炸频率为 8 次/s。

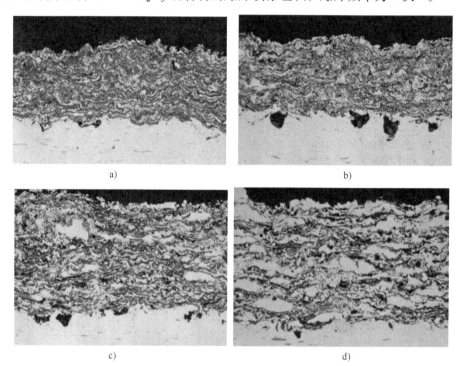

图 3-8   爆炸喷涂 50% Ni + 50% Al$_2$O$_3$ 粉末的组织

a) $D = 0$, $O/C = 1.4$ b) $D = 0$, $O/C = 1.0$ c) $D = 40\%$, $O/C = 1.0$ d) $D = 50\%$, $O/C = 1.0$

涂层中黑色的组织为氧化铝，白色的组织为金属镍。爆炸参数 $D = 0$、$O/C = 1.4$ 时喷涂气体的温度最高，由于镍和氧化铝的熔点不同，此时对于金属镍熔化程度过高，氧化铝熔化适当，因此涂层中氧化铝的含量高于原始粉末。而

爆炸参数 $D = 50\%$、$O/C = 1.0$ 的爆燃气体温度低，此时对于金属镍熔化适当，但是氧化铝熔化较少，因此涂层中氧化铝的含量低于原始粉末比率。爆炸参数 $D = 0$、$O/C = 1.0$ 的温度高于 $D = 40\%$、$O/C = 1.0$，因此爆炸参数 $D = 0$、$O/C = 1.0$ 下氧化铝的含量较高。虽然通过改变爆炸参数可以改变涂层中金属镍和氧化铝的含量，但是为了获得致密结构的涂层，不建议使用这种方法来调整，应当调整原始粉末的比率，以选择合适的喷涂参数。

3.5.2　爆炸喷涂 WC-10Co4Cr

高阳等人[12]选用烧结-破碎 WC-10Co4Cr 粉末作为爆炸喷涂材料，粉末形态如图 3-9。粉末的平均粒度为 15～45μm，其中碳化钨颗粒粒度为 0.3～1μm，与团聚-烧结球形 WC-10Co4Cr 粉末相比，烧结-破碎粉末的松装密度要高，可以适当降低喷涂中碳化钨的分解。

图 3-9　烧结-破碎 WC-10Co4Cr 粉末形态

表 3-4 所列为爆炸喷涂参数，乙炔为主要燃气，为了控制爆炸燃气的温度，试验中加入了不同流量的丙烷，以降低爆炸喷涂的射流温度。丙烷的添加量分别为 0、2L/min、4L/min、9L/min、14L/min，对应的氧气与燃料的流量比率分别为 $OF = 1.9$、1.8、1.7、1.4、1.2。根据上面的爆炸喷涂气体特性分析可知，随着丙烷的加入，爆炸喷涂射流温度下降。

图 3-10 所示为原始粉末和涂层的 XRD 对比，可以看出在表 3-4 所列喷涂条件下，涂层中 WC-10Co4Cr 发生了脱碳，并且脱碳量与丙烷的添加量有关，随着丙烷添加的增多，脱碳减少，这与爆炸喷涂温度密切相关。笔者认为脱碳的程度仅与爆炸气体温度有关，而 OF 影响较小，这一结果可能与以往的报道有所不同，一些人认为 OF 影响脱碳程度[13,14]。

表 3-4   爆炸喷涂参数

参数	数值
氧气流量/(L/min)	49
乙炔流量/(L/min)	26
丙烷流量/(L/min)	0、2、4、9、14
氧气与燃料的流量比率 OF	1.9、1.8、1.7、1.4、1.2
送粉率/(g/min)	100
爆炸频率/(次/s)	6
喷涂距离/mm	155
氮气流量/(L/min)	30

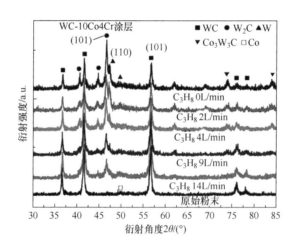

图 3-10   爆炸气体中丙烷含量对涂层脱碳的影响

图 3-11 所示为不同丙烷加入的爆炸喷涂涂层的扫描电镜组织。当没有丙烷添加时，爆炸温度高，涂层中可以观察到带状的脱碳组织（箭头）。随着丙烷添加量的增加，脱碳减少，碳化钨的呈现以颗粒为主。应当注意随着丙烷的加入，爆炸气流的温度会降低，这也会导致粉末的沉积效率下降。

图 3-12 所示为涂层的硬度，可以看出丙烷的加入对涂层的硬度影响较小。图 3-13所示为冲刷磨损条件下涂层的耐磨性，随着丙烷的添加，涂层的耐磨性有很大提高，这与控制碳化钨的分解，涂层韧性的提高有关。

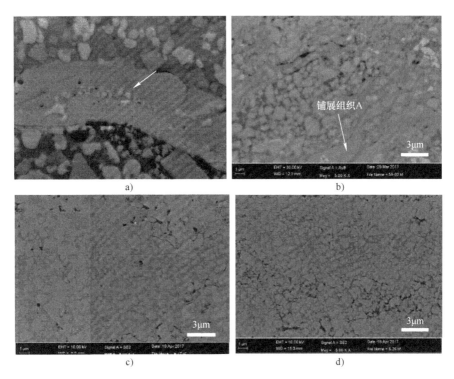

图 3-11　爆炸喷涂 WC-10Co4Cr 组织，添加了不同流量的丙烷

a）原始粉末　b）丙烷流量 0L/min　c）丙烷流量 4L/min　d）丙烷流量 14L/min

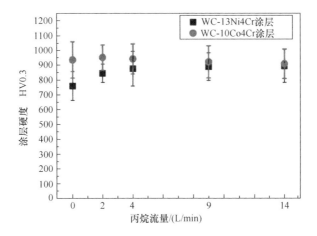

图 3-12　涂层的硬度与丙烷的添加

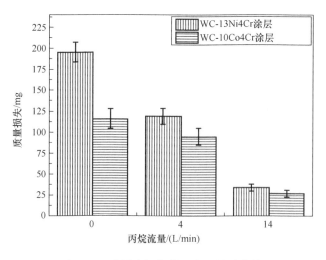

图 3-13   冲刷磨损条件下涂层的耐磨性

3.5.3   爆炸喷涂 MoB[15]

金属硼化物与金属碳化物类似，也是一种耐磨材料。试验选用两种不同粒度的 MoB 粉末，粉末形态如图 3-14 所示。XRD 分析结果如图 3-15 所示，粉末主要由 α-MoB，β-MoB 组成，含有少量的 MoB_2 和 Mo_2B_5 相，属于富硼硼化物。图 3-16 所示为 Mo-B 相图，β-MoB 熔点大约为 2600℃。

a)   b)

图 3-14   两种爆炸喷涂 MoB 粉末形态
a) 小粒度   b) 大粒度

表 3-5 所列为爆炸喷涂 MoB 的喷涂参数，乙炔为主要爆炸气体，氧气/乙炔比率 *OF* 从 1.1 变化到 1.35，喷涂中加入了适当的氮气以降低爆炸喷涂温度，氮气的加入量从 15% 变化到 25%。

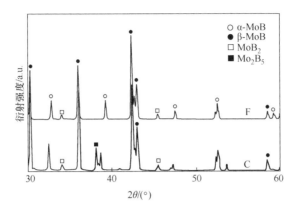

图 3-15　粉末的相组成 XRD 分析结果

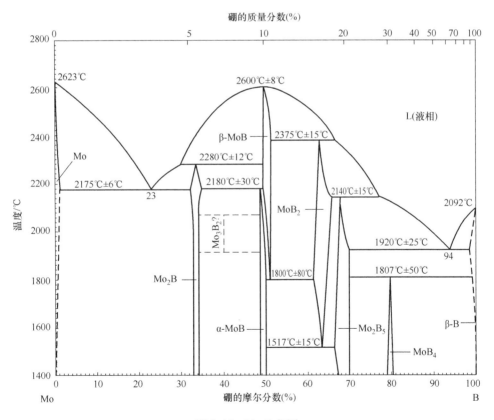

图 3-16　Mo-B 相图

表 3-5   爆炸喷涂 MoB 的喷涂参数

氧气/乙炔（OF）	1.1，1.23，1.35
送粉率/(g/min)	80
氮气（质量分数,%）	15，20，25
爆炸频率/(次/s)	8

图 3-17 所示分别为爆炸喷涂 MoB 细粉（Fine powder）和粗粉（Coarse powder）涂层的 XRD，对于细粉 $OF = 1.16$ 时，MoB 的分解较少，涂层中出现少量的金属 Mo 相。当 $OF = 1.23$ 时，涂层中出现了大量的金属 Mo 相。对于粗粉

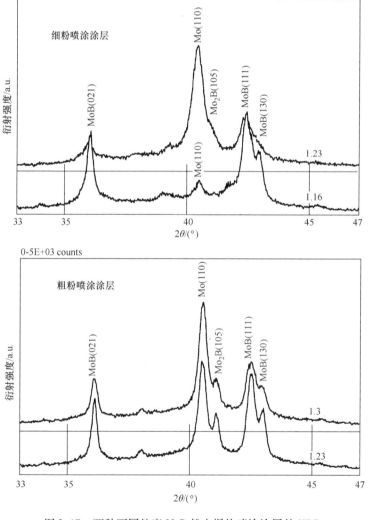

图 3-17   两种不同粒度 MoB 粉末爆炸喷涂涂层的 XRD

$OF = 1.23$ 时，涂层中出现了金属 Mo 相，但少于细粉喷涂涂层。当 $OF = 1.23$ 时，涂层中的金属 Mo 相进一步增加，但是增加量小于细粉喷涂涂层。结构显示，爆炸喷涂 MoB 细粉更容易脱硼。

依据 XRD 结果，计算了涂层中金属 Mo 的含量（质量分数），计算结果如图 3-18 所示。随着 OF 的增加，涂层中的金属 Mo 含量也增加，但是对于细粉和粗粉的增加速率不同，喷涂细粉 MoB 更容易导致分解。

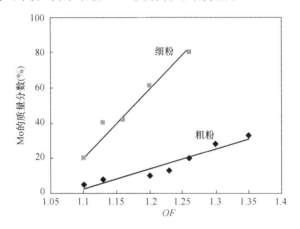

图 3-18　涂层中金属 Mo 含量与爆炸喷涂参数的关系

图 3-19 所示为爆炸喷涂 MoB 涂层中金属 Mo 含量（质量分数）与涂层硬度的关系，对于粗粉，随着涂层中 Mo 含量增加到 20%，涂层硬度也在增加，此时涂层组织逐渐致密。而对于细粉喷涂涂层，最高硬度出现在 Mo 含量为 20%，随着 Mo 含量的增加，涂层硬度明显下降，这是由于涂层中 MoB 脱硼，导致了涂层硬度的下降。图 3-20 所示为涂层中金属 Mo 的质量分数在 20% 时的涂层断面组织，可见细粉喷涂组织更加致密。

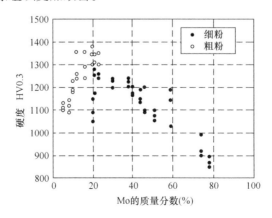

图 3-19　涂层中金属 Mo 含量与涂层硬度的关系

图 3-20　爆炸喷涂不同粉末粒度 MoB 涂层断面组织
a）细粉喷涂　b）粗粉喷涂

3.5.4　爆炸喷涂铸造破碎 WC-CoCr 粉末

Bamola 等人[16]使用无机械阀门控制的爆炸喷涂设备，以氧气、丙烷为爆炸气体，分别在爆炸频率 2 次/s、4 次/s、8 次/s 时，喷涂了粒度（44 ± 15）μm的铸造-破碎 WC-CoCr 粉末，表 3-6 所列为爆炸喷涂试验参数。由于该爆炸喷涂没有使用乙炔，因此爆炸喷涂温度较低，另外与以氧气、丙烷为燃料的超音速喷涂气体流量相比（DJ2700，氧气流量 253L/min，丙烷流量 77L/min），该爆炸喷涂参数的氧气、丙烷流量设定较低。

表 3-6　爆炸喷涂试验参数

试样编号	喷涂距离/mm	氧气/丙烷流量/(L/min)	爆炸频率/(次/s)
1	300	72/12	2
2	250	48/12	2
3	250	64/16	4
4	250	60/18	2
5	250	63/18	2
6	250	70/20	2
7	250	77/22	2
8	200	82/23	8
9	250	82/23	8
10	300	82/23	8

图 3-21 所示为试样 1 和试样 10 涂层的 XRD 结果，表明试样 1 脱碳、氧化

严重。试样 10 组织致密,脱碳较少。将氧气/丙烷的流量除以爆炸频率,可以获得一次爆炸时的氧气/丙烷量。试样 1 一次爆炸气体的氧气/丙烷为 36/6,试样 8 为 10/2.8。从氧气/丙烷的一次爆炸流量和比率看,试样 1 远大于试样 8,结果也表明试样 1 的脱碳较多。因此仅仅用氧气/丙烷流量比率不能说明脱碳状态。图 3-22 所示为涂层的硬度,试样 5 硬度最高为 1600 HV0.3,其一次爆炸气体氧气/丙烷为 31.5/9,为本次试验的最高能量,但是氧气/丙烷的比率为 3.5∶1,低于试样 16∶1 的比率。喷涂结果表明,沉积效率在喷涂距离 200mm 时最高,随着喷涂距离的增加,沉积效率下降,如当喷涂距离为 300mm 时,沉积效率下降约为 15%。

　　爆炸喷涂涂层的硬度和脱碳程度,不仅与爆炸气体能量有关,还与氧气/丙烷的比率有关。将氧气/丙烷的比率控制在 3.5∶1 以下,适当提高氧气、丙烷流量有利于提高涂层硬度。

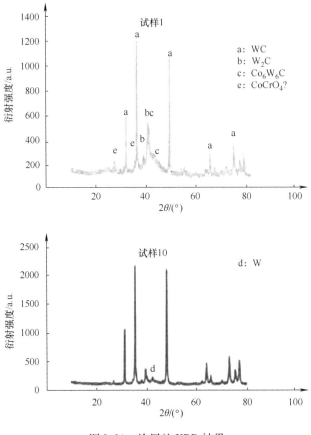

图 3-21　涂层的 XRD 结果

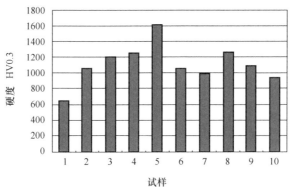

图 3-22   涂层的硬度

3.5.5   爆炸喷涂氧化铝

氧化铝作为绝缘涂层广泛应用于与电气和机械零件，如要求绝缘的轴承。由于氧化铝的熔点高，最常用的喷涂方法为等离子喷涂，但是等离子喷涂往往气孔率较高，会降低涂层的绝缘性。为了提高涂层的绝缘性，一些研究者采用爆炸喷涂方法制备了致密结构的氧化铝涂层，Ulianitsky 和 Sobiecki 等人[17,18] 使用 CCDS2000 爆炸喷涂，制备了氧化铝涂层。爆炸气体为 $C_2H_2 + 2.5O_2$，氧化铝粉末粒度为 $20 \sim 28\mu m$。图 3-23 所示为爆炸喷涂氧化铝涂层的断面组织，与等离子喷涂氧化铝涂层相比，爆炸喷涂组织更加致密，这对提高涂层绝缘性有利。图 3-24 所示为粉末和涂层的 XRD，粉末为 $\alpha\text{-}Al_2O_3$，而涂层主要为 $\gamma\text{-}Al_2O_3$，表明爆炸喷涂氧化铝，喷涂中几乎所有的氧化铝粉末被熔化，涂层的硬度达到 1400HV0.3，高于等离子喷涂 $925 \sim 950$HV0.3 的涂层硬度。需要注意的是虽然爆炸喷涂氧化铝的致密性和硬度高于等离子喷涂涂层，但是这样的涂层往往伴随着较高的内部应力，特别是当氧化铝涂层喷涂在高膨胀系数的 304 不锈钢基体时，冷却过程容易发生涂层的脱落。

图 3-23   爆炸喷涂氧化铝涂层的断面组织

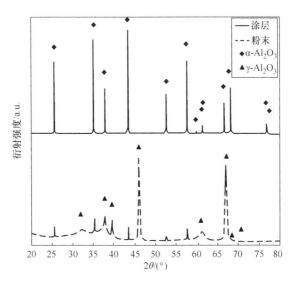

图 3-24　氧化铝粉末和爆炸喷涂涂层的 XRD

3.5.6　爆炸喷涂与等离子喷涂 NiAl/Al$_2$O$_3$ 涂层的比较[19]

图 3-25 所示为自蔓延高温合成的 NiAl/Al$_2$O$_3$ 粉末形貌和经过镶嵌、研磨、抛光处理的粉末颗粒断面的光学组织，灰亮颗粒为金属镍，一些颗粒中可以观察到 Al$_2$O$_3$ 粉末。

图 3-25　自蔓延高温合成的 NiAl/Al$_2$O$_3$ 粉末形貌和粉末颗粒断面的光学组织

上述粉末分别进行了等离子喷涂和爆炸喷涂，喷涂参数见表 3-7 和表 3-8。爆炸喷涂采用氧气、丙烷为爆炸气体，氧气/丙烷比率为 122/30，该条件下氧气较多，爆炸温度较高，但是会造成金属粉末的氧化。

表 3-7   等离子喷涂 NiAl/Al$_2$O$_3$ 参数

等离子喷涂参数	设定值
氩气流量/（L/min）	41
氢气流量/（L/min）	14
电流/A	500
阳极喷嘴直径/mm	6
携带气体流量/（L/min）	9
送粉量/（g/min）	60
喷涂距离/mm	120

表 3-8   爆炸喷涂 NiAl/Al$_2$O$_3$ 参数

爆炸喷涂参数	设定值
丙烷流量/（L/min）	30
氧气流量/（L/min）	122
爆炸频率/（次/s）	4
送粉量/（g/min）	10
喷涂距离/mm	200

图 3-26 所示为等离子喷涂 NiAl/Al$_2$O$_3$ 粉末涂层断面组织，等离子喷涂涂层的氧化铝含量小于 30%，但是高于粉末。虽然等离子喷涂射流温度高，但由于存在保护气体（Ar-H$_2$），故涂层内氧化物含量并不太高，涂层气孔率在 3% 左右。图 3-27 所示为使用同样粉末的爆炸喷涂组织，可观察到该涂层的致密性高于等离子喷涂，但是氧化物含量（黑色）非常多，主要由氧化铝构成，喷涂过程中 NiAl 的 Al 被氧化，使涂层呈现层状组织，故推测该涂层的硬度高于等离子喷涂。爆炸喷涂之所以出现这样多的氧化物，与设定的喷涂参数有关，该试验的氧气/丙烷流量比为 122/30L/min，氧气的流量较高，粉末氧化主要发生在爆炸

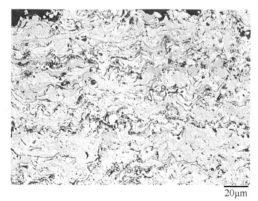

20μm

图 3-26   等离子喷涂 NiAl/Al$_2$O$_3$ 粉末涂层断面组织

管内的爆炸瞬间，这与等离子喷涂气体成分（Ar-H₂）明显不同。这两个喷涂结果告诉我们，喷涂粉末的氧化不完全由温度决定，还与热源成分密切相关。如果改变爆炸喷涂参数，减少氧气流量，使爆炸喷涂气氛处于还原状态，也可制备出致密、氧化物含量较等离子喷涂更少的 NiAl/Al₂O₃ 涂层。这个试验也告诉我们，喷涂方法和喷涂工艺都会影响喷涂组织。

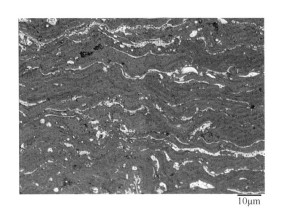

10μm

图 3-27   爆炸喷涂 NiAl/Al₂O₃ 粉末涂层断面组织

3.5.7   爆炸喷涂 WC-10Co4Cr 涂层的结合强度

硬相颗粒 WC 在涂层中承担耐磨作用，而金属 CoCr 起黏结作用。爆炸喷涂 WC-10Co4Cr 的基体温度低，结合强度高。高阳等人[20]调查了爆炸喷涂在常温基体表面和预热 300℃ 碳钢基体表面的涂层结合强度。由于 WC-10Co4Cr 涂层与基体结合强度高，故选择拔销试验方法，销头直径为 4mm。试验选取图 3-9 所示的烧结-破碎 WC-10Co4Cr 粉末，表 3-9 所列为爆炸喷涂参数。

表 3-9   爆炸喷涂参数

项目	设定值
爆炸频率/（次/s）	6
乙炔流量/（L/min）	45
氧气流量/（L/min）	50
喷涂距离/mm	180
氧气-燃料比率	1.1
送粉量/（g/min）	100
喷枪移动速度/（mm/min）	—
喷涂次数/次	4

　　图 3-28 所示为 WC-10Co4Cr 粉末和爆炸喷涂涂层的 XRD，在室温和预热
300℃碳钢基体上喷涂，涂层的相组成基本相同，均有少量的 W_2C 脱碳相产生。
图 3-29 所示为爆炸喷涂涂层的组织，涂层组织气孔率小于 1%，与基体界面结
合良好。图 3-30 所示为拔销法测量的涂层与碳钢基体的结合强度，常温基体与
涂层的结合强度在 57~72MPa，300℃预热基体与涂层的结合强度在 75~82MPa。
图 3-31 所示为涂层的断裂状态，常温基体涂层的断裂发生在涂层-基体界面，且
有少量的喷涂颗粒。基体 300℃预热，断裂主要发生在涂层内部，因此涂层-基
体的结合强度高于实测值。图 3-32 所示为爆炸喷涂 WC-10Co4Cr 颗粒在常温和
预热基体上撞击状态，300℃预热基体，WC-10Co4Cr 颗粒铺展更加均匀，表现
出高结合强度。该试验表明，适当地预热基体，有益于提高爆炸喷涂 WC-
10Co4Cr 涂层与基体的结合强度。

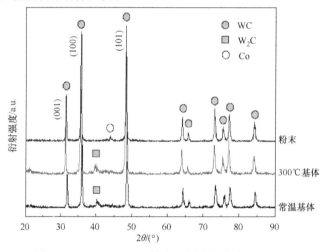

图 3-28　WC-10Co4Cr 粉末和爆炸喷涂涂层的 XRD

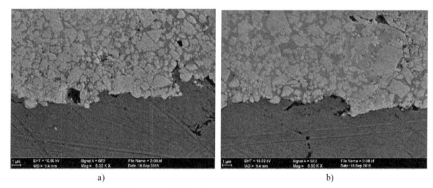

图 3-29　爆炸喷涂 WC-10Co4Cr 组织

a）常温基体　b）300℃基体

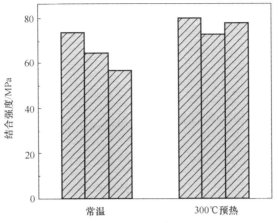

图 3-30　涂层与碳钢基体的结合强度

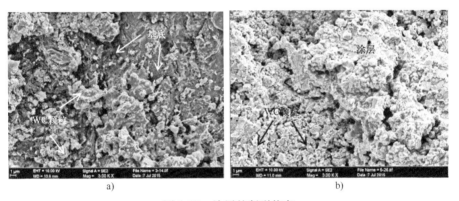

图 3-31　涂层的断裂状态

a）常温基体　b）300℃基体

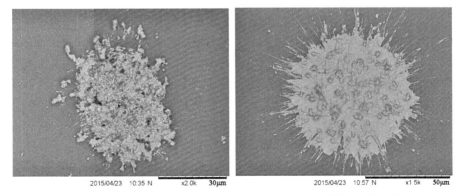

图 3-32　爆炸喷涂 WC-10Co4Cr 颗粒在常温和预热基体上撞击状态

3.6 爆炸喷涂 NiCr + Cr₃C₂

NiCr + Cr_3C_2 涂层具有一定的抗高温氧化和耐磨、耐腐蚀效果，主要应用在温度低于760℃空气环境下的耐磨、耐腐蚀涂层。NiCr 合金作为涂层中的黏结剂，承担抗高温氧化和耐腐蚀的作用，而 Cr_3C_2 硬度高起耐磨作用。NiCr + Cr_3C_2 涂层材料有两种常用的成分，一种是35%（80Ni-20Cr）+65% Cr_3C_2（质量分数），另一种是20%（80Ni-20Cr）+80% Cr_3C_2（质量分数），其中80Ni-20Cr表示 80% Ni-20% Cr（质量分数）。

最早的爆炸喷涂 NiCr + Cr_3C_2 涂层，起源于美国联合碳化物公司，涂层分别命名为 LC-1B 和 LC-1C。根据该公司公开的资料，涂层性能如下：LC-1B 硬度为 700HV0.3，LC-1C 硬度为 775HV0.3，气孔率均小于1%，结合强度大于 70MPa，涂层密度分别为6.4g/cm³ 和6.8g/cm³。典型的 LC-1C 涂层组织如图 3-33 所示。由于美国联合碳化物公司没有公开详

图 3-33　典型的 LC-1C 涂层组织

细的爆炸喷涂参数和出售设备，并且也不对外出售用于喷涂 LC-1C 的粉末，因此即便是用爆炸喷涂或者其他的代替方法如火焰超音速喷涂也未必能制备出性能与 LC-1C 完全一样的涂层。

3.6.1 爆炸喷涂 25%（80Ni-20Cr）+75% Cr₃C₂ 粉末

涂层的性能不仅与喷涂方法（包括爆炸喷枪结构尺寸）有关，还与具体的喷涂参数和采用的粉末结构有关。为了掌握爆炸喷涂 NiCr + Cr_3C_2 材料和涂层，我们对 3 种国内外生产的 25%（80Ni-20Cr）+75% Cr_3C_2 粉末进行了爆炸喷涂试验。图 3-34 所示为国内某厂商生产的 25%（80Ni-20Cr）+75% Cr_3C_2 粉末（记号为 YY 粉末）的形态和 XRD。从该粉末形态看，它呈现团聚-烧结粉末形态，球形化偏低。XRD 表明碳化物主要为 Cr_3C_2 相，粉末为 400～500 目，颗粒比较均匀。粉末的 XRD 中没有出现金属 Cr 相，可能是金属 Cr 粉烧结过程形成了铬碳化物，因此粉末 XRD 只显示了金属 Ni 相。

图 3-35 所示为 Starck 公司生产的 25%（80Ni-20Cr）+75% Cr_3C_2 粉末形态和 XRD。该粉末呈现球形，判断为团聚-烧结粉末（15～50μm），球化程度较高，流动性好，XRD 显示与图 3-34 粉末相组成基本相同，即主要碳化物为 Cr_3C_2。

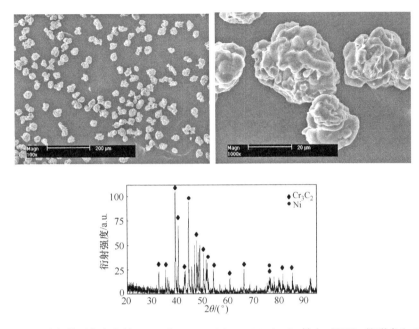

图 3-34　国内某厂商生产的 25% (80Ni-20Cr) +75% Cr_3C_2 粉末 (YY) 的形态和 XRD

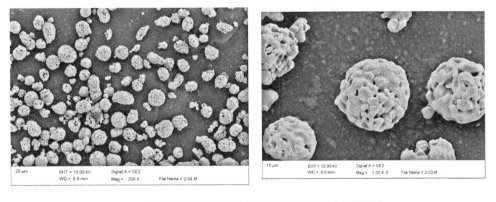

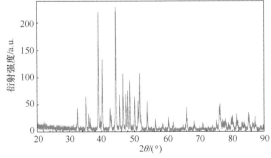

图 3-35　Starck 公司生产的 25% (80Ni-20Cr) +75% Cr_3C_2 粉末的形态和 XRD

图 3-36 所示为国产的另一种 25%（80Ni-20Cr）+75% Cr_3C_2 粉末（记号为 ZY 粉末）的形态和 XRD，该粉末为团聚-烧结粉末，与 YY 粉末和 Starck 粉末相比，粉末相组成基本相同。该粉末是由金属 Ni 粉、Cr 粉和碳化物 Cr_3C_2 经混合黏结—造粒—团聚—烧结而制成，这种粉末是否含有 Ni-Cr 合金值得怀疑。

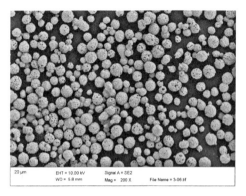
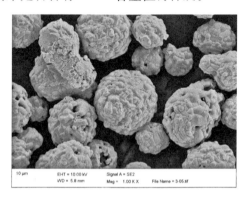

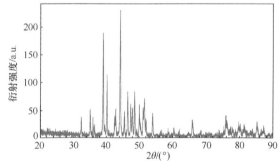

图 3-36 国产的另一种 25%（80Ni-20Cr）+75% Cr_3C_2 粉末（ZY）的形态和 XRD

采用大连海事大学的间歇式送粉爆炸喷涂设备进行试验，爆炸频率为 5 次/s，炮口直径 20mm，其他的喷涂工艺参数见表 3-10。

表 3-10 爆炸喷涂参数

O_2 流量 /（L/min）	C_2H_2 流量 /（L/min）	送粉气 N_2 流量 /（L/min）	辅助 C_3H_8 流量 /（L/min）	送粉量 /（g/min）	喷涂距离 /mm	爆炸频率 /（次/s）	枪管速度 /（mm/min）
35	35	20	30	60	180	5	600

试验结果：爆炸喷涂后试样经镶嵌、磨削获得如下断面组织，图 3-37 所示为爆炸喷涂 YY 粉末获得的涂层断面组织和 XRD。涂层的硬度为 693HV0.3，与 LC-1B 相当，在硬度测量时发现在某些压痕周围出现了裂纹。

图 3-38 所示为爆炸喷涂 Starck 粉末获得的涂层断面组织和 XRD。涂层硬度为 680HV0.3，与 LC-1B 接近，硬度测量时也发现在某些压痕周围出现了裂纹。涂层的相组成和气孔率与 YY 粉末制备涂层相当。

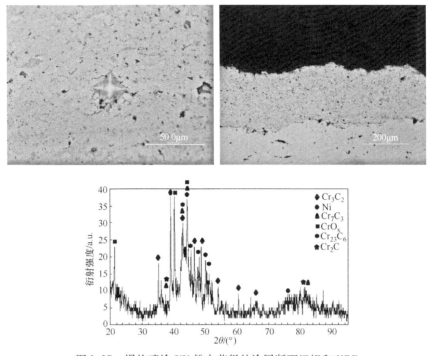

图 3-37　爆炸喷涂 YY 粉末获得的涂层断面组织和 XRD

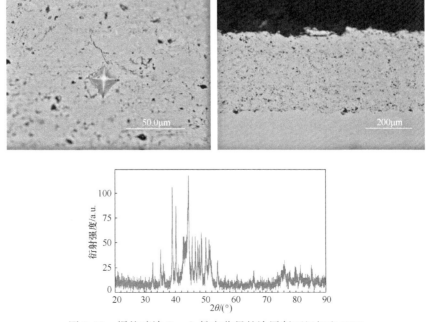

图 3-38　爆炸喷涂 Starck 粉末获得的涂层断面组织和 XRD

图 3-39 为爆炸喷涂 ZY 粉末获得的涂层断面组织和 XRD。涂层的硬度为 849HV0.3，高于 LC-1C 涂层，硬度测量时没有在压痕周围发现裂纹。涂层的气孔率低于 YY 粉末和 Starck 粉末获得的涂层。如果控制喷涂参数，降低爆炸温度，相信可以降低涂层的硬度。

 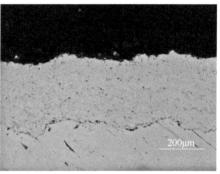

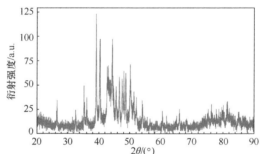

图 3-39　爆炸喷涂 ZY 粉末获得的涂层断面组织和 XRD

3.6.2　爆炸喷涂 20%（80Ni-20Cr）+80% Cr₃C₂ 粉末

选取一种国产的 20%（80Ni-20Cr）+80% Cr_3C_2 粉末，通过改变爆炸喷涂参数研究涂层性能的变化。粉末为团聚-烧结 20% NiCr-80% Cr_3C_2 粉末，粉末粒度 15～50μm，粉末的形态和 XRD 与图 3-36 相同。采用直径为 25mm 的爆炸管，爆炸频率 6 次/s，其他的爆炸喷涂参数见表 3-11。爆炸喷涂气体中加入了丙烷，一方面降低了爆炸燃气温度，另一方面可减少涂层的氧化物含量。

表 3-11　爆炸喷涂 20%（80Ni-20Cr）+80% Cr_3C_2 粉末的爆炸喷涂参数

试验编号	氧气流量 /(L/min)	乙炔流量 /(L/min)	丙烷流量 /(L/min)	喷涂次数 /(次/s)	送粉量 /(g/min)	涂层厚度 /mm
1	40	22	35	3	50	0.15
2	40	25	35	3	50	0.15
3	40	28	30	6	60	0.55

图 3-40 所示为上述 3 种爆炸喷涂参数下的涂层组织，表 3-12 所列为 3 种喷涂条件下涂层的硬度。无论哪种条件下制备的涂层气孔率均低于 1%。涂层 1 的平均硬度为 892HV0.3，涂层 2 为 781HV0.3，涂层 3 为 932HV0.3。涂层 1 高硬度的原因在于其氧气/乙炔 = 1.82。涂层 3 高硬度在于丙烷流量低，提高了爆炸喷涂温度。涂层 2 的硬度与 LC-1C 相当。图 3-41 所示为爆炸喷涂粉末与涂层的 XRD，涂层中含有 Cr_3C_2 和 Cr_7C_3 两种碳化物，氧化物含量少。

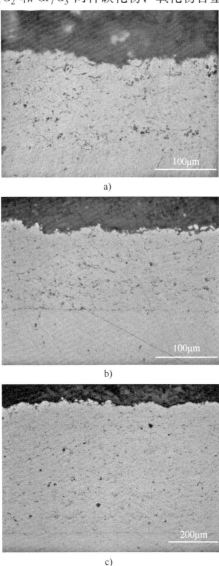

a)

b)

c)

图 3-40　3 种爆炸喷涂参数下的涂层组织

a）涂层 1　b）涂层 2　c）涂层 3

表 3-12   3 种喷涂条件下涂层的硬度

样品	硬度 HV0. 3										平均
1	628	919 *	705	950 *	772 *	938 *	1065 *	883	1056 *	999	892
2	585	717 *	866	497 *	912	849	866	730	873	919	781
3	908 *	772	1043 *	795	926 *	1034 *	946 *	1181 *	901	817	932

注：∗为压痕周围产生了裂纹。

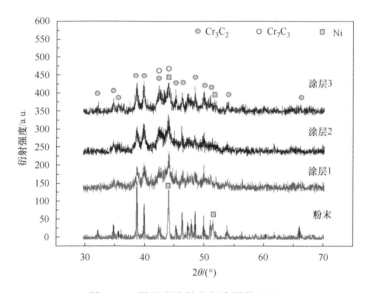

图 3-41   爆炸喷涂粉末与涂层的 XRD

3.6.3   爆炸喷涂核泵密封环

图 3-42 所示为爆炸喷涂两种核泵密封环，喷涂参数见表 3-11 的编号 2，每次喷涂前需要喷涂质量控制试样，以确定涂层组织。

图 3-42   爆炸喷涂两种核泵密封环

3.7　适合爆炸喷涂的材料和应用

爆炸喷涂可选择不同的燃料,如乙炔、乙炔 + 丙烷、乙炔 + 氮气等,选择不同的爆炸气体,可以调节爆炸气体温度,以适用于不同的粉体材料。适合爆炸喷涂的材料有中等熔点的金属和合金,如 Cu- In- Ni、NiCr、MCrAlY;金属与氧化物的混合物,如 CoCrAlTaY + Al_2O_3;金属碳化物,如 WC- Co,NiCr- Cr_3C_2 和部分低熔点氧化物,如氧化铝、氧化铝- 氧化钛。低熔点的金属不适合爆炸喷涂,容易引起粉末在枪管内的熔化,如金属铝,可能会粘枪。与等离子喷涂方法相比,爆炸喷涂容易获得结构致密的涂层。与火焰超音速喷涂相比爆炸喷涂材料范围更广。另外爆炸喷涂由于气体流量小,产生的热量低,爆炸时对零件的热变形小,适合喷涂有疲劳性能要求的零件。由于爆炸喷涂的灵活性较差,不能在现场喷涂,且外设备大,不适合喷涂较小的内孔零件。

爆炸喷涂已经在很多领域得到应用。例如在钢铁领域,爆炸喷涂 Al_2O_3 + CoNiCrAlYTa 用于高温退火炉内传送辊;爆炸喷涂氧化铝用于绝缘涂层,绝缘性超过等离子喷涂,但涂层内应力大。

参 考 文 献

[1] POORMAN R, SARGENT H, LAMPREY H. Method and apparatus utilizing detonation waves for spraying and other purposes:U S 2714563A [P]. 1955-08-02.

[2] PELTON J. Flame plating using detonation reactants:U S 2972550A [P]. 1961-02-21.

[3] ULIANITSKY V, SHTERTSER A, ZLOBIN S et al. Computer- Controlled detonation spraying: from process fundamentals toward advanced applications [J]. Journal of Therm Spray Technology, 2011, 20 (4):791-801.

[4] GAVRILENKO T, NIKOLAEV Y, ULIANITSKY V. D- Gun Ob detonation spraying [C] // Akira Ohmori. Thermal Spraying:Current Status and Future Trends. Akira Ohmori, Kobe: Hight Temperature Society of Japan, 1995.

[5] SMUROV I, PERVUSHIN D, CHIVEL Y, et al. Measurements of particles parameters at detonation spraying [C] //Proceedings of the International Thermal Spray Conference. Singapore: ASM Thermal Spray Sociate (TSS), 2010.

[6] BARYKIN G, PARCO M. The oxy- fuel ionisation (OFI) spray process [C] //Proceedings of the International Thermal Spray Conference. Bejing:ASM Thermal Spray Sociate, 2007.

[7] CUI Y J, WANG C L, TANG Z H. Erosion resistance improvement of polymer matrix composites by detonation- sprayed multilayered coatings [J]. Journal of Therm Spray Technology, 2021, 30 (1):394-404.

[8] ENDO T, OBAYASHI R, TAJIRI T, et al. Thermal spray using a high- frequency pulse detonation combustor operated in the liquid- purge mode [J]. Journal of Therm Spray Technology,

2016, 25 (3)：494-508.

[9] KADYROV E, KADYROV V. Gas dynamical parameters of detonation powder spraying [J]. Journal of Therm Spray Technology, 1995, 4 (3)：280-286.

[10] ULIANITSKY V, SHTERTSER A, ZLOBIN S, et al. Computer-Controlled detonation spraying：from process fundamentals toward advanced applications [J]. Journal of Thermal Spray Technology, 2011, 20 (4)：791-801.

[11] WANG T G, ZHAO S S, HUA W G, et al. Design of a separation device used in detonation gun spraying system and its effects on the performance of WC-Co coatings [J]. Surface & Coatings Technology, 2009, 203 (12)：1637-1644.

[12] YANG G, CHAO Q G, JIAN Y G, et al. Comparison of the mechanical and wear-resistant properties of WC-13Ni4Cr and WC-10Co4Cr coatings obtained by detonation spraying [J]. Journal of Therm Spray Technology, 2019, 28：851-861.

[13] PITCHUKA S B, BASU B, SUNDARARAJAN G. A comparison of mechanical and tribological behavior of nanostructured and conventional WC-12Co detonation-sprayed coatings [J]. Journal of Thermal Spray Technology, 2013, 22 (4)：478-490.

[14] DU H, HUA W G, LIU J G, et al. Influence of process variables on the qualities of detonation gun sprayed WC-Co coatings [J]. Materials Science and Engineering A, 2005, 408：202-210.

[15] YANG G, ZU K H, XIAO L X, et al. Formation of molybdenum boride cermet coating by the detonation spray process [J]. Journal of Thermal Spray technology, 2001, 10 (3)：456-460.

[16] BAMOLA R, EWELL T, ROBINSON P, et al. Coatings deposited using a valve-less detonation system [C] //Proceedings of the International Thermal Spray Conference. Shanghai：ASM Therma Spray Society (TSS), 2016.

[17] ULIANITSKY V, SHTERTSER A, BATRAEV I. Deposition of dense ceramic coatings by detonation spraying [C] //Proceedings of the International Thermal Spray Conference. Baracelona：ASM Therma Spray Society, 2014.

[18] ROBERT J R, EWERTOWSHIB J, BABULC T, et al. Properties of alumina coatings produced by gas-detonation method [J]. Surface and Coatings Technology, 2004, 180：556-560.

[19] BACH F W, BABIAK Z, ROTHARDT T. Properties of plasma and D-Gun sprayed metal-matrix composite (MMC) coatings based on ceramic hard prticle reinforced Fe-, Ni-aluminide matrix [C] //International Thermal Spray Conference. Orlando：ASM Therma Spray Society, 2003.

第4章

火焰超音速喷涂

4.1 引言

金属碳化物特别是以 WC-Co、WC-CrCo 或 NiCr-Cr$_3$C$_2$（主要是金属碳化钨和金属碳化铬）为代表的耐磨涂层在热喷涂领域占有重要的地位，被广泛地应用在航空、钢铁、化工、造纸等领域。制备成本低、性能良好的金属碳化物涂层一直是热喷涂工作者追求的目标。从热喷涂技术的发展历史过程看，最初采用等离子喷涂技术喷涂碳化物材料制备涂层。虽然等离子喷涂技术在喷涂高熔点陶瓷材料方面具有明显的优势，但是很难制备致密、耐磨性良好的金属碳化物涂层，因为等离子喷涂的射流温度通常高于 8000℃，射流速度大多为亚音速，喷涂金属碳化物过程中不仅会发生粉末脱碳，还会导致涂层孔气率高、耐磨性较差等缺点。20 世纪 50 年代，美国联合碳化物公司林德分公司发明了爆炸喷涂技术，由于爆炸喷涂比等离子喷涂燃流温度低、射流速度高，粉末粒子飞行速度高，成为喷涂金属碳化物首选。但是美国联合碳化物公司一直对爆炸喷涂技术保密，也不对外出售设备，仅在自己的工厂为客户喷涂加工。爆炸喷涂技术开发后，美国联合碳化物公司在喷涂金属碳化物材料的航空市场上获得了丰厚的经济效益，同时由于技术垄断，市场上急需喷涂金属碳化物的新技术。

最早的火焰超音速喷涂（简称为超音速喷涂）专利也是由美国联合碳化物公司林德分公司在 20 世纪 50 年代提出的[1]，由于他们更偏爱爆炸喷涂技术，因此当时火焰超音速喷涂技术并没有发展起来。这一技术的真正发展和市场化是在约 30 年后的 1983 年，美国 Browning 博士开发了燃烧室与喷管分离结构，轴心送粉方式的 Jet Kote 喷枪[2]。该喷枪使用丙烷、丙烯或氢气作为燃烧气体，在燃烧室内形成约 0.42～0.63MPa 的高压燃气，经 90°转向进入拉瓦尔喷管，以超音速喷出，超音速喷涂金属碳化物获得了与爆炸喷涂相当的致密结构涂层[3]。为了区别当时的氧乙炔火焰喷涂，取名为 HVOF（High Velocity Oxy-Fuel）。Jet Kote 喷枪的出现，标志着气体超音速喷涂时代的到来。最初该喷枪商业运行后发现了一些问题，主要是喷枪采用内部燃烧和喷管内部送粉，长时间工作粉末会在喷管内部沉积，无法连续运转。加上燃烧室需要水冷却，进气口及结构设计复杂，拆卸难。另外由于采用燃烧室与喷管分离结构，需要氢气点火，然后再转为丙烷或丙烯。

为了克服 Jet Kote 喷枪的不足，1989 年出现了 Top Gun 和 CDS（Continuous Detonation Spraying）轴向送粉、燃烧室与拉瓦尔喷管为一体的超音速喷枪。CDS 又称为 DJ（Diamond Jet）为 Sulzer Metco AG 开发的燃烧室与拉瓦尔喷管为一体的超音速喷枪，喷枪主要以丙烷、丙烯和氢气等气体为燃料，氧气作为助燃剂。按燃料区分喷枪主要有 DJ2600 型氢气燃料和 DJ2700 型丙烯、丙烷燃料两种喷枪。由于无单独的燃烧室不需要水冷却，故喷嘴采用空气冷却也能连续工作。为了提高燃流速度，DJ 类喷枪从无须水冷的短喷嘴喷枪，发展到水冷长喷嘴喷枪，成为商用气体超音速喷涂的主要设备之一。DJ 类喷枪采用粉末从喷管后部轴向输送到拉瓦尔喷嘴入口的燃烧室，由于燃烧室压力高，因此送粉需要携带高压气体的送粉器。

1991 年，美国 TAFA 公司推出煤油-氧气燃烧的超音速喷枪 JP5000，燃烧室压力达到 1.05MPa，是 Jet Kote 喷枪两倍，射流速度达到 2190m/s。该喷枪采用煤油作为燃料，并且利用流体力学原理，在拉瓦尔喷枪管咽喉的低压部位送入粉末，送粉器的压力低于 DJ 类喷枪，便于使用。

从 1983 年 Browning 博士开发 Jet Kote 喷枪，除 Sulzer Metco AG 开发的无燃烧室超音速 DJ 喷枪和有燃烧室的 JP5000 喷枪外，还有很多 HVOF 喷枪出现在市场。例如使用空气代替氧气的 HVAF（High Velocity Air-Fuel）喷枪和一些改进型超音速喷枪。目前市场上使用的超音速喷枪虽然种类较多，但是原理基本相同，即燃料与氧气或空气在燃烧室内燃烧形成高温、高压气流，经拉瓦尔喷嘴喷出，粉末在携带气体作用下送入喷管中，在燃流中软化或熔化，撞击到零件基材表面形成涂层。喷枪的设计主要考虑燃烧室的形状、拉瓦尔喷嘴尺寸与压缩比、粉末送入喷管的位置、燃料种类、水冷却量等，这些设计的不同会影响粉末颗粒的温度和速度，从而影响喷枪的热效率、涂层制备质量和成本。

4.2 超音速喷涂燃料的特性

超音速喷涂需要高压气体或液体雾化燃料。从燃烧燃料种类来分，超音速喷枪可分为：气体燃料（甲烷、乙烯、丙烷、丙烯和氢气等）与氧气混合燃烧的 HVOGF（High Velocity Oxygen Gas Fuel Spray）；液体燃料（煤油或乙醇）与氧气混合燃烧的 HVOLF（High Velocity Oxygen Liquid Fuel Spray）；气体燃料与空气混合燃烧的 HVAGF（High Velocity Air Gas Fuel Spray）；液体燃料与空气混合燃烧的 HVALF（High Velocity Air Liquid Fuel Spray）四种类型。从喷枪结构可以分为燃烧室与喷管分离和燃烧室与喷管为一体的两种喷枪。

用于超音速喷枪的气体燃料种类较多，如氢气、甲烷、丙烯、丙烷等。其中使用最多的为丙烷、丙烯和氢气。以氢气作为燃料的超音速喷涂，燃烧室压力最高，喷涂中氢气消耗量很大在 $26m^3/h$，远高于使用丙烷等气体喷枪的消耗量（$3m^3/h$），因此使用氢气燃料成本高。丙烯和丙烷在高压气瓶中为液态，使用时需要气化，气化压力与温度有关。丙烯在室温下的气化压力可达 0.8MPa，而丙烷的气化压力低，一般为 0.5~0.7MPa。丙烷的气化压力随温度变化很大，特别是冬季和夏季气化压力变化很大。另外气化过程需要吸热，在没有补充热量情况下，瓶内气化压力会不断降低，从而导致喷枪燃烧温度和速度发生变化。液体燃料也是超音速喷涂常用的燃料，主要燃料为煤油，也有用乙醇作为燃料的喷枪。以燃料种类划分，目前市场上出售的部分超音速喷涂设备和喷枪见表4-1。

表4-1 目前市场上出售的部分超音速喷涂设备和喷枪

燃料种类	助燃剂	燃烧室压力/MPa	喷涂设备和喷枪代表
甲烷、丙烷、丙烯、氢气	氧气	0.42~0.63	Jet Kote II，DJ2600，DJ2700，Top Gun
煤油	氧气	1.05	JP5000，WokaStar，K2
丙烷、丙烯、甲烷	空气	0.45~0.5	UniqueCoat technology，M2，M3
煤油	空气	0.42~0.5	Aero Jet HVAF-150

图4-1 所示为一部分燃料与氧气混合比率和燃烧温度的关系[4,5]。对于不同气体，完全燃烧获得最高燃烧温度需要合适的氧气比率。在气体燃料中乙炔的燃

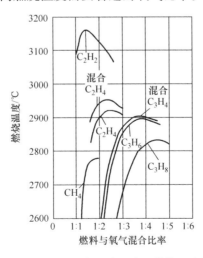

图4-1 部分燃料与氧气混合比率和燃烧温度的关系

烧温度最高，当乙炔（C_2H_2）与氧气比率为 1:1.4 时，燃烧温度为 3160℃。乙烯（C_2H_4）的最高燃烧温度为 2924℃，丙烷（C_3H_8）在与氧气比率 1:4.3 时，最高燃烧温度为 2828℃。丙烯（C_3H_6）在与氧气比率 1:3.7 时最高燃烧温度为 2896℃，略高于丙烷。由于丙烯气化压力高与丙烷，是比较理想的 HVOF 气体燃料，但是丙烯成本高于丙烷。另外丙烯和丙烷燃烧中热焓高于其他气体燃料，达到 87.6MJ/m^3 和 93.2MJ/m^3。氢气的最高燃烧温度为 2856℃，但是氢气燃烧热焓较低为 10.8MJ/m^3，只有丙烷或丙烯的 1/8 ~ 1/5。以煤油作为燃料的喷枪，最高燃烧温度低于气体燃料温度，但是由于液体燃料的雾化，燃烧室的压力往往高于气体燃烧，导致喷枪射流速度高于气体燃料。超音速喷涂有两个关键参数，即射流的温度和速度。射流温度主要依赖燃料的种类和与氧气的燃烧比，燃烧温度对喷涂材料的熔化影响很大，会影响制备涂层的沉积效率和氧化。通常射流温度越高，喷涂沉积效率也高，但是喷涂金属碳化物可能会导致喷涂中粉体脱碳，另外温度过高也会导致粉体过熔在喷管内。超音速喷涂的另一个关键参数是射流速度，这与燃烧室压力和拉法尔喷嘴压缩比有关，射流速度对涂层组织的致密性有很大影响，速度越高，涂层越致密，另外高速气流还会提高涂层的硬度。

喷枪出口射流速度与燃烧室压力和喷嘴的压缩比有关。拉瓦尔喷嘴喉部和喷嘴出口的面积比决定了气体在喷嘴出口的马赫数。燃烧室内压力与进入燃烧室的气体压力有关，进入燃烧室气体的压力一定要高于燃烧室内的压力，否则会形成负压。会聚-压缩拉瓦尔喷嘴面积比与喷枪出口马赫数的关系如下：

$$A/A^* = (1/Ma)[2/(k+1)]\{1+[(k-1)/2]M\}^{(k+1)/[2(k-1)]}$$
(4.1)

式中，A 为喷嘴出口面积；A^* 为喷嘴喉部面积；$k = c_p/c_v$，为比定压热容与比定容热容之比；Ma 为马赫数。表 4-2 所列为常用的超音速喷枪 A/A^* 面积比与设计马赫数的关系。

表 4-2   常用的超音速喷枪 A/A^* 面积比与设计马赫数的关系

喷枪类型	A/A^*	设计马赫数
DJ2600	2.363	2.29
DJ2700	2.986	2.39
JP5000	1.962	2.04

超音速喷枪的出口速度取决于马赫数 Ma、燃烧温度 T、比定压热容与比定容热容之比 $k = c_p/c_v$，

$$v = Ma\sqrt{kRT}$$
(4.2)

$$p_o = p_e[1+(k-1)/2Ma^2]^{k/(k-1)}$$
(4.3)

式中，p_o 为燃烧室压力；p_e 为喷枪出口压力，R 为气体常数。从表 4-2 可知，常用的超音速喷枪出口速度可达两倍超音速。

碳氢燃料燃烧过程中形成不同比率的水蒸气和二氧化碳产物，对燃烧室的压力和温度有很大影响。图 4-2 所示为根据可压缩气体方程式（4.1）～式（4.3），理论计算的氢气和煤油的燃烧室压力与喷枪出口速度的关系[6]。计算中假定燃烧温度为 2700K，出口速度范围为 1000～2400m/s，燃烧室压力增加量为 0.2MPa。由图可知氢气燃料的射流速度高于煤油，但是燃烧时需要大量氢气。

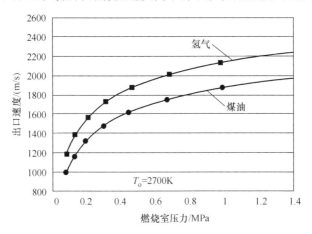

图 4-2　理论计算氢气和煤油的燃烧室压力与喷枪出口速度的关系

甲烷、乙烯、丙烷和丙烯的燃烧产物为二氧化碳和水蒸气，以这些气体为燃料的喷枪出口速度与煤油燃烧曲线接近。燃烧温度和速度是设计超音速喷枪需要考虑的重要因素。喷枪出口速度除了与喷嘴结构，特别是喷嘴的压缩比有关，还与燃烧室内压力有关，压力越高，射流的速度越高。燃烧室内压力取决于燃烧室燃料的种类、质量、完全燃烧率、外围水冷却带走的热量。对于气体燃料来讲，当使用甲烷、乙烯、丙烯或者丙烷时，燃烧室内压力对喷枪出口速度的影响不大。从图 4-2 氢气和煤油的燃烧室压力与喷枪出口速度的关系可以看出，当燃烧室压力低于 0.4MPa 时，增加燃烧室的压力，对喷枪出口速度增加的影响较大，之后当燃烧室压力超过 0.5MPa 时，进一步提高燃烧室压力对喷枪出口速度的增加的影响较小。因此气体燃烧超音速喷涂从射流速度考虑，可改变的参数范围较小。例如将燃烧室压力从 0.5MPa 提高到 1MPa，喷枪出口速度仅提高 200～300m/s，因此仅仅靠提高燃烧室压力来提高射流速度有一定的难度。无论是燃烧气体燃料还是燃烧液体燃料，大多喷枪的出口的速度在 1900～2200m/s。从技术和经济性考虑，超音速喷涂获得高于 2200m/s 的速度付出的成本较高。使用液体煤油燃料的超音速喷枪燃烧室压力在 0.7MPa 以上，高于气体燃料燃烧室压力 0.58~0.62MPa。表 4-3 所列为在实际热喷涂参数下，燃料种类、喷枪与燃烧室压力和燃烧放出热量（也称热焓）的关系。液体燃料煤油超音速喷涂的燃流热量高于气体燃料两倍以上。据有关文献［7］报道和图 4-1，液体煤油燃料超音速射流的速度高于气体燃料，而射流的温度却低于气体燃料。

表 4-3 燃料种类、喷枪与燃烧室压力和燃料热焓的关系

燃料种类	喷枪	燃料热焓/（kJ/min）	燃烧室压力/MPa
CH₄	DJ2700	6903	0.62
C₃H₆	DJ2700	6506	0.62
C₃H₈	DJ2700	6103	0.58
煤油	JP5000	13358	0.7

超音速喷涂对于某些容易氧化的金属材料，如金属钛、铁铝合金、含铬合金，燃流的成分特别是氧气/燃料比不仅会影响温度和速度，同时也会在喷涂过程中使粉体颗粒氧化，最终表现为涂层中含有大量的氧化物。以使用 DJ2700 喷枪为例，喷涂 80Ni-20Cr 粉体。图 4-3 所示分别为氧气/燃料比为 2.7 和 1.9 下的涂层组织[4]。图 4-3a 所示为氧气/燃料比为 2.7 的喷涂组织，涂层中出现了很多铬的氧化物（黑色），硬度为 468HV0.3，该涂层耐磨性较好。图 4-3b 所示为氧气/燃料比为 1.9 的喷涂组织，涂层中铬的氧化物很少，硬度为 387HV0.3，涂层成分与原始粉末成分更接近，该涂层的耐蚀性更佳。

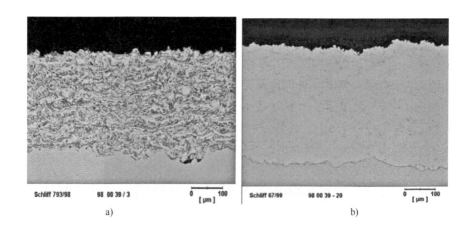

图 4-3 气体成分对超音速喷涂 80Ni-20Cr 涂层组织的影响

a）氧气/燃料比 2.7 b）氧气/燃料比 1.9

4.3　典型的超音速喷枪

粉体颗粒的飞行速度和撞击基材前颗粒的温度是影响涂层质量的两个重要因素，特别是喷涂有脱碳倾向的金属碳化钨和碳化铬，射流温度的影响更为重要。很多研究表明，超音速喷涂 WC-Co 粉体会发生脱碳。此外，燃流温度对粉体的沉积效率影响较大，一般来讲，燃流温度高有利于提高沉积效率，但是过高的温度又会引起碳化物的脱碳和粉末在喷嘴内过熔沉积。除了喷枪因素，喷涂中碳化钨和碳化铬的脱碳行为还与粉体颗粒尺寸，特别是 WC 和 CrC 颗粒尺寸，粉体的形态和松装密度有关。提高超音速射流速度，可以提高涂层的致密性和硬度，但同时兼得超音速喷涂射流的温度和速度似乎有些困难。温度主要取决于燃料的种类和与助燃剂的比率，通常气体燃料燃烧温度高于液体燃料煤油的燃烧温度，主要是指两者的最高燃烧温度。射流的速度与燃烧室的压力有关，压力越高喷枪出口速度越高。温度和速度哪个更为重要，现代的超音速喷涂似乎更重视射流的速度。以下介绍几种市场上常用的超音速喷枪。

4.3.1　Jet Kote Ⅱ 喷枪

Jet Kote Ⅱ 喷枪结构如图 4-4 所示[8]，属于燃烧室与喷嘴分离型喷枪，喷枪主要使用丙烯、丙烷或氢气与氧气混合燃烧。在超音速喷涂设备中，这种喷枪的燃烧温度高。喷涂材料粉末直接送入喷枪喷管内部，由于燃烧室和喷管需要水冷却，据报道大约有 30% 的热量被水带走造成热量损失[9]。Jet Kote Ⅱ 喷枪为最早商业使用的气体燃料与氧气混合燃烧超音速喷枪，已有很多关于 Jet Kote Ⅱ 喷枪结构、涂层性能的研究论文。早期的 Jet Kote Ⅱ 喷枪，由于温度高，容易发生粉末在枪管内沉积、堵枪的现象。Sakaki 等人[10]研究了不同枪管长度使用不同熔点材料喷涂时粉末在枪管内的沉积现象，发现短枪管（76.2mm）更容易发生堵枪，在相同的氧气/燃料比情况下，氧气和燃料的流量越高，热熔也越高，越容易堵抢。

清水保雄[11]测量了喷嘴长度为 304mm，丙烯燃料流量 90L/min 下，改变氧气流量为 270L/min、405L/min、540L/min，喷枪喷嘴出口温度分布结果如图 4-5 所示，喷嘴出口的温度大约为 2027℃。当氧气流量从 270L/min 增加到 405L/min（相当于氧气/燃料比为 3 和 4.5），喷枪出口 100mm 处的温度增加约 200℃，氧气继续增加到 540L/min 时，氧气流量的增加对喷枪出口温度影响较小。采用理论计算，推测喷嘴入口温度达到 2727℃。研究者利用 Jet Kote Ⅱ 喷枪喷涂了颗粒尺寸 5~25μm 破碎状的 Al₂O₃ 粉末，通过对回收粉末进行观察可得除大颗粒粉末外，大部分粉末熔化为球形颗粒。可见 Jet Kote Ⅱ 喷枪可以喷涂颗粒粒度 5~

25μm 的 Al_2O_3 粉末。Kreye 研究了不同制备方法下 WC-12Co 粉末与喷涂涂层组织的关系[12]。指出当喷涂粉末为铸造-破碎类型碳化钨时，由于粉末中含有 WC 和 Co_3W_3C，喷涂后约有30% ~50% 的 WC 转变为 W_2C。而喷涂 WC-Co 团聚-烧结粉末时，约有10% 的 WC 转化为 W_2C、W 和 Co_3W_3C。另外研究还指出，粉末粒度、燃料压力、送粉量等对涂层的气孔率和硬度影响较大。

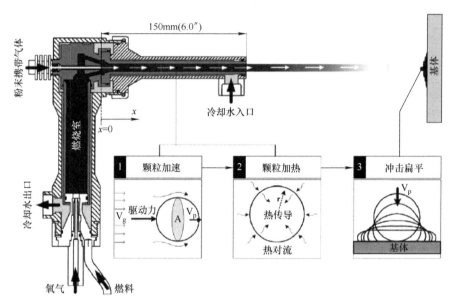

图 4-4　Jet Kote II 喷枪结构

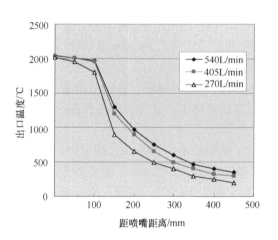

图 4-5　氧气流量对喷枪喷嘴出口温度的影响

Wang 等人[13]使用 Jet Kote II 喷枪，以丙烯作为燃烧，流量设定为96L/min、106L/min、116L/min、126L/min、136L/min，氧气流量一定为1020L/min，喷涂

了粒度 10 ~ 45μm 的团聚 WC-12Co 粉末，送粉量为 55g/min，喷涂距离为 175mm。上述氧气与丙烯的氧/燃料比分别为 10.6、9.6、8.8、8.1 和 7.5，对比燃烧温度图 4-1 均属于过氧燃烧状态，因此增加丙烯流量会提高燃流温度。如果该试验将氧气/燃料比设定在 3.5 以下可能效果更好。图 4-6 所示为粉末与涂层的 XRD，从下到上依次为粉末和降低氧气/燃料比率下制备涂层的 XRD。氧气/燃料比为 7.5 时涂层脱碳最多，也符合上述试验条件中这一条件下温度最高。

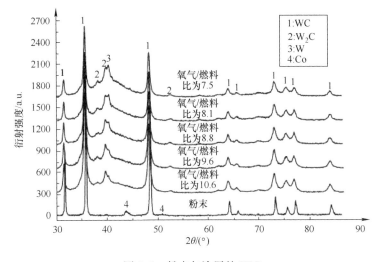

图 4-6　粉末与涂层的 XRD

Lugscheider 等人[14]分别以丙烷（Propane）和氢气（Hydrogen）作为燃料，使用 Jet- KoteⅡ喷枪喷涂了颗粒尺寸 31 ~ 56μm 的 80Ni-20Cr 粉末，图 4-7 所示

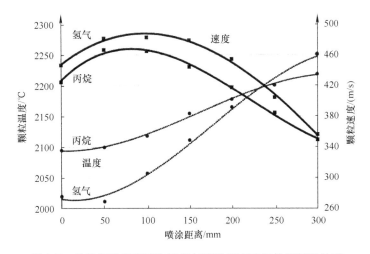

图 4-7　粉体颗粒的温度和速度与喷涂距离和气体燃料的关系

为粉体颗粒的温度和速度与喷涂距离和气体燃料的关系。由于氢气的压力高，氢气燃烧射流推动粉体颗粒的速度（Particles Velocity）高于丙烷燃烧推动粉体颗粒的速度，但是氢气喷涂的粉体颗粒温度（Particles Temperature）却低于丙烷气体喷涂的粉体颗粒温度。

4.3.2 DJ 系列喷枪

DJ 系列超音速喷枪是 Sulzer Metco 公司开发的，包括空气冷却和水冷却两种类型的喷枪，DJ 喷枪采用轴向送粉。空气冷却型喷枪喷嘴长度较短，压缩冷空气从燃料外层进入喷嘴，高温燃流被冷却空气包围，即便采用铝制喷嘴也能承受喷涂温度。短喷嘴会使燃烧气体流速受限，约 1 马赫。水冷却型喷枪采用会聚-散开型，长度 62mm 的拉瓦尔喷嘴，气体出口流速超过 1 马赫。图 4-8 所示为水冷却型 DJ2700 喷枪的结构图[15]。该喷枪使用气体燃料，常用的燃料有丙烯、丙烷、乙烯、天然气等。DJ2600 喷枪是以氢气-氧气为燃料的喷枪，喷嘴的尺寸与 DJ2700 喷枪使用的喷嘴尺寸有些不同。DJ 系列喷枪没有明显的燃烧室，可以把喷嘴前的压缩段看作为燃烧室。气体燃料和氧气通过喷嘴混合后在喷嘴内燃烧，而空气从送粉管与送气嘴的圆周间隙进入燃烧室，主要起冷却作用。由于冷却空气的混入，DJ 喷枪燃流温度要低于 Jet Kote 喷枪。喷枪燃烧压力取决于进气压力，从表 4-3 可以看出，使用 C_3H_6 的产生压力为 0.62MPa，使用 C_3H_8 产生的压力为 0.58MPa。

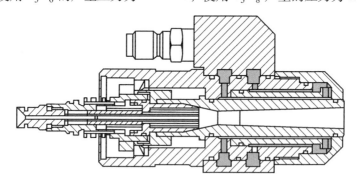

图 4-8   水冷却型 DJ2700 喷枪的结构图

由于 DJ2700 喷枪没有明显的燃烧室，并且采用水冷和空气冷混合方式，比单纯水冷却 Jet Kote 喷枪带走的热量少，喷枪的热效率高，喷涂 WC-Co 沉积效率在 70% 以上。由于粉末是通过喷枪内部进入喷管，因此要求送粉气体的压力高于燃烧压力，送粉器能承受高压，一般要求送粉器的压力高于 0.85MPa。由于该喷枪采用喷嘴外直接点火，燃烧气体的成分、比率、压力对喷枪的点火比较敏感，特别是当丙烷压力低于 0.5MPa 时不容易点火。使用丙烷燃料气体的压力受温度影响，压力可能不稳定，会导致射流温度发生变化，从而影响涂层性能，在条件允许下应尽量使用丙烯作为燃料。

　　Dolatabadi 等人[16]在丙烯流量为 2.256×10^{-3} kg/s，氧气流量为 6.484×10^{-3} kg/s 条件下，计算了丙烯-氧气为燃料的 DJ2700 HVOF 喷枪（Sulzer-Metco Inc.，Westbury，NY，USA）的射流温度和速度的轴向分布，结果如图 4-9 所示。喷嘴内、外大部分的温度高于 2000K，而射流速度在喷嘴出口最高约为 1600m/s。

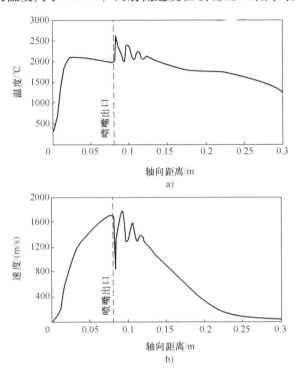

图 4-9　丙烯-氧气超音速 DJ 喷涂射流温度和速度分布
a）温度　b）速度

　　Li 等人[17,18]也计算了丙烯-氧气为燃料的 DJ2700 喷枪沿轴向的速度和温度分布，计算假设丙烯的流量为 89L/min，氧气的流量为 239L/min，其结果与 Dolatabadi 等人报道基本一致。并在此条件下假定喷涂纯铁粉末，并参考纯铁的物理量，计算了不同颗粒尺寸下，铁粉末颗粒的速度和温度分布，结果如图 4-10所示，结果表明粉末颗粒越细小，速度越高，但是粉末颗粒的最高温度出现在尺寸为 20μm 的颗粒。

4.3.3　JP5000，Woka Star 喷枪

　　图 4-11 所示为 JP5000（Praxair/TAFA）和 Woka Star（Sulzer Metec）有燃烧室结构的，以液体煤油为燃料，氧气为助燃剂的水冷超音速喷枪[15]。液体煤油

经高压泵压缩并与氧气混合，经喷嘴雾化喷射进入燃烧室，燃烧室的长度约为
100mm，燃烧室的出口与会聚-散开喷嘴连接。由于燃烧室外部和喷嘴采用水冷
却，工作中冷却水带走的热量较 DJ 喷枪多，与 DJ 喷枪的热效率 90% ~95% 相
比，JP5000 和 WokaStar 喷枪的热效率为 70% ~80%。粉末通过喉部送粉口进入
喷嘴内部，此处压力低于燃烧室，不要求高压送粉，故容易选择送粉器。

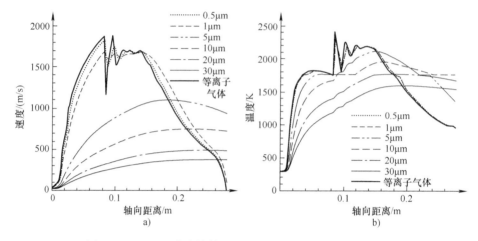

图 4-10　DJ2700 喷涂铁粉末，颗粒粒度与速度和温度的关系
a）速度　b）温度

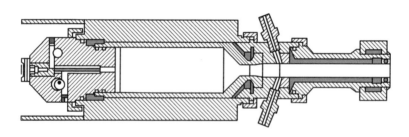

图 4-11　有燃烧室结构的液体燃料超音速喷枪

使用 JP5000 喷枪可改变的喷涂参数有，喷枪管的长度（如 150mm、200mm），
喷涂距离（335mm、380mm），氧气流量（873L/min、944L/min）等[19]。JP5000
超音速喷涂煤油流量与氧气的比率对喷涂涂层组织结构有很大影响。Isoyama 等人
使用 JP5000 喷枪，在表 4-4 所列的喷涂条件下喷涂了金属铜粉末[20]。

表 4-4　超音速 JP5000 喷枪喷涂金属铜粉末的试验条件

喷涂参数	条件 A	条件 B	条件 C	条件 D
煤油流量/(L/min)	0.25	0.28	0.32	0.38
氧气流量/(L/min)	1050	968	920	838

（续）

喷涂参数	条件 A	条件 B	条件 C	条件 D
燃烧室压力/MPa	0.69	0.69	0.69	0.69
燃料/氧气比	0.46	0.56	0.66	0.87
喷嘴长度/mm	203			
送粉量/(g/min)	75			
射流速度/(mm/s)	700			
喷涂距离/mm	380			

按表 4-4 的喷涂参数，选取四组不同的喷涂条件，通过改变煤油和氧气流量（改变燃料/氧气比率），逐步提高燃烧温度，保持燃烧室压力在 0.69MPa。图 4-12 所示为铜涂层的断面组织。在条件 A 下，可以观察到涂层中（涂层 A）有大量未熔铜颗粒，类似于冷喷涂组织，表明射流温度较低。随着煤油流量增加到 0.28L/min，燃烧温度提高，涂层中铜颗粒扁平程度增加（涂层 B）。进一步提高煤油流量到 0.32L/min，涂层中未熔颗粒明显减少，呈现为致密结构的涂层（涂层 C）。当煤油流量达到 0.38L/min 时，燃流温度进一步提高，金属铜颗粒熔化程度也进一步增加，熔化颗粒表面发生了氧化，出现了涂层 D 所示的凝固堆积组织，黑色为铜的氧化物。

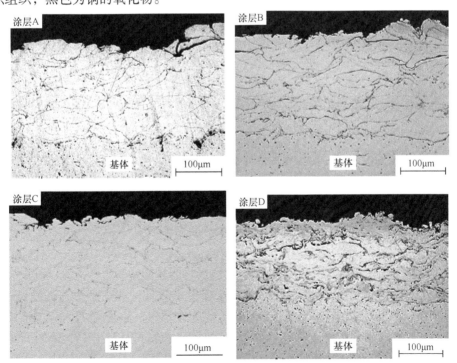

图 4-12　不同喷涂参数下 JP5000 超音速喷涂金属铜涂层的断面组织

与 JP5000 喷涂铜粉末类似，Totemeier 等人[21] 使用 JP5000 通过改变气体流量，喷涂了粒度 38 ~ 50μm 的 FeAl 金属间化合物（Fe-24.1Al-0.5Mo-0.1Zr）粉末，通过改变燃烧室压力获得了不同粉末颗粒的速度和温度。表 4-5 所列为 JP5000 超音速喷涂 FeAl 粉末颗粒速度和温度。图 4-13 所示分别为燃烧室压力 0.35MPa 和 0.65MPa，粉末颗粒速度 540m/s 和 700m/s 下涂层的断面组织，图 4-13a 颗粒速度为 540m/s 的涂层中含有很多未熔化的颗粒和气孔，涂层硬度 350HV0.5。图 4-13b 颗粒速度为 700m/s 的涂层组织比较致密，涂层硬度 520HV0.5。

表 4-5   JP5000 超音速喷涂 FeAl 粉末颗粒速度与颗粒温度

燃烧室压力/MPa	颗粒速度/(m/s)	颗粒温度/℃
0.35	540	1320
0.52	660	1345
0.65	700	1340

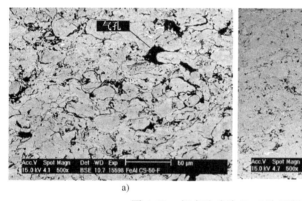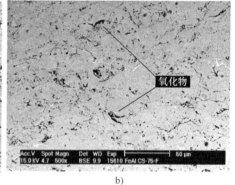

图 4-13   超音速喷涂 FeAl 涂层断面组织

a) 颗粒速度 540m/s，涂层硬度 350HV0.5   b) 颗粒速度 700m/s，涂层硬度 520HV0.5

Tillmann 等人[22] 使用 Jet Woka 400 HVOF 喷枪，在氧气流量 600L/min、800L/min 和 1000L/min，煤油流量 10L/h、20L/h 和 30L/h 下喷涂了团聚-烧结 WC-12Co 粉末，研究了喷涂参数对粉末颗粒的影响。表 4-6 所示为不同条件下粉末颗粒的粉末速度、粉末温度、涂层硬度、气孔率。图 4-14 所示则对应不同试验的涂层组织。结果表明，燃料和氧气流量将明显影响颗粒的性能、沉积效率和涂层组织。燃料/氧气比较低，导致粉末温度也较低，如试验 2 和试验 8。试验 12 的氧气流量为 800L/min，煤油流量为 20L/h，涂层硬度可达到 1617 HV0.1。试验 2 和试验 8 为低氧气流量 600L/min 和燃料流量 10L/h 条件下制备的涂层，粉末速度较低，沉积效率也较低。需要指出的是这样的涂层组织不仅与喷涂参数有关，还与粉末的制备方法和颗粒尺寸有关。

表 4-6 不同条件下粉末颗粒的粉末速度、粉末温度、涂层硬度、气孔率

序号	氧气流量 /(L/min)	煤油流量 /(L/h)	粉末速度 /(m/s)	粉末温度 /℃	涂层硬度 HV0.1	气孔率 (%)
6	800	20	733	1725	1440	1.6
7	800	20	726	1720	1319	3.7
12	800	20	738	1753	1617	0.5
15	800	20	739	1748	1337	0.5
2	600	10	579	1282	980	2.6
8	600	10	605	1265	1111	0.8

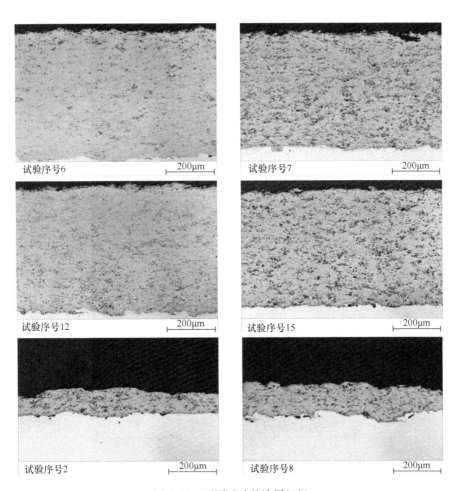

图 4-14 不同试验的涂层组织

4.3.4 JP5000 与 DJ 喷枪的比较

JP5000 是以煤油-氧气为燃料的喷枪，而 DJ 喷枪以气体燃料-氧气为燃料的喷枪，两者使用燃料的不同，导致喷枪燃流速度和温度有一定差别。表 4-7 所列为典型的超音速喷涂燃料种类与氧气燃烧比率，其为设备厂家给出的 DJ2600、DJ2700 和 JP5000 喷枪喷涂 WC/Co 的标准燃料和氧气的消耗量。气体超音速喷枪 DJ2600、DJ2700 的氧气消耗量为 200 ~ 280L/min，而液体超音速喷枪氧气消耗为 876L/min，约为气体燃料的 3 倍。从氧气的消耗量看，JP5000 喷枪最高。表 4-8 所列为不同燃料的热焓和热效率[15]。使用气体燃料 DJ 喷枪的热焓为 6000 ~ 7000kJ/min，而液体煤油喷枪的热焓约为 13000kJ/min，大约是气体燃料的两倍。

表 4-7 典型的超音速喷涂燃料种类与氧气燃烧比率

燃料种类	喷枪	氧气流量 /(L/min)	燃料流量 /(L/min)	空气流量 /(L/min)	氧气/燃料比
H_2	DJ2600	214	613	344	0.35
CH_4	DJ2700	278	189	391	1.47
C_2H_4	DJ2700	247	111	360	2.23
C_3H_6	DJ2700	253	77	375	3.29
C_3H_8	DJ2700	240	68	375	3.53
煤油	JP5000	876	0.4785	0	1830.72

表 4-8 不同燃料的热焓和热效率

燃料种类	喷枪类型	喷枪的热焓/(kJ/min)	热效率（%）
H_2	DJ2600	6766	92
CH_4	DJ2700	6903	95
C_2H_4	DJ2700	6727	94
C_3H_6	DJ2700	6505	93
C_3H_8	DJ2700	6103	95
煤油	JP5000	13358	74

Katanoda 等人[23]在表 4-9 所列喷涂参数下，模拟计算了 JP5000 喷涂 Inconel 718（密度：9g/cm³，气体比热：462J/kg·K，熔点：1648 K，颗粒尺寸：10μm、20μm、30μm、40μm）颗粒的温度和速度分布，计算结果如图 4-15 所示，结果表明颗粒越小，颗粒的温度和速度越高。

表 4-9　JP5000 喷涂 Inconel 718 参数

参数	设定值
燃烧室压力/MPa	0.58
燃烧室内温度/K	3100
气体摩尔质量/(kg/mol)	25.8
气体比热/(J/kg·K)	1.12

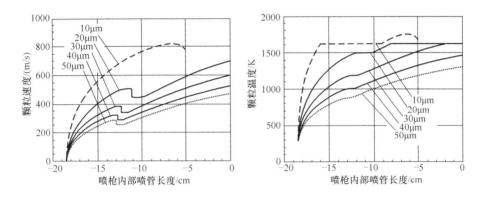

图 4-15　JP5000 喷涂 Inconel 718 颗粒的温度和速度与颗粒尺寸的关系

　　JP5000 喷枪的燃烧室压力高于 DJ 喷枪，因此 JP5000 喷枪的射流速度更高，但是燃流温度低于 DJ 喷枪。射流温度和速度对涂层的影响不同，特别是对于喷涂有脱碳倾向的金属碳化钨粉末。图 4-16 所示为 JP5000 喷枪喷涂粒度 15 ~ 45μm WC-12Co 粉末和 DJ2600、DJ2700 喷枪喷涂 11 ~ 58μm 的 WC-12Co 粉末，喷枪不同出口位置：38.1cm、20.3cm、22.9cm 处的颗粒速度与粒子温度的关系[24]。根据图可知随着温度的增加，颗粒速度也随之增加。对于 JP5000 喷枪，粉末颗粒的温度虽然低于 DJ2600 或者 DJ2700，但是颗粒的飞行速度几乎在 500 ~ 720m/s。从图 4-16 可知 DJ 系列喷枪的温度整体上高于 JP5000。这一结果表明，如果希望颗粒获得较高的温度，应选择使用 DJ2600 或 DJ2700 喷枪。而颗粒在相同的温度下，JP5000 喷枪会使颗粒的速度更高，如颗粒温度在 1700℃下，JP5000 喷枪的颗粒速度可达 700m/s，而 DJ 喷枪的颗粒速度约为 560m/s。

　　Shipway 等人[25] 对比了氢气和煤油两种燃料下超音速喷涂制备 WC-12Co 涂层组织结构、相组成和涂层磨损试验，表 4-10 所列为喷涂参数。HVOLF 采用液体煤油作为燃料，氧气流量 824L/min，而 HVOGF 采用氢气作为燃料，氧气流量 240L/min，从氧气量上可以看出 HVOLF 的热焓高于 HVOGF，相应 HVOLF 喷涂送粉量也较高。

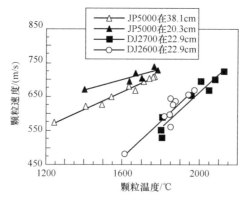

图 4-16   JP5000 与 DJ2600、DJ2700 喷枪颗粒速度与颗粒温度的关系

表 4-10   气体燃料（HVOGF）和液体燃料（HVOLF）喷涂参数

喷涂参数	HVOGF	HVOLF
氧气流量/（L/min）	240	824
燃料（H_2）流量/（L/min）	639	—
燃料（煤油）流量/（L/min）	—	0.5
携带气体（N_2）流量/（L/min）	16	5.6
送粉量/（g/min）	41.6	79
喷涂距离/mm	300	356
基体速度（水平）/（m/s）	1	1
喷枪移动速度（竖直）/（m/s）	5	5
喷涂次数/次	30	30

图 4-17 所示为 WC-12Co（Co 的质量分数为 12%）粉末形态和 WC 颗粒的 SEM，其中 WC 颗粒为 2~6μm，粉末的粒度为 15~45μm。图 4-18 所示为粉末和 HVOLF 和 HVOGF 两种喷涂方法制备涂层的 XRD。结果表明，HVOGF 涂层中的 W_2C、W 相含量高于 HVOLF 制备的涂层，这表明 HVOGF 的温度高，喷涂中 WC 分解的倾向大。表 4-11 所列为两种喷涂方法制备的涂层硬度和涂层中碳化物百分比。

图 4-17   WC-12Co 粉末形态和 WC 颗粒的 SEM

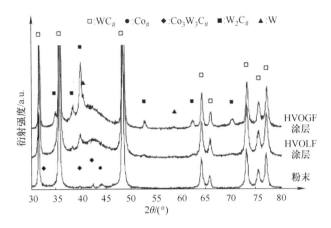

图 4-18　粉末、HVOLF 和 HVOGF 涂层的 XRD

表 4-11　两种喷涂方法制备的涂层硬度和涂层中碳化物百分比

超音速喷枪类型	涂层硬度　HV0.3	碳化物（质量分数,%）
HVOLF	1230±46	76
HVOGF	1280±33	67

　　使用氧化铝陶瓷球-圆盘滑动磨损，在无润滑油干磨损环境下对两种涂层进行磨损对比。试验前圆盘涂层经过金刚石砂轮磨削，表面粗糙度值 Ra 为 0.03～0.05μm。试验磨损滑动长度为 5000m，滑动速度为 0.5m/s，烧结 Al_2O_3 球直径为 9.6mm，硬度为 1730kgf/mm^2，表面粗糙度值<0.03μm，载荷为 19N 和 35N，试验结果如图 4-19 所示，磨损率结果表明，HVOGF 喷涂涂层的磨损量低于 HVOLF 喷涂涂层。文献认为当采用氢气燃料的 HVOGF 喷涂工艺，由于粉末送入至燃烧室入口位置，加上燃料温度高（见图 4-16），WC-Co 粉末中 Co 可能完全熔化，并且粉末表面有适量的 WC 分解为 W_2C，与 Co 结合，形成非晶 Co3W3C 相（XRD 也证明了这一点），这有利于提高涂层的耐磨损性。而以煤油燃料的 HVOLF，粉体被输送到喷管的喉部，加上射流温度低于气体燃烧温度，因此在喷涂过程，仅仅是颗粒表层的 Co 被熔化，内部将仍然保持固相，涂层内部 Co 的结合强度不高，在受到压力下涂层容易形成微小裂纹，当应力作用于涂层时，裂纹扩展，涂层破碎，如图 4-20 所示。在 WC-Co 涂层喷涂过程形成的少量 W_2C，有利于涂层的耐磨性。需要指出的是，该试验使用的是烧结-破碎粉末，粉体的松装密度高。这样的喷涂组织和磨损试验结果与大多数使用团聚-烧结粉末研究结果不一定相同。一般认为，脱碳严重的涂层脆性高，耐磨性也低。从本试验涂层组织看，两种喷涂 WC-Co 涂层均没有观察到脱碳的层状组织，这与粉体颗粒的结构有关。在没有脱碳的前提下，高温 HVOGF 喷涂涂层的耐磨性

可能更好。

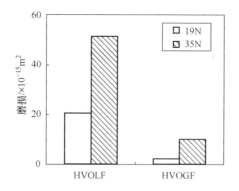

图 4-19　磨损滑动磨损试验，载荷为 19N 和 35N

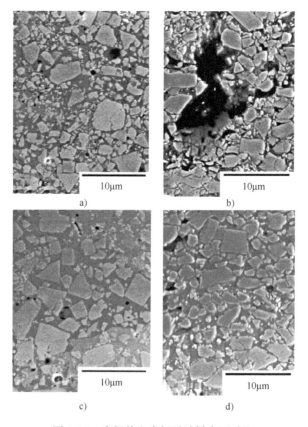

图 4-20　磨损前和磨损后试样表面对比

a）HVOLF 磨损前涂层　b）HVOLF 磨损后涂层，有颗粒脱落痕迹

c）HVOGF 磨损前涂层　d）HVOGF 磨损后涂层，黏结剂 Co 的强度可能较高

热喷涂 WC-Co 制备涂层，WC-Co 颗粒的熔化状态和飞行速度是影响涂层质量的关键。气体燃料的 HVOGF 燃流温度高（氢气除外），有利于粉末颗粒中金属相 Co 熔化，并促进 WC 分解，形成非晶 Co_3W_3C 相。从试验结果可以说明，涂层的耐磨性不仅仅是由涂层的硬度来决定的。超音速喷涂 WC-Co 涂层的气孔率、相结构及耐磨性等力学性能由粉末特性和喷涂方法、参数决定。液体燃料超音速喷涂具有燃烧室压力高，喷管内射流速度高的特点，但相对于气体燃料超音速喷涂，射流温度低。液体燃料超音速喷涂射流的热量高，与气体超音速相比送粉量高，但是粉末的沉积效率不如气体超音速喷涂。

4.4　HVAF 喷涂

HVOF 喷涂采用氧气作为助燃剂，射流温度较高，能量高。喷涂粉末粒度 $15\mu m$ 以下的 WC-Co 粉末仍然会引起 WC 脱碳，形成 W_2C 和 $W_xCo_yC_z$ 等有害相，降低了涂层性能。采用压缩空气代替氧气，即 High Velocity Air-Fuel（HVAF），可以使喷枪射流温度降低 $600\sim800℃$，表 4-12 所列为一些燃料在空气和氧气下的燃烧温度[26]。空气中氧气的含量约为 21%（体积分数），用空气取代氧气，相当于加入了 79%（体积分数）无燃热效的氮气，大幅降低了燃流温度。

表 4-12　一些燃料在空气和氧气下的燃烧温度　　　（单位：K）

燃料种类	空气助燃温度 混合比 1.3	氧气助燃温度 混合比 1.7
乙炔	2600	3410
一氧化碳	2400	3220
庚烷	2290	3100
氢气	2400	3080
甲烷	2210	3030

HVAF 几乎与 HVOF 在同一时刻出现，最初设计的 HVAF 是基于 Browning 提出的喷枪原理。商用喷枪有 AeroSpay 喷枪和 Praxair AF-3300 HVAF 喷枪。采用液体煤油燃料的喷枪，先用氧气-氢气点火，然后转为空气-煤油连续燃烧，结构与 JP5000 相当[27,28]。这类型喷枪的缺点是温度低，加热粉体的热效率较低，即喷涂沉积效率低，没有被工业界广泛推广。另外 HVAF 系统需要大功率空气压缩机（70kW）以产生高压（1.02MPa）和高流量的压缩空气（$4.2m^3/min$），因此喷涂成本并不低[29]。比较有意义的 HVAF 喷枪结构改进出现在 1997 年，采用丙烯等气体燃料代替煤油，空气的压力也相应降低到 0.6MPa 以下，空气压缩机功率降低到 30kW，经济效率得到改善[29,30]，与此同时可以喷涂具有高性能致

密结构的耐磨涂层，其低热能和高粉体颗粒速度使 HVAF 成为超音速喷涂的另一种选择。Unique Coat Technologies 公司和 Kermetico Inc. 开发了以丙烯气体燃料为燃料的 AK-HVAF 喷枪，燃烧室内放置多孔催化陶瓷片[30,31]。这类喷枪已广泛在市场上得到应用。图 4-21 所示为燃烧室压力对 AK-07 HVAF 速度和温度的影响，试验使用两种不同长度和类型的喷嘴，长喷嘴有利于提高涂层的硬度，喷涂 WC-12Co 涂层最高硬度达到 1300 ~ 1500HV0.3，喷涂 Cr_3C_2-25NiCr 涂层硬度可达到 1000 ~ 1100HV0.3。

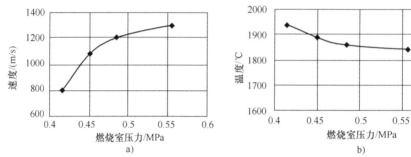

图 4-21　燃烧室压力对 AK-07 HVAF 速度和温度的影响
a）速度　b）温度

Bobzin 等人[32]使用 Kermetico AcuKote HVAF，在表 4-13 所示喷涂参数下喷涂了团聚-烧结 WC-10Co4Cr 粉末，粉末粒度为（30 ± 5）μm，其中 WC 尺寸为 1μm，获得了图 4-22 高硬度 1545HV0.1 致密涂层。使用 HVAF 喷涂，需要降低粉末的颗粒粒度，才能获得适当的沉积效率。图 4-23 所示为粉末和涂层的 XRD，即便是采用 HVAF 喷涂，涂层中也含有少量的非晶和脱碳相 W_2C。图 4-24 所示为镀铬层、HVAF 涂层和 S235 钢基体的电极电位比较，结果表明，HVAF 涂层的耐蚀性不低于镀铬层。

表 4-13　HVAF 喷涂参数

喷涂距离/mm	175
喷枪移动速度/(mm/s)	900
丙烯气体压力/MPa	0.555
空气压力/MPa	0.628
燃烧室压力/MPa	0.455
氮气送粉流量/(L/min)	18
送粉量/(g/min)	40

Wang 等人[33]对比了煤油-氧气（HVOF）和煤油-空气（HVAF）喷枪的一些参数见表 4-14。其中燃烧的温度和速度由计算获得。HVAF 煤油流量只有 HVOF 的 1/4，这与空气中氧含量（体积分数）约 25% 相对应，从结果可以看出，HVAF 的温度和速度远低于 HVOF。

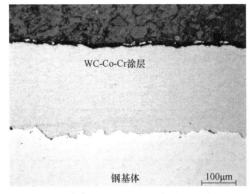

图 4-22　HVAF 喷涂 WC-10Co4Cr 涂层，硬度 1545HV0.1

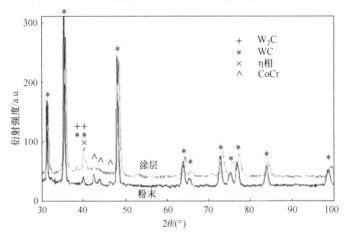

图 4-23　粉末和 HVAF 涂层的相分析

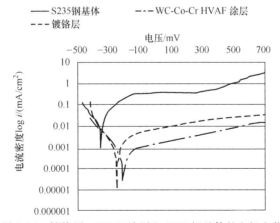

图 4-24　镀铬层、HVAF 涂层和 S235 钢基体的电极电位

表 4-14　HVOF 与 HVAF 运行参数对比

参数	HVOF	HVAF
燃烧室压力/MPa	0.9	0.6
氧气或空气压力/MPa	1.4	0.8
氧气或空气流量/(g/s)	24	24
煤油压力/MPa	1.5	1.5
煤油流量/(g/s)	8	2
火燃速度/(m/s)	2250	1400
火焰温度/℃	2660	1350

Wang qun 等人[34]使用丙烷-空气的 HVAF 喷枪（AK）、液体燃料 JP8000 喷枪（JP）和丙烯-氧气 Jet Kote2（JK）三种喷枪，喷涂选用 15～45μm 的 WC-10Co4Cr 粉末，喷涂参数见表 4-15，研究了涂层的相组成和涂层组织。图 4-25 所示为原始粉末和三种涂层的 XRD，HVAF（AK）制作的涂层脱碳最少与原始粉末相当；JP8000 制备涂层其次，存在少量脱碳；JK 制备涂层脱碳最多。图 4-26 所示为涂层的 SEM 断面组织，可清楚地观察到 JK 制备的涂层中有条状的脱碳组织，这一结果也反映了这几种喷枪在表 4-15 的氧气、燃料流量条件下的燃流温度。不应当认为温度的高低完全是由喷枪造成的，与喷涂参数特别是气体流量也有密切的关系，遗憾的是 AK 和 JK 的设定参数中一个标记为压力，另一个为流量，很难进行对比，此外试验没有燃流温度的对比数据。

表 4-15　三种超音速喷涂设备与喷涂参数

喷涂参数	AK	JP	JK
喷枪	AK 07（HVAF）	JP8000（HVOF）	Jet Kote2（HVOF）
燃料	丙烷：0.52MPa	煤油：22.7L/min	丙烯：64.2L/min
	空气：0.61MPa	氧气：873L/min	氧气：481L/min
送粉量/(g/min)	75	75	55
喷涂距离/mm	150	380	180

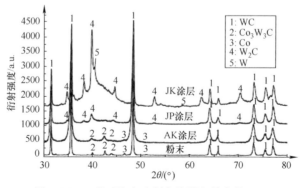

图 4-25　三种喷涂方法制备涂层和粉末的 XRD

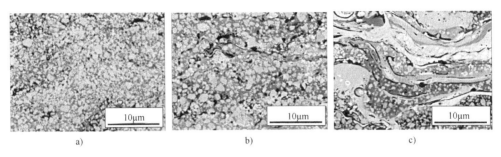

图 4-26　不同喷涂方法制备的 WC-10Co4Cr 涂层

a) AK, 1362HV0.3　b) JP, 1289HV0.3　c) JK, 1047HV0.3

Verstak 等人[35]使用 UniqueCoat Technologies 公司的 SB9300 HVAF 和 SB9500 HVAF 喷枪，在表 4-16 的喷涂参数下，喷涂了 WC-10Co-4Cr 等粉末，该喷枪主要以丙烷或丙烯为燃料。

表 4-16　SB9300 HVAF 和 SB9500 HVAF 喷枪喷涂参数

HVAF	喷枪类型		
	SB9300	SB9300	SB9500
燃料	丙烯	丙烷	丙烷
空气压力/MPa	0.595	0.595	0.595
燃料压力/MPa	0.602	0.574	0.56
氮气压力/MPa	0.42	0.413	0.336
送粉量/(g/min)	168	168	168
颗粒速度/(m/s)	800～820	720～740	690～720
颗粒温度/K	1400	1410	1310

图 4-27 所示为 SB9300 HVAF 喷涂不同粒度 WC-10Co-4Cr 粉体的沉积效率，10～30μm 以下颗粒粉末的沉积效率为 60%～65%，随着颗粒尺寸增加到 11～45μm，沉积效率下降到 45%。图 4-28 所示为涂层的硬度与粉末粒度的关系，似乎颗粒

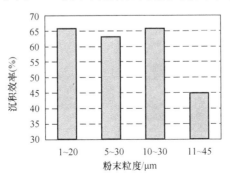

图 4-27　粉末粒度与沉积效率的关系

尺寸对涂层硬度影响较小。从这两个图可以推测，5～30μm 或 10～30μm 粒度的 WC-10Co-4Cr 粉体适合 SB9300HVAF 喷枪，另外所获得的涂层气孔率小于 1%。

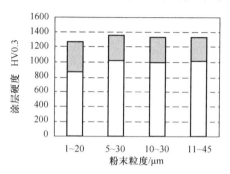

图 4-28　涂层硬度与粉末粒度的关系

4.5　其他改进型的超音速喷涂

4.5.1　提高燃流温度型 θ-Gun

　　超音速喷涂使用甲烷、乙烯、丙烯、丙烷、煤油和氢气作为燃料，其最高燃烧温度很难超过 2950℃，加上粉末在燃流中滞留的时间短，故超音速喷涂很难喷涂熔点超过 1800℃ 的材料。θ-Gun 与 JP-5000 有些类似，为了提高燃流温度，在送粉口附近增加了乙炔（Acetylene gas）进气口，图 4-29 所示为改进 HVOF 喷枪 θ-Gun[36]。由于乙炔的最高燃烧温度 3200℃，明显高于其他燃料，乙炔的加入会提高燃流温度。但是由于乙炔的蒸气压力很低，不能直接加入到高压的燃烧室中，只能在低压的喉管处加入。乙炔的加入，进一步提高了燃流温度，从而

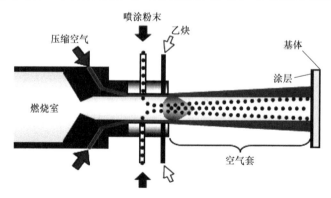

图 4-29　改进 HVOF 喷枪 θ-Gun 示意图

能够喷涂一些高熔点陶瓷材料。表 4-17 所列为采用 θ-Gun 和 9MB 等离子喷涂氧化铝的喷涂试验条件，图 4-30 所示为粉末氧化铝的形态，用于超音速喷涂的粉末粒度为 $1 \sim 5 \mu m$，而等离子喷涂所用粉末的粒度为 $10 \sim 45 \mu m$。

表 4-17　氧化铝的喷涂试验条件

喷枪	喷涂条件	喷涂材料	粉末粒度
θ-Gun（HVOF）	氧气流量：893L/min 煤油流量：0.32L/min 乙炔流量：43L/min 喷涂距离：150mm	氧化铝	$1 \sim 5 \mu m$
9MB 等离子	电流：500A 电压：70V 氩气流量：37.6L/min 氢气流量：7L/min 喷涂距离：80mm	氧化铝破碎形	$10 \sim 45 \mu m$

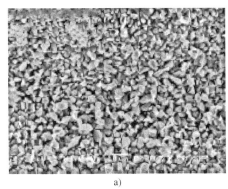
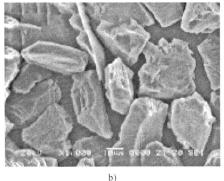

a)　　　　　　　　　　　　　　b)

图 4-30　两种不同粒度的氧化铝粉末，细粉用于超音速喷涂，粗粉用于等离子喷涂
a) $1 \sim 5 \mu m$　b) $10 \sim 45 \mu m$

图 4-31 所示为两种喷涂方法获得的涂层断面组织，θ-Gun 喷涂涂层的致密性明显高于等离子喷涂，这主要是选择细粉喷涂的结果。粉末和涂层的 X 射线衍射结果如图 4-32 所示，粉末为 $\alpha\text{-}Al_2O_3$，超音速喷涂涂层主要相为 $\alpha\text{-}Al_2O_3$，但也出现了少量的 $\gamma\text{-}Al_2O_3$ 相，可见即便选用细小的粉末，也没有达到大量的熔化状态。等离子喷涂涂层大部分为 $\gamma\text{-}Al_2O_3$ 相，说明等离子喷涂中粉末的熔化程度更高。热喷涂形成涂层时需要将粉体颗粒部分熔化，粉末为 $\alpha\text{-}Al_2O_3$，熔化的 Al_2O_3 急冷凝固后，形成非稳定的 $\gamma\text{-}Al_2O_3$ 相。从涂层的相组成看，虽然等离子喷涂粉体颗粒大，但是由于等离子温度高，等离子喷涂中粉末的溶化程度高，故

在凝固时形成了非平衡的 $\gamma\text{-}Al_2O_3$ 相。

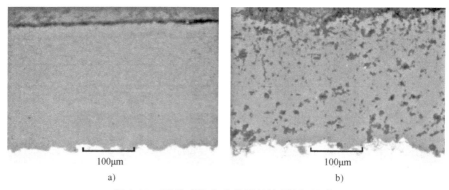

图 4-31　两种喷涂方法获得的涂层断面组织

a) θ-Gun　b) 等离子

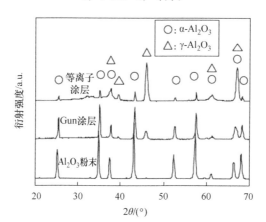

图 4-32　相分析

图 4-33 所示为 θ-Gun 和等离子喷涂氧化铝涂层的硬度和耐磨性的比较。等离子喷涂与 θ-Gun 喷涂涂层的硬度基本相同为 950 ~ 1000HV0.2，明显低于烧结氧化铝 1800HV0.2。但是 θ-Gun 喷涂涂层的耐磨性却明显好于等离子喷涂涂层，几乎接近烧结氧化铝，这可能与涂层的气孔率有关。这个试验结果进一步说明了涂层的硬度不是决定耐磨性的唯一因素。

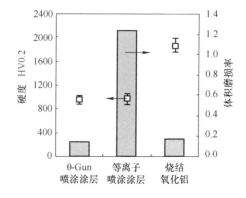

图 4-33　Al_2O_3 涂层的硬度与耐磨性

4.5.2　降低燃流温度（Warm Spray）型超音速喷涂

研究表明，采用液体煤油-氧气 HVOF 喷涂 WC/Co 会发现涂层脱碳现象，喷涂中 WC 脱碳与燃流温度有关。通常 HVOF 喷涂的粉体颗粒温度在 1500 ~ 2500K，并且很难独立地控制 HVOF 的温度和速度。另一方面冷喷涂（Cold Spray）粉末颗粒的温度很难超过 800K，将粉末颗粒温度控制在 800 ~ 1500K 范围是热喷涂设备领域的一个缺口，而大部分金属材料的熔点在这一范围。为了将粉末颗粒温度控制在这一范围，Kawakita 等人[37]在煤油-氧气 JP5000 喷枪基础上，通过在 JP5000 喷枪燃烧室的下端开设进气口，二次加入惰性冷却气体（氮气，氩气等），开发了温度更低的 HVOF 喷涂方法，取名 WS（Warm Spray）喷涂，图 4-34 所示为 WS 喷枪示意图。WS 喷涂可将粉末温度控制在 800 ~ 1900K，速度在 900 ~ 1600m/s[38]。WS 射流温度低于传统的 HVOF 喷涂方法，与 HVAF 相比，可以通过控制二次加入气体的流量控制射流温度。

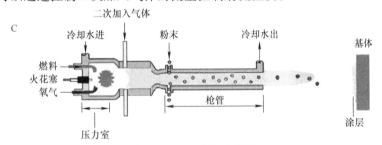

图 4-34　WS 喷枪示意图

Sato 等人[39]采用 JP5000 分别使用 HVOF 和加入氮气的 WS 喷涂方法喷涂了颗粒尺寸 5 ~ 20μm 的 WC-12Co 团聚-烧结粉末（其中 WC 颗粒尺寸为 0.2μm），具体喷涂参数见表 4-18。涂层组织 SEM 如图 4-35 所示，WS 涂层的致密性高于 HVOF，HVOF 涂层的硬度为 1047HV0.3，而 WS 涂层的硬度为 1484HV0.3。HVOF 和 WS 制备 WC-12Co 涂层和粉体 XRD 如图 4-36 所示，以此计算了喷涂中粉末的脱碳。原始粉末的含碳量为 5.44%（质量分数），而 HVOF 喷涂回收粉末的含碳量为 4.23%（质量分数），WS 喷涂回收粉末的含碳量为 5.27%（质量分数），可见 WS 喷涂脱碳较低。遗憾的是论文没有给出喷涂的沉积效率。

表 4-18　HVOF 和 WS 超音速喷涂参数比较

喷涂参数		HVOF	WS
原始喷枪 JP5000	氧气/(L/min)	778	778
	煤油/(L/min)	0.38	0.38
	惰性气体/(L/min)	—	500
	枪管长度/mm	100	200
	喷涂距离/mm	380	200

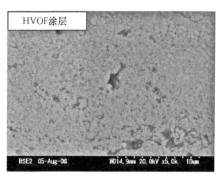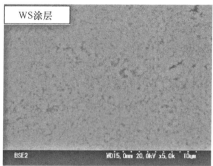

图 4-35　HVOF 和 WS 制备 WC-12Co 涂层组织 SEM

Wank 和刘敏等人[40]也进行了降温超音速喷涂工作，向煤油-氧气 GTV-K2

喷枪燃烧室加入氮气和少量水，以降低喷枪的燃烧温度，使喷涂温度介于传统 HVOF 和 Cold Spray 之间。试验喷涂了 WC10Co4Cr、75Cr₃C₂-25NiCr、MCrAlY 和金属铜等材料。通过与 GTV-K2 设备厂家推荐的标准喷涂参数相比，降低了喷涂燃流温度，涂层的氧化物含量有所下降，使涂层组织更加致密。

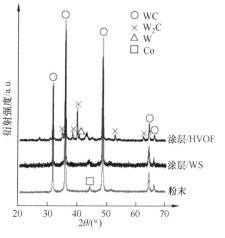

图 4-36　HVOF 和 WS 制备
WC-12Co 涂层和粉体 XRD

金属钛涂层的组织与喷涂温度有很大关系，通常等离子喷涂或者 HVOF 喷涂会在涂层中出现氧化物。Watanabe 等人[41]尝试用 WS 方法喷涂金属钛，在原 JP5000 喷枪参数基础上，分别加入流量为 $0.5m^3/min$、$1.0m^3/min$、$1.5m^3/min$ 和

$2.0m^3/min$ 的氮气，降低了喷涂温度。图 4-37 所示为 WS 喷涂钛涂层的断面组织。氮气加入 $0.5m^3/min$（见图 4-37a）时，涂层中出现层状氧化物，涂层组织致密。氮气加入 $1.0m^3/min$（见图 4-37b）时，涂层氧化物减少，但致密性降低。氮气加入 $1.5m^3/min$（见图 4-37c）时，涂层氧化物进一步减少，涂层含有较大的气孔。当氮气加入 $2.0m^3/min$（见图 4-37d）时，涂层中出现未熔化颗粒。

Sun 和 Fukanuma[42]向传统的 JP5000 喷枪燃烧室加入氮气和水，并结合控制氧气/燃料比率，以控制燃烧室的压力和温度。在此条件下喷涂了颗粒粒度（44±16）μm 的 316L 不锈钢粉末，并采用 DPV-2000 测量了不同条件下粉末颗粒的飞行速度。结果表明，改变燃烧室压力可影响颗粒速度，即燃烧室压力越高，粉末

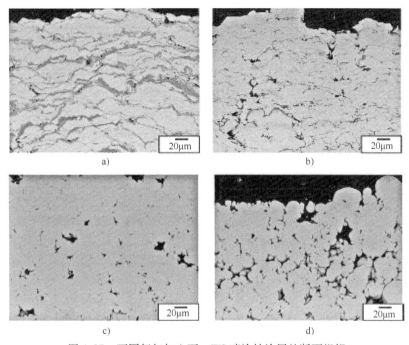

图 4-37　不同氮气加入下，WS 喷涂钛涂层的断面组织

a）0.5m³/min　b）1.0m³/min　c）1.5m³/min　d）2.0m³/min

颗粒的速度也越高。单纯改变氧气/燃流的比率，对粉体颗粒的速度影响有限。而涂层的沉积效率与喷涂距离和氧气/燃料比 λ 有关，这与氧气/燃料比率对燃流温度的影响有关。另外与标准的 JP5000 喷涂参数相比，在氧气/燃料比 λ = 3.0，燃烧室压力 3.0MPa 下，喷涂 316L 不锈钢涂层的氧化物含量明显降低。

　　Chivavibul 等人[43]采用改造的 JP5000 使用 WS 喷涂方法，加入氮气以降低燃流温度，在表 4-19 所列喷涂参数条件下，喷涂三种不同松装密度的 WC-12Co 粉末（WC 尺寸 0.2μm），粉末的粒度为（20±5）μm，粉末性能见表 4-20。研究了粉末和 WS 涂层的 XRD（见图 4-38），通过测量涂层压痕的裂纹长度（见图 4-39），计算了涂层的断裂韧性。结果表明，WS 喷涂高松装密度 H、M 粉末，涂层脱碳很少，但喷涂低松装密度 L 粉末脱碳略微高些，但与其他涂层 XRD 相比仍较低。WS 方法喷涂 L、M、H 粉末的沉积效率分别为 30%、25% 和 19%，可见 WS 喷涂粒度为（20±5）μm 的 WC-12Co 粉末的沉积效率低。涂层的硬度分别为（1027±53）HV0.3、（1541±31）HV0.3 和（1535±69）HV0.3，气孔率分别为 3.38%、1.68% 和 1.15%。断裂韧性分别为（2.56±0.09）MPa·m$^{1/2}$、（3.09±0.18）MPa·m$^{1/2}$ 和（3.6±0.296）MPa·m$^{1/2}$。作为结论，无论涂层组织和性能如何，这样低的沉积效率是不值得推荐的，也许适当地降低冷却氮气加入量能提高喷涂沉积效率。

表 4-19   WS 喷涂参数

喷管长度/mm	203
喷涂距离/mm	200
燃料/(L/min)	0.38
氧气/(L/min)	778
氮气/(L/min)	500
送粉率/(g/min)	55

表 4-20   粉末的性能

类型	松装密度/(g/cm^3)	气孔率(体积分数,%)	颗粒强度/MPa
L	2.44	51.91	21±10
M	5.27	11.58	530±150
H	6.03	4.58	800±170

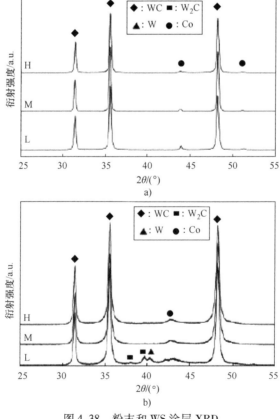

图 4-38   粉末和 WS 涂层 XRD

a) 粉末   b) WS 涂层

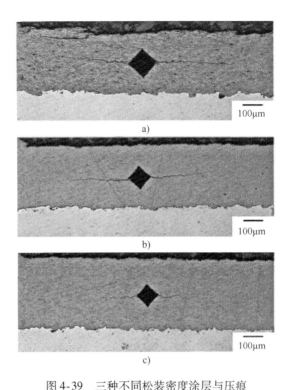

图 4-39　三种不同松装密度涂层与压痕

a）L 类型粉末制备的涂层　b）M 类型粉末制备的涂层　c）H 类型粉末制备的涂层

冷喷涂技术的出现，使人们对传统的 HVOF 喷涂技术的改进增加了兴趣，其原因是采用冷喷涂制作致密性高的金属涂层往往要求使用高价的氦气，这导致了制作成本的提高。冷喷涂很难使工作气体加热超过 800K，另外对于某些材料而言，由于屈服强度很高，很难实现冷喷涂。除改进现有的喷枪结构外，还有将甲烷-氧气-氮气等作为工作气体（甲烷燃烧温度低于丙烷）来设计喷枪，以降低 HVOF 温度的方法[44]，其目的是开发一种介于传统 HVOF 和 Cold Spray 温度的喷涂方法。

4.5.3　天然气燃料的 HVO/AF 喷枪

为了降低 HVOF 的喷涂温度，防止喷涂金属碳化物脱碳，Parco 等人[45,46]介绍了一种以天然气为燃料，氧气和空气为助燃剂的 HVO/AF 喷枪（TECNALIA 公司），图 4-40 所示为喷枪的外观示意图。该喷枪适合于喷涂颗粒粒度 1 ~ 15μm 的 WC-Co 粉末，细小的粉末更有利于制备致密，高硬度的涂层。

与以煤油为燃料的 HVOLF 高能量（200kW）相比，以气体为燃料的 HVOGF 的能量处于较低水平（100kW），氧气消耗仅为 HVOLF 的 1/3。而采用天然气代替丙烯或丙烷，并且加入空气稀释氧气，可以进一步降低燃流温度。该喷枪的天然气流量在 150～250L/min，喷涂碳化钨粉末的送粉量在 70～75g/min。试验喷涂了粉末粒度 15～45μm 和 1～12μm 两种 WC-10Co4Cr 团聚-烧结粉末[46]。喷涂组织如图 4-41 所示，喷涂中天然气的流量设定为 250L/min，氧气为 500L/min，空气为 1000L/min，喷涂距离为 150mm 和 200mm，喷嘴长度为 70mm、100mm、

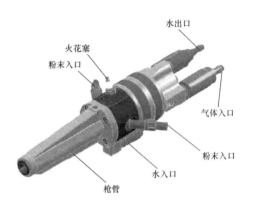

图 4-40　HVO/AF 喷枪的外观示意图

150mm 三种。喷涂结果表明，涂层的沉积效率在 22%～70%。对于传统粒度的 WC-CrCo 粉末，使用 100mm 喷嘴，可以获得很少脱碳，韧性为 5MPa·m$^{1/2}$，硬度约 1728 HV0.3 的致密涂层。当使用细小粒度的 WC10Co4Cr 粉末和 70mm 喷嘴时，脱碳明显，但沉积效率提高了，硬度为 1674 HV0.3，韧性 4MPa·m$^{1/2}$，随着喷嘴的加长，脱碳也在增加。粉末粒度、喷嘴长度对涂层组织、性能和沉积效率有重要影响。另外一个试验还喷涂了烧结-破碎粉末，也获得了致密、高硬度的涂层。

图 4-41　天然气燃料 HVO/AF 喷枪喷涂团聚-烧结粉末 WC-10Co4Cr 涂层

a）15～45μm 粉末制备的涂层　b）1～12μm 粉末制备的涂层

4.6　超音速喷枪的选择与喷涂工艺参数

制备高硬度、高弹性模量和高断裂韧性指标的金属碳化物涂层具有现实的应用需求，是热喷涂工作者追求的目标。但是，过分地追求涂层质量，会提高制造成本。通常制作极低脱碳的 WC-Co 涂层，可能导致较低的沉积效率。对于 WC-

Co 系列的涂层，含有少量的脱碳相，不仅不会降低涂层耐磨性，还能降低制造成本（主要是提高涂层的沉积效率）。市场上出售的超音速喷涂设备很多，如燃料气体（丙烯、丙烷和氢气等）与氧气的 HVOGF，这类喷枪有 Jet Kote、DJ2600、DJ2700、Tot Gun 等。液体燃料煤油与氧气配合的 HVOLF，这类喷枪有 JP5000、GTV-K2。气体燃料（丙烯、丙烷等）与空气配合燃烧的 HVAF，这类喷枪有 Unique Coat 的 M2、M3 等。作为一个新用户，选择什么样的设备购买可能是个困惑。而对于已拥有超音速喷涂设备的热喷涂工作者，如何发挥设备的最大优势，选择合适的喷涂参数和材料，制备低成本、高性能的涂层非常重要。如何控制热喷涂过程中射流温度和速度至关重要，图 4-42 定性地展示了不同喷涂方法下射流的温度和速度，按喷枪射流温度从低到高的顺序为冷喷涂、超音速空气（温喷涂和冷喷涂）、超音速空气（热喷涂）、超音速、爆炸、等离子。喷枪射流速度与燃烧室压力有关，燃烧煤油的 JP5000 和 GTV-K2 燃烧室的压力高于其他喷枪，相应，射流速度也高。液体燃料 JP5000 和 GTV-K2 喷枪燃烧时释放热量最高，其次为 HVOGF 和 HVAF。单位时间释放热量越高，消耗燃料和氧气成本也越高，这类喷枪的送粉量高于 HVOGF 喷涂。

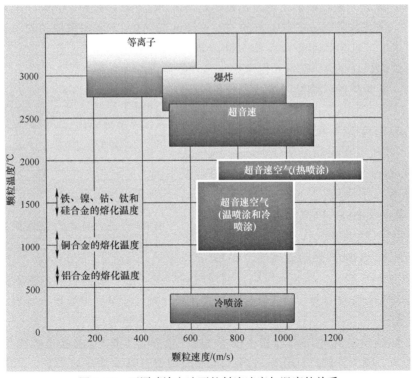

图 4-42　不同喷涂方法下的射流速度与温度的关系

喷枪的选择还要考虑被喷涂工件的尺寸。喷涂大型轴类钢辊，从长时间喷涂的稳定性来看，建议购买 HVAF 或 HVOLF 类的 JP5000 和 GTV-K2 喷枪。以丙烷作为燃料的喷枪，由于丙烷的挥发压力受温度影响较大，应使采用保温和加热措施。煤油燃料雾化压力稳定性较好，受环境温度影响较小。燃烧煤油的 HVOLF 喷枪喷涂时会释放大量的热量，不适合使用在较小的隔音房间，另外这类喷枪消耗氧气较多，与其他 HVOGF 相比喷涂成本要高些。研究结果表明，HVAF 喷涂细粉末 WC-Co 涂层的组织致密，硬度也很高。HVAF 的主要目的不是降低喷涂成本，而是降低喷涂射流温度来提高涂层质量。选择 HVAF 喷枪时，应尽量选择粒度较小的粉末，如 $5 \sim 30\mu m$，以适当提高沉积效率。对于喷涂小型零件，建议考虑选择 DJ2600 和 DJ2700 喷枪，这类喷枪释放的热量明显小于 JP5000。DJ2700 喷枪最好使用丙烯，使用丙烷作为燃料时，要选择增压泵和气化保温设备，以保证丙烷挥发压力的稳定。为了防止过多脱碳，喷涂粉末可选择较大粒度的 $-45 \pm 15\mu m$ 粉末。

下面结合一些实例来介绍。

实例 1（粉末 WC 尺寸对脱碳的影响）：Haibin Wang 等人[47]用 90nm 的 WC-Co 粉末为原料，通过喷雾干燥方法制备团聚粉末，然后分别在 1050℃ 和 1200℃ 下烧结，获得了 WC 尺寸为 $0.3\mu m$ 和 $1 \sim 2\mu m$ 的 WC-12Co 团聚烧结粉末，粉末的松装密度分别为 $2.45g/cm^3$ 和 $4.88g/cm^3$。另外通过向原始纳米 WC-Co 粉末中加入 VC 碳化物，可抑制 WC 烧结时的生长，制备出 WC 颗粒尺寸为 $0.3\mu m$ 的 WC-12Co-2VC 粉末，松装密度为 $4.65g/cm^3$。使用 GTV K2（德国）喷枪，在煤油流量 0.4L/m，氧气流量 900L/min 下，分别对上述三种粉末进行喷涂。图 4-43 所示为三种粉末喷涂涂层的 XRD，其中 1050℃ 烧结温度制作的 WC-12Co 粉末，由于烧结温度低，松装密度低，喷涂中脱碳最多。1200℃ 烧结温度的 WC-12Co 和

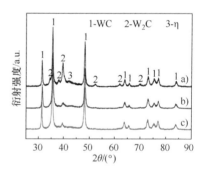

图 4-43　三种粉末喷涂涂层的 XRD
a）1050℃　b）1200℃　c）VC-1200℃

WC-12Co-2VC 粉末，松装密度高，喷涂脱碳较少。这一结果表明，粉末的松装密度对 HVOF 喷涂中 WC 的脱碳影响很大，另外大尺寸 WC 颗粒粉末能减少喷涂中的脱碳。

图 4-44 所示为上述三种粉末喷涂的断面组织，1050℃ 温度下烧结的 WC-12Co 粉末，喷涂涂层的气孔率较多，其余两种粉末喷涂涂层较致密。1200℃ 粉末烧结，WC 颗粒生长明显（见图 4-44b），而添加 VC 会抑制 WC 的生长（见图 4-44c）。

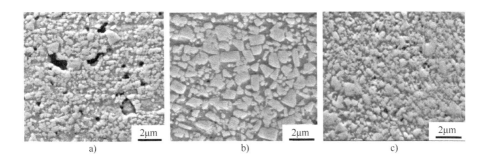

图 4-44　三种粉末喷涂的断面组织

a)1050℃烧结 WC-12Co　b)1200℃烧结 WC-12Co　c)1200℃烧结 WC-12Co-2VC

实例 2（喷枪和粉末粒度对涂层的影响）：Bolelli 等人[48]使用 JP5000、DJ 2700 和 Unique Coat 生产的 M2、M3 喷枪对粒度为（30±5）μm 和（45±15）μm 的 WC-10Co4Cr 粉体进行喷涂，共获得了表 4-21 所列的八种涂层，对涂层进行了 XRD 相分析和硬度测量。结果如下，无论是采用 DJ2700 还是 JP5000 喷枪，喷涂（30±5）μm 细粉，涂层（P2W1、P3W1）脱碳都较多。而采用 HVAF M2 或 M3 喷枪，喷涂（30±5）μm 细粉脱碳较少（P1W1、P4W1），这主要是 HVAF 的射流温度低于 HVOF 的结果。另外无论是 HVOF 还是 HVAF 喷涂（45±15）μm 粗粉，涂层脱碳都较少。涂层组织如图 4-45 所示。DJ2700 喷涂细粉（P3W1，见图 4-45e、f）涂层中有带状的脱碳组织，JP5000 喷涂细粉涂层（P2W1，见图 4-45c、d）也出现灰色的脱碳相，但脱碳程度低于 DJ2700 喷涂。HVAF 喷涂涂层中没有明显的带状组织（P1W1，见图 4-45a、b），WC 基本为颗粒状组织，表明涂层脱碳少。但是，HVAF M2 喷涂涂层（P4W1，见图 4-45g、h）的气孔率高于其他涂层，这可能与未熔粉末过多有关，遗憾的是论文没有给出涂层的沉积效率，涂层制备的成本难以进行比较。

从图 4-46 涂层的硬度看，喷涂细粉的涂层硬度更高，特别是 DJ2700 喷涂（30±5）μm 细粉，这可能与脱碳形成更高硬度的 W_2C 相有关。

表 4-21　喷涂材料与涂层的标记

粉末材料			喷涂工艺与涂层标记			
粉末成分	粉末尺寸/μm	标记号	M3	JP5000	DJ2700	M2
WC-10Co4Cr	30±5	W1	P1W1	P2W1	P3W1	P4W1
	45±15	W2	P1W2	P2W2	P3W2	P4W2

图 4-47 所示为磨粒磨损试验后涂层和镀铬层的体积磨损比较，P1W1 和 P4W1 试验的磨损量较少，另外所有超音速喷涂涂层的磨损量远低于镀铬涂层。

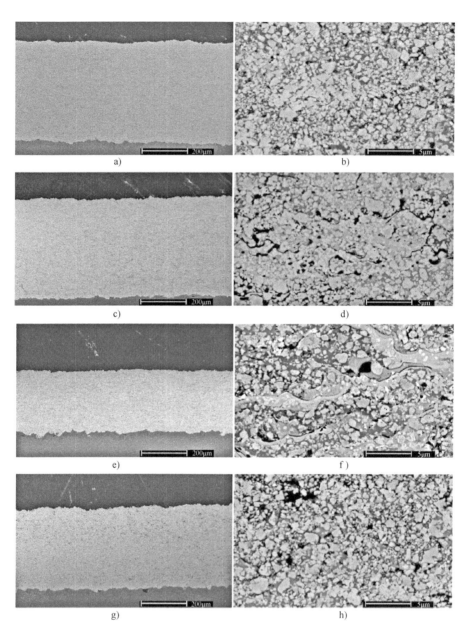

图 4-45 超音速喷涂涂层断面组织
a)、b) P1W1 c)、d) P2W1 e)、f) P3W1 g)、h) P4W1

Reignier 等人[49] 分别使用 Jet Kote 喷枪喷涂了粒度（45 ± 5）μm 的 WC-10Co4Cr 粉末，JP5000 喷枪喷涂了粒度（45 ± 15）微米和 Diamond Jet 喷枪喷涂了粒度（53 ± 11）的 WC-10Co4Cr 粉末。Jet Kote 和 Diamond Jet 使用氢气为

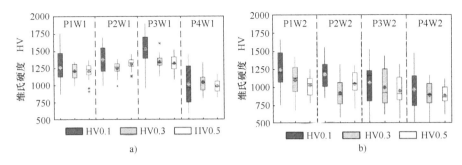

图 4-46　不同喷涂工艺喷涂（30±5）μm 和（45±15）μm 粉末涂层的硬度

a）细粉　b）粗粉

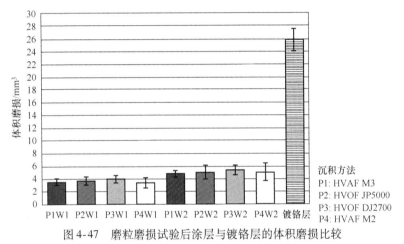

沉积方法

P1: HVAF M3

P2: HVOF JP5000

P3: HVOF DJ2700

P4: HVAF M2

图 4-47　磨粒磨损试验后涂层与镀铬层的体积磨损比较

燃气。在干磨损条件下测量了涂层和镀铬层的磨损体积和在质量分数为 5% NaCl 溶液中进行腐蚀试验。结果表明，WC-10Co4Cr 涂层的磨损体积仅为镀铬层的 20%～25%。而 WC-10Co4Cr 涂层与镀铬层摩擦系数相当为 0.8。此外研究还表明，与镀铬层相比，Jet Kote 和 JP5000 喷涂的 WC-10Co4Cr 涂层耐海水腐蚀性更好。

还有其他的一些研究结果，如 Stewart 等人[50]使用 Top Gun（氢气：640L/min，氧气：240L/min）超音速喷涂了传统微米粒度和纳米 WC 尺寸粉末。结果表明，喷涂传统微米 WC 粉末，碳的质量分数由粉末的 5.05% 减少到涂层 3.84%，而喷涂纳米 WC 粉末，碳的质量分数由 5.09% 减少到涂层的 2.99%，表明纳米 WC 粉末更容易在喷涂中脱碳。为了减少纳米 WC 的脱碳，应尽量降低喷涂温度，故使用 HVAF 方法更为适合。

Verdon[51]分别采用氢气和丙烷两种燃料的 HVOF，对平均粒度 40μm 的WC-12Co 粉末进行喷涂，喷涂参数见表 4-22，喷涂中氧气的使用量基本相同，这表明燃烧气流的温度由燃料的种类和流量决定。参考图4-1的部分燃料与氧气混合比率和燃烧温度的关系，涂层1的氧气/氢气比为1.07，涂层2的氧气/丙烷比为7.6（丙烷燃烧最高温度2828℃时氧气/丙烷比为4.3），涂层2的燃流温度应低于丙烷最高燃烧温度。本试验中涂层1的燃烧温度要高于涂层2。图4-48所示分别为粉末和两种涂层的XRD。结果表明，涂层1脱碳更多。氢气、丙烷两种燃料涂层的硬度分别为1141N/mm² 和972N/mm²。HVOF的燃烧温度不仅取决于燃料种类，还取决于氧气/燃料的比率，超音速喷涂涂层的性能主要取决于燃烧温度。

表4-22　氢气、丙烷两种燃料的喷涂参数

涂层分类	涂层1	涂层2
燃料种类	氢气	丙烷
燃料流量/(L/min)	420	55
氧气流量/(L/min)	450	420
送粉量/(g/min)	30	40
喷涂距离/mm	225	300
涂层硬度/(N/mm²)	1141	927

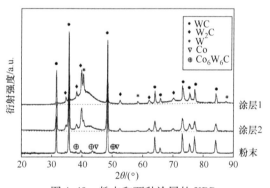

图4-48　粉末和两种涂层的XRD

Siao等人[52]分别使用GTV HVOF K2 煤油喷枪，选择了两种不同尺寸结构的喷嘴，内径11mm，长度150mm圆筒等径喷嘴和入口内径11mm，出口直径14mm，长度150mm的喇叭状喷嘴，分别对 WC-10Co-4Cr 和 Cr_3C_2-25NiCr 粉末进行喷涂，喷涂参数见表4-23。

表4-23　超音速喷涂参数

HVOF 喷涂参数	设定值
煤油流量/(L/h)	25.5 ~ 26.5
氧气流量/(L/min)	850 ~ 950
氮气流量/(L/min)	8 ~ 10
送粉量/(g/min)	80 ~ 100

图 4-49 所示为 WC-10Co-4Cr 涂层组织，圆筒等径喷嘴喷涂涂层中有较多的气孔，涂层硬度为 924 HV0.3。而喇叭状喷嘴喷涂涂层组织致密，硬度为 1240HV0.3。这一结果可能与颗粒在喷涂中的速度有关，喇叭状喷嘴中颗粒的速度高于圆筒等径喷嘴。

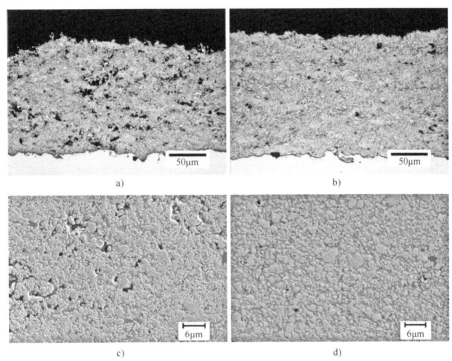

图 4-49 光学和 SEM 涂层组织，HVOF 喷涂 WC-10Co-4Cr 涂层组织
a)、c) 圆筒等径喷嘴 b)、d) 喇叭状喷嘴

4.7 超音速喷涂其他材料

4.7.1 碳化物 TiC 耐磨涂层

TiC 碳化物是介于 WC-Co 和 Cr_3C_2-NiCr 之间的耐磨和耐腐蚀喷涂材料，可以在 700℃以上环境中应用，TiC 不易与 Co 和 Ni 形成非晶和稳定相。Gärtner 等人[53]利用球磨-烧结方法制备了 Ti（C、N）-60Ni、Mo 粉末，形态如图 4-50 所示。并分别使用低压等离子喷涂（VPS）和 DJ2700 乙烯燃料的 HVOF 方法制备了涂层，VPS 和 HVOF 涂层组织分别如图 4-51 所示。两个涂层 TiC 均匀分布在涂层中，VPS 涂层硬度为 1200 HV0.3，高于 HVOF 制备涂层硬度 850 HV0.3，VPS 涂层的耐磨性高于 HVOF 涂层。VPS 涂层的高硬度在于喷涂中等离子温度

高，加上可控气氛使涂层脱碳较少，黏结剂成分与碳化物结合好。涂层的性能与喷涂方法，特别是射流温度和成分有关。

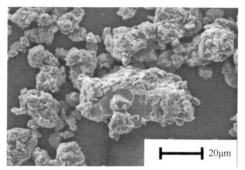

图 4-50　球磨-烧结 20h 的 Ti（C、N）-60Ni、Mo 粉末的形态

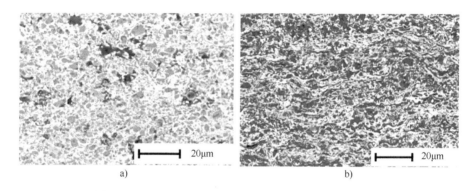

a)　　　　　　　　　　　　　　　　b)

图 4-51　VPS 和 HVOF 喷涂 Ti（C、N）-40Ni、Mo 涂层
a）VPS　b）HVOF

4.7.2　氧化钛耐磨涂层

除金属碳化物外，一些低熔点的氧化物也可用 HVOF 方法制备涂层，如 TiO_2。Vuoristo 等人[54]分别采用 APS 和 DJ 2600 HVOF 喷涂了不饱和氧的 TiO_x 粉末，研究了涂层的相结构和组织。图 4-52 所示分别为氧化钛粉末、HVOF 涂层和 APS 涂层的 XRD。不饱和氧化钛粉末中主要相为 Magnéli 相，结构 Ti_nO_{2n-1}，$n = 8 \sim 10$。喷涂结果显示无论是 APS 涂层还是 HVOF 涂层主要为金红石相和少量的锐钛矿相，不含有粉末中的 Magnéli 相，表明无论是 APS 还是 HVOF 喷涂过程由于粉末熔化-凝固发生了相变化。图 4-53 所示为 APS 喷涂和 HVOF 喷涂组织。APS 涂层和 HVOF 涂层的硬度分别为 895 HV0.3 和 885 HV0.3 几乎相同，但是 HVOF 涂层的耐磨性优于 APS 涂层，这与涂层的致密性有关。

Lima 等人[55]用激光-超声波法（Laser-Ultrasonic）和努氏硬度试验测量了

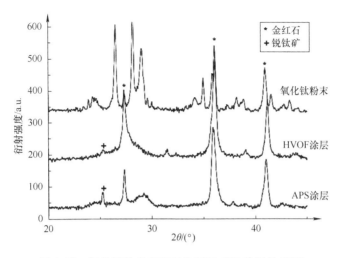

图 4-52　氧化钛粉末 HVOF 涂层和 APS 涂层的 XRD

图 4-53　APS 和 HVOF 喷涂氧化钛粉末涂层
a) APS　b) HVOF

APS 和 HVOF 制备 TiO_2 涂层的弹性模量，HVOF 涂层的弹性模量在 130 ~ 145GPa，略高于 APS 涂层的 110 ~ 120GPa。高弹性模量的涂层，其耐磨性更好。

4.7.3　耐腐蚀金属钛涂层

Deng 等人[56]介绍了使用煤油燃料的 GTV K2 HVOF 喷枪，喷涂多角形状金属钛粉末（见图 4-54）。表 4-24 所列为三种喷涂参数，为了降低燃流温度，防止喷涂中钛粉氧化，Ti-2 和 Ti-3 喷涂参数加入了少量的水。Ti-1 喷涂参数的氧气/燃料比为 840/11。Ti-2 和 Ti-3 喷涂参数的氧气/燃料比为 700/12，并且添加了 10L/min 的水，Ti-1 喷涂参数的温度要高于 Ti-2 和 Ti-3 喷涂参数。图 4-55 所示为三种喷涂参数下的涂层组织，Ti-1 喷涂参数制备的涂层氧化物含量高。

将带有碳钢基体的喷涂试样放入海水中进行腐蚀试验，用以评价涂层的致密性。结果表明，Ti-1 涂层由于氧化物和气孔较高，钢基体发生腐蚀，Ti-2 涂层基体腐蚀很少，减少喷涂距离的 Ti-3 涂层最致密，氧化物含量也低。

图 4-54　多角形状金属钛粉末

表 4-24　三种喷涂参数

类别	燃料/(L/min)	O_2 /(L/min)	喷涂距离 /mm	燃烧室压力 /MPa	水流量 /(L/min)
Ti-1	11	840	180	1.30	0
Ti-2	12	700	180	1.45	10
TI-3	12	700	140	1.45	10

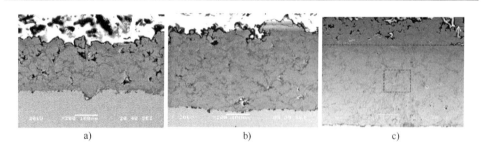

a)　　　　　　　　　　　b)　　　　　　　　　　　c)

图 4-55　三种喷涂参数下的涂层组织

a) Ti-1　b) Ti-2　c) Ti-3

4.7.4　耐高温 $MoSi_2$ 涂层

$MoSi_2$ 是一种耐高温材料，可以在 1500℃ 氧化环境中应用，然而由于 $MoSi_2$ 熔点高，热喷涂涂层中往往气孔率很高，不宜作为保护涂层使用。Wielage 等人[57]使用 DJ 喷枪，喷涂了 $MoSi_2$ 涂层，并在 1500℃ 下对涂层进行氧化试验。图 4-56 所示分别为原始 $MoSi_2$ 涂层和 1500℃ 氧化后涂层的断面组织，高温氧化后涂层表面形成了 SiO_2 的保护膜。

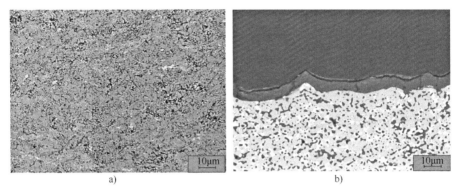

图 4-56　原始 $MoSi_2$ 涂层和 1500℃氧化后涂层的断面组织

a）原始 $MoSi_2$ 涂层　b）1500℃氧化后涂层

4.7.5　铁基非晶涂层

Wang 等人[58]采用 JP5000 超音速喷涂了气体雾化制备的 $Fe_{59}Cr_{12}Nb_5B_{20}Si_4$ 非晶粉末，粉末粒度为 25～45μm 球形粉末，喷涂参数见表 4-25，三种喷涂参数。图 4-57 所示为涂层的 XRD，涂层非晶相大于 40%。图 4-58 所示为三种喷涂条件下制备的涂层，涂层组织致密，涂层硬度为 1230～1285 HV0.3。涂层的热传导系数为 1.99～3.1W/（m·K），远低于铁基合金。需要注意的是这种粉末和涂层大约在 650℃发生结晶。

表 4-25　超音速 JP5000 喷涂铁基非晶的喷涂参数

喷涂参数	H-1	H-2	H-3
煤油流量/（加仑/h）	5.6	6.2	6.8
氧气流量/（ft^3/h）	1800	2000	2200
氮气流量/（ft^3/h）	26	26	26
送粉量/（g/min）	5.0	5.0	5.0
喷涂距离/mm	380	380	380

注：1 加仑（美制）=3.785412L，$1ft^3$ =0.0283168m^3。

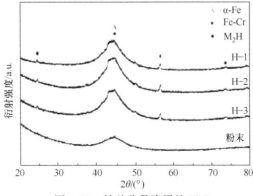

图 4-57　铁基非晶涂层的 XRD

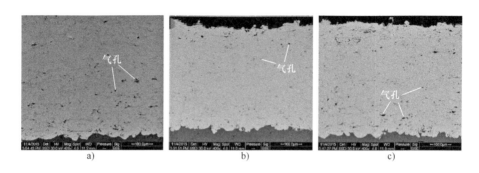

图 4-58　三种喷涂条件下制备的涂层

a）H-1　b）H-2　c）H-3

4.8　利用超音速喷涂方法制备高硬度、高韧性的 WC-Co 涂层

通常热喷涂 WC-Co 涂层的性能远低于相同成分烧结形成的 WC-Co 合金性能。例如烧结合金 WC-Co 的断裂韧性达到 13MPa·m$^{1/2}$，硬度达到 2800HV[59]。这是由于高温烧结过程中 WC 颗粒与黏结剂 Co 高度溶解（溶解度约为 22%），WC 和 Co 的黏结强度达到了最佳状态，而在气体保护环境下烧结 WC-Co 颗粒基本不会脱碳，赋予合金最高的韧性和硬度。烧结合金可以选择颗粒较小的 WC，有利于进一步提高合金的韧性和硬度。超音速热喷涂涂层的断裂韧性通常在 3～5MPa·m$^{1/2}$，硬度在 1000～1400HV，远低于 WC-Co 烧结合金。为什么超音速喷涂 WC-Co 涂层的性能如此低于同成分烧结 WC-Co 合金，其主要原因与涂层的形成过程有关。燃流温度很高的热喷涂方法，如等离子喷涂和 HVOGF 喷涂方法（如 Jet Kote）会导致粉体 WC 脱碳，降低涂层的断裂韧性，因为 W$_2$C 的断裂韧性低于 WC。而且等离子喷涂还会导致涂层的致密性降低。为了防止脱碳不得已选择颗粒较大的 WC 与 Co 组合，也会降低涂层的性能。燃流温度较低的 HVO/AF、HVAF 等喷涂方法，在喷涂相同粒度的 WC 时，能明显降低 WC 的脱碳，但是由于燃流温度低，也会导致黏结剂 Co 的熔化不足，从而降低黏结剂的效果。热喷涂涂层的形成是以粉末颗粒为单位的凝固和堆积，也会影响整体涂层的性能。根据烧结 WC-Co 合金的制备特征，热喷涂制备高性能的 WC-Co 涂层，一方面要选择粒度较小的 WC，并保证喷涂过程少脱碳。另一方面喷涂过程需要一定的温度，使黏结剂 Co 适当熔化并与 WC 结合，故在热喷涂过程中兼备两者是矛盾的。

现代的超音速喷涂制备 WC-Co 涂层更重视低燃流温度和高燃流速度，同时降低粉末的粒度。低燃流温度可以抑制 WC 的脱碳，这样可以选择更小颗粒的 WC 和 WC-Co 粉体，从而使涂层组织更加致密。超音速喷枪射流的温度是由燃料和助燃剂的种类、流量和燃料/助燃剂的比率所决定的。喷枪的结构对超音速燃流速度也有很大影响，特别是燃烧室和喷枪喷管的长度对粉体的加热有很大影响。商用超音速喷枪按射流温度从高到低的顺序为：气体燃料的 Jet Kote、Top Gun，以及 DJ 系列喷枪（虽然 DJ 也使用气体燃料，但是空气的加入降低了射流温度）；其次为煤油燃料的 JP5000 和 GTV K2 HVOF；然后为气体燃料的 Unique Coat M2、M3 HVAF 及天然气燃料的 HVO/AF 喷枪。根据以上介绍的研究结果，HVAF 喷枪制备涂层的致密性和硬度要优于 HVOF 喷枪，但是 HVOF 喷枪的沉积效率更高。选用超音速喷枪固然重要，对应的粉末材料也非常重要。热喷涂过程中基本不会使粉末完全熔化，仅仅是粉末颗粒表面部分熔化，芯部未熔化部分将直接镶嵌在涂层中，因此粉体的韧性、硬度会直接影响涂层的性能。选择细小的粉体有利于形成致密、高硬度的涂层。WC-Co 粉末制备的方法有很多，如铸造-破碎、烧结-破碎和团聚-烧结法等。铸造-破碎 WC-Co 粉末硬度高，颗粒内部致密，但是 HVAF 方法很难喷涂这类粉末。烧结-破碎 WC-Co 粉末的致密性其次，HVOF 和 HVAF 可喷涂此类粉末。团聚-烧结 WC-Co 粉体的流动性好，致密性不如前两者，适合较低温度的 HVO/AF、HVAF 喷涂。

Zhang 等人[60] 降低 GTV K2 HVOF 喷枪的氧气和燃料流量，使喷枪燃烧温度降低（命名为 LT-HVOF），喷涂了粒度 5～15μm 细小的 WC-10Co4Cr 粉末，喷涂参数见表 4-26，研究了喷涂距离对涂层硬度的影响。

表 4-26　LT-HVOF 喷涂 WC-10Co4Cr 粉末的喷涂参数

喷涂参数	粉体颗粒 /μm	氧气流量 /(L/min)	燃料流量 /(L/h)	燃烧室压力 /MPa	喷涂距离 /mm
LT-HVOF	5～15	780	13	1.54	100～300
HVOF	10～38	900	26	0.84	380

图 4-59 所示为低温 LT-HVOF 喷涂涂层的硬度与喷涂距离的关系。涂层硬度随喷涂距离增加而减少，从喷涂距离 100mm 的硬度 1500HV0.3，降低到喷涂距离 310mm 的硬度 930HV0.3。涂层的硬度与涂层的致密性有关，致密组织涂层的硬度高，通常这种涂层的 HVOF 喷涂硬度在 1050～1300HV0.3。

表 4-27 所列为喷涂距离与涂层断裂韧性的关系，虽然短的喷涂距离获得了高硬度涂层，但是涂层的断裂韧性很低。另外，LT-HVOF 制备涂层的断裂韧性低于正常的 HVOF 制备的涂层。

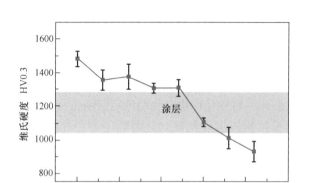

图 4-59　低温 LT-HVOF 喷涂涂层的硬度与喷涂距离的关系

表 4-27　喷涂距离与涂层断裂韧性的关系

喷涂距离/mm	LT-HVOF130	LT-HVOF220	LT-HVOF280	LT-HVOF310	HVOF
涂层断裂韧性/MPa·m$^{1/2}$	0.60	3.58	5.81	5.60	6.42

HVOF 喷涂距离对涂层性能的影响：

有文献[61]研究了喷涂距离 340mm、360mm、380mm 下，K2 GTV-HVOH 喷涂 NiCrAl 涂层的硬度、致密性和结合强度等。试验结果表明，喷涂距离对涂层性能有很大影响。360mm 喷涂距离下，涂层的沉积效率、致密度、硬度、结合强度等指标均高于 340mm 和 380mm 喷涂距离下的涂层指标。

参 考 文 献

[1] PELTON J. Flame plating using detonation reactants：US2972550A［P］. 1961-02-21.

[2] BROWNING J A. Highly concentrated supersonic liquefied material flame spray method and appa-ratus US04416421A［P］. 1983-11-22.

[3] BROWNING J A. Hypervelocity impact fusion a technical note［J］. Journal of Thermal Spray Technology, 1992, 1（4）：289-292.

[4] LINDE. Acetylene there is no better fuel gas for Oxyfuel gas processes［M］. Munich：Linde AG, Head Office, 1, 80331.

[5] KRÖMMER W, HEINRICH P. Selective impact of industrial gases on the thermal spray process ［C］//Processings of the International Thermal Spray Conference. Singapore：ASM International Thermal Spray SocietyTSS, 2010.

[6] FEITOSA F R P, GOMES R M, SILVA M M R. Effect of oxygen/fuel ration on the microstruc-ture and properties of HVOF-sprayed Al$_{59}$Cu$_{25.5}$Fe$_{12.5}$B$_3$ quasicrystalline coatings［J］. Surface and Coatings Technology, 2018, 353：171-178.

[7] LEGOUX J G, ARSENAULT B, MOREAU C, et al. Evaluation of four high velocity thermal spray

guns using WC-10% Co-4% Cr cermets [J]. Journal of Thermal Spray Technology, 2002, 11: 86-94.

[8] IVOSEVIC M, CAIRNCROSS R A, KNIGHT R. 3D predictions of thermally sprayed polymer splats: Modeling particle acceleration, heating and deformation on impact with a flat substrate [J]. International Journal of Heat and Mass Transfer, 2006, 49: 3285-3297.

[9] THORPE M L, RICHTER H J. A pragmatic analysis and comparison of HVOF processes [J]. Journal of Thermal Spray Technology, 1992, 1 (2): 161-170.

[10] SAKAKI K, SHIMIZU Y, SAITO N. Factors of blocking phenomenon on the internal surface of jet kote gun nozzle [C] //Thermal spraying, Conference proceedings. Cobe: ASM International Thermal Spray Society, 1995.

[11] 清水保雄, HVOF 溶射粒子熔融举动 [J], 溶射技术, 1995, 16: 18-22.

[12] KREYE H, KIRSTEN A, GÄRTNER F, et al. High velocity combustion wire spraying—systems and coatings [C] //Proceedings from the International Thermal Spray Conference. Singapore: ASM International Thermal Spray Society, 2001.

[13] WANG Q, XIANG J, CHEN G, et al. Propylene flow, microstructure and performance of WC-12Co coatings using a gas-fuel HVOF spray process [J]. Journal of Materials Processing Technology, 2013, 213: 1653-1660.

[14] LUGSCHEIDER E, HERBST C, ZHAO L. Parameter studies on high-velocity oxy-fuel spraying of MCrAlY coatings [J]. Surface andCoatings Technology, 1998, 3: 16-23.

[15] W. Rusch. Comparison of operating characteristics for gas and liquid fuel HVOF torches [C] //International Thermal Spray Conference. Beijing: ASM International Thermal Spray Society, 2007.

[16] DOLATABADI A, MOSTAGHIMI J, PERSHIN V. Effect of a cylindrical shroud on particle conditions in high velocity oxy-fuel spray process [J]. Science and Technology of Advanced Materials, 2002, 3 (3): 245-255.

[17] LI M, CHRISTOFIDES P D. Modeling and control of high-velocity oxygen-fuel (HVOF) thermal spray: a tutorial review [J]. Journal of Thermal Spray Technology, 2009, 18 (5-6): 753-768.

[18] LI M, CHRISTOFIDES P D. Computational study of particle in-flight behavior in the HVOF thermal spray process [J]. Chemical Engineering Science, 2006, 61: 6540-6552.

[19] LIMA C R C, CAMARGO F. Evaluation of HVOF coatings for wear applications [C] //MOREAU C, MARPLE B. Thermal Spray 2003: Aduancing the Science & Applying the Technology. Ohio: ASM International-Thermal Spray Society, 2003.

[20] ISOYAMA K, YUMOTO H. Key factors for dense copper coating by HVOF spraying [C] //MOREAU C, MARPLE B. Thermal Spray 2003: Aduancing the Science & Applying the Technology. Ohio: ASM International-Thermal Spray Society, 2003.

[21] TOTEMEIER T C. WRIGHT R N, SWANK W D. FeAl and Mo-Si-B intermetallic coatings prepared by thermal spraying [J]. Intermetallics, 2004, 12 (12): 1335-1344.

[22] TILLMANN W, VOGLI E, HUSSONG B, et al. Relations between in flight particle character-istics and coating properties by HVOF-spraying [C]. Ohio: ASM International Thermal Spray Society, 2010.

[23] KATANODA H, KURODA S, KAWAKITA J, et al. A study of gas and particle flow character-istics in HVOF thermal spraying process [C] //International Spray Conference. Osaka: ASM International Thermal Spray Society, 2004.

[24] MARPLE B R, LIMA R S. Process temperature-hardness-wear relationships for HVOF-sprayed nanostructured and conventional cermet coatings [C]. Ohio: ASM, International Thermal Spray Society 2003.

[25] SHIPWAY P H, MCCARTNEY D C, SUDAPRASERT T, et al. HVOF spraying of WC-Co coatings with liquid-fuelled and gas-fuelled systems Competing mechanisms of structural degra-dation [C] //International Spray Conference. Basel: ASM International Thermal Spray Society, 2005.

[26] GLASSMAN I, COMBUSTION. Academic [M]. 4th. New York: Science Direct, 2014.

[27] BROWNING J A. Method and apparatus for impacting at high velocity against a surface to be treated: US 2990653 [P]. 1961-07-04.

[28] BROWNING J. Abrasive blast and flame spray system with particle entry into accelerating stream at quiescent zone thereof : US 4604306A [P]. 1986-08-05.

[29] GORLACH I A. Low cost HVAF for thermal spraying of WC-Co [C] //Internation Thermal Spray Conference. Las Vegas: ASM International Thermal Spray Society, 2009.

[30] VERSTAK A, KUSINSKI G. High velocity air-fuel spraying and its applications in oil and gas industry [C] //International Thermal Spray Conference. Texas: ASM International Thermal Spray Society, 2012.

[31] JACOBS L, HYLAND M M, BONTE M D. Comparative study of WC-cermet coatings sprayed via the HVOF and the HVAF process [J]. Journal of Thermal Spray Technology, 1998, 7 (2): 213-218.

[32] BOBZIN K, KOPP N, WARDA T, et al. Investigation and characterization of HVAF WC-Co-Cr coatings and comparison to galvanic hard chrome coatings [C] //International Thermal Spray Conference. Pusan: ASM International Thermal Spray Society, 2013.

[33] WANG H G, ZHA B L, SU X J. High velocity oxygen/air fuel spray [C] //International Thermal Spray Conference. Ohio: ASM International Thermal Spray Society, 2003.

[34] WANG Q, ZHANG S, CHENG Y, et al. Wear and corrosion performance of WC-10Co4Cr coatings deposited by different HVOF and HVAF spraying processes [J]. Surface & Coatings Technology, 2013, 218: 127-136.

[35] VERSTAK A, BARANOVSKI V, Ashland. Deposition of carbides by activated combustion HVAF spraying [C] //International Thermal Spray Conference. Osaka: ASM International Thermal Spray Society, 2004.

[36] MORISHITA T, OSAWA S, ITSUKAICHI T. HVOF ceramic coatings [C] //International

Thermal Spray Conference. Osaka: ASM International Thermal Spray Society, 2004.

[37] KAWAKITA J, KURODA S, FUKUSHIMA T, et al. Dense titanium coatings by modified HVOF spraying [J]. Surface & Coatings Technology, 2006, 201 (3-4): 1250-1255.

[38] KAWAKITA J, KATANODA H, WATANABE M, et al. Warm Spraying: An improved spray process to deposit novel coatings [J]. Surface & Coatings Technology, 2008, 202 (18): 4369-4373.

[39] SATO K, KITAMURA J, RAMAN G, ct al. Correlation of wear resistant functions of HVOF and warm sprayed WC-Co coatings with in-flight particle characteristics [C] //International Thermal Spray Conference. Singapore: ASM International Thermal Spray Society, 2010.

[40] WANK A, SCHWENK A, LIU M, et al. Expansion of the applicable range of HVOF process conditions [C] //International Thermal Spray Conference. Singapore: ASM International Thermal Spray Society, 2010.

[41] WATANABE M, BRAUNS C, KOMATSU M, et al. Klassen. Effect of nitrogen flow rate on mechanical properties of metallic coatings by warm spray deposition [J]. Surface and Coatings Technology, 2013, 232: 587-599.

[42] SUN B, FUKANUMA H. Study on stainless steel 316L coatings sprayed by high pressure HVOF [C] //International Thermal Spray Conference. Hamburg: ASM International Thermal Spray Society, 2011.

[43] CHIVAVIBUL P, WATANABE M, KURODA S, et al. Effects of particle strength of feedstock powders on properties of warm-sprayed WC-Co coatings [J]. Journal of Thermal Spray Technology, 2011, 20 (5): 1098-1109.

[44] DHIMAN R, FARHADI F, PERSHIN L, et al. Development of a low temperature, oxy-fuel (LTOF) thermal spray gun [C] //International Thermal Spray Conference. Singapore: ASM International Thermal Spray Society, 2010.

[45] PARCO M, FAGOAGA I, BARYKIN G, et al. High velocity spray deposition of WC cermets by an air-oxygen controlled combustion process [C] //International Thermal Spray Conference. Shanghai: ASM International Thermal Spray Society, 2016.

[46] PARCO M, FAGOAGA I, BARYKIN G, et al. Understanding the influence of micro- and submicro structural features on the mechanical properties of HVO/AF sprayed WC-CoCr cermets [C] //International Thermal Spray Conference. Düsseldorf: ASM International Thermal Spray Society, 2017.

[47] WANG H, SONG X, WANG X, et al. Fabrication of nanostructured WC-Co coating with low decarburization [J]. International. Journal of Refractory Metals and Hard Materials, 2015, 53: 92-97.

[48] BOLELLI G, BERGER L M, BÖRNER T, et al. Tribology of HVOF- and HVAF sprayed WC-10Co4Cr hardmetal coatings: A comparative assessment [J]. Surface & Coatings Technology, 2015, 265: 125-144.

[49] REIGNIER C, STURGEON A, LEE D, et al. HVOF sprayed WC-Co-Cr as a generic coating

type for replacement of hard chrome plating［C］//International Thermal Spray Conference. Essen：ASM International Spray Society，2002.

［50］STEWART D A，SHIPWAY P H，MCCARTNEY D G. Microstructure evolution thermally sprayed WC- Co coatings：Comparison between nano- composite and conventional starting powders［J］. Acta Materialla. ，2000，48（7）：1593-1604.

［51］VERDON C，KARIMI A，MARTIN J L. A study of high velocity oxy- fuel thermally sprayed tungsten carbide based coatings. Part 1：Microstructures［J］. Materials Science and Engineering A，1998，246：11-24.

［52］ANG A S M，HOWSE H，WADE S A，et al. Development of processing windows for HVOF carbide- based coatings［J］. Journal of Thermal Spray Technology，2016，25：28-35.

［53］GÄRTNER F，BORCHERS C，KREYE H，et al. Microstructures and properties of nanocrystalline composite coatings［C］//International Thermal Spray Conference. Essen：ASM International Thermal Spray Society，2002.

［54］VUORISTO P，MÄÄTTÄ A，MÄNTYLÄ T，et al. Properties of ceramic coatings prepared by HVOF and plasma spraying of titanium suboxide powders［C］//International Thermal Spray Conference. Essen：ASM International Thermal Spray Society，2002.

［55］LIMA R S，KRUGER S E，LAMOUCHE G，et al. Elastic modulus measurements via laser- ultrasonic and knoop indentation techniques［J］. Journal of Thermal Spray Technology，2005，14（1）：52-60.

［56］DENG C M，DENG C G，LIU M，et al. Corrosion of Ti coating prepared by modified HVOF process［C］//International Thermal Spray Conference. Singapore：ASM International Thermal Spray Society，2010.

［57］WIELAGE B，REISEL G，WANK A，et al. Oxidation behaviour of molybdenum disilicide coatings at 1500℃［C］//International Thermal Spray Conference. Osaka：ASM Inter- national Thermal Spray Society，2004.

［58］WANG L，ZHOU Z，YAO H H，Y. M. et al. Microstructure and thermal conductivity of Fe- based amorphous coatings prepared by HVOF thermal spraying［C］//International Thermal Spray Conference. Shang hai：ASM International Thermal Spray Society，2016.

［59］KIM H C，SHON I J，YOON J K et al. Comparison of sintering behavior and mechanical properties between WC- 8Co and WC- 8Ni hard materials produced by high- frequency induction heating sintering［J］. Metals & Materials 2006，12（2）：141-146.

［60］ZHANG J F，DENG C M，LIU M，et al. Microstructure and fundamental properties of low temperature HVOF sprayed WC- 10Co4Cr coatings［C］. Proceedings of the International Thermal Spray Conference. Barcelona：DVS- German Welding Society，2014.

［61］X L LU，X J Ji，W A HOU，et al. Influence of HVOF spray process on performances of NiCrAl coatings［C］//International Thermal Spray Conference. Shanghai：ASM International Thermal Spray Society，2016.

第 5 章

冷喷涂技术

5.1 引言

前面几章介绍了等离子喷涂、爆炸喷涂和火焰超音速喷涂，这些喷涂方法称为热喷涂，其特征是热源的温度高于喷涂材料的熔点，喷涂过程中粉末颗粒在热源中被加热到熔化或部分熔化状态，并在射流推动下高速飞行与零件基体碰撞，在零件基体表面快速铺展、凝固形成涂层，即涂层的形成过程经历了粉末颗粒的熔化和凝固。冷喷涂（Cold Spray）是 20 世纪 80 年代由俄罗斯科学院西伯利亚分院理论与应用力学研究所发展起来的技术[1,2]。自 Alkhimov 团队发表冷喷涂论文以来，引起各国广泛重视[3,4]。相对于热喷涂需要把粉体材料加热到熔化，经凝固形成涂层，冷喷涂是利用高温、高压气体将粉末颗粒加热，通过拉瓦尔喷嘴进一步加速产生高温、超音速气流，使粉体颗粒加热到适当的固相温度和速度（称为临界温度和速度），利用粉体材料颗粒撞击零件基体时产生的塑性变形和能量转换形成涂层。因此冷喷涂材料通常只限于有塑性变形的金属材料，即有明显屈服强度的材料，如金属（Zn、Ag、Cu、Al、Ti、Nb、Mo 等）或以金属材料为黏结剂的复合材料（如 WC-Co 等）、合金（Ni-Cr、Cu-Al、Ni 合金、MCrAlYs 等）。而对没有塑性变形的氧化物陶瓷或金属间化合物很难用冷喷涂方法制备涂层，但是近年来也有一些关于冷喷涂金属间化合物和纳米氧化物的报道[4]。另外，Van Steenkiste 等人[5,6]使用加热的高压空气（2MPa，18g/s）代替冷喷涂常用的氮气和氦气，并采用高压送粉器将粉末送到工作气体中，作者把这种冷喷涂称为动能喷涂（Kinetic Spray）。

5.2 冷喷涂设备

5.2.1 设备构成

冷喷涂设备包括形成超音速气流的拉瓦尔喷枪、喷涂气体加热装置（一般由电加热铜管或不锈钢管构成，喷涂气体在加热管内被加热）、高压送粉器、气体流量控制装置等构成。冷喷涂喷枪不像热喷涂喷枪（如等离子喷枪或超音速喷枪）能够产生加热功能，冷喷涂喷枪只是一个较小内径的拉瓦尔喷管。高温、高压气体经拉瓦尔喷嘴后形成 $500 \sim 1200 \mathrm{m/s}$ 的超音速射流，携带粉末进入拉瓦尔喷管入口的高温气流中，粉体被迅速加速和加热。冷喷涂最常用的工作气体是氮气、空气和氦气，通常气体压力在 $2 \sim 5 \mathrm{MPa}$，工作气体流量较高，通常超过 $4 \mathrm{m^3/min}$（一般的高压气瓶储存 $5\mathrm{m^3}$ 气体，只能工作约 $1 \mathrm{min}$）。当使用高成本的氦气作为工作气体时，最好具备气体回收装置。气体加热装置可使冷喷涂气体获得高温，一般为 $600 \sim 800 ℃$，这一高温气体对喷涂粉末进行加热，可降低粉末材料的屈服强度。当被加热粉末在超音速射流携带下撞击零件基体表面时发生塑性变形，形成涂层。图 5-1 所示为典型的冷喷涂设备的组成[7]。拉瓦尔喷管一般不需要冷却，但是由于高温气体和粉末颗粒在管内的摩擦，喷管往往会被加热到很高的温度。

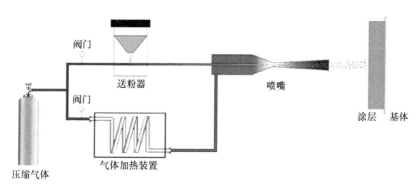

图 5-1　典型的冷喷涂设备的组成

5.2.2　拉瓦尔喷嘴的设计

冷喷涂设备中拉瓦尔喷嘴起着加速气体的作用，喷嘴的几何尺寸影响着冷喷涂颗粒速度，而颗粒速度又影响着涂层的沉积效率、涂层组织、致密性和结合强度等性能。Huang 和 Fukanuma[8] 以氮气为工作气体，在 $3\mathrm{MPa}$ 压力下，假定气体温度为 $1000℃$，模拟喷涂 $20\mu\mathrm{m}$ 金属铜粉末颗粒，利用 FLUENT CFD 编码分别计算了喷嘴最小面积处（喉部）到喇叭形喷嘴出口长度（简称喇叭喷嘴长度，L）和喷嘴出口直径（Φ）对喷涂颗粒速度的影响。图 5-2 所示为不同喇叭喷嘴长度和出口直径与喷涂 $20\mu\mathrm{m}$ 金属铜的颗粒速度的关系。可以看到，喷嘴出口尺寸一定时，在喷嘴长度 $100 \sim 200\mathrm{mm}$ 范围内，铜颗粒的速度随喷嘴长度而增加，超过一定长度后颗粒速度下降。喷嘴出口直径一定时，存在最佳的喷嘴长度。同样长度的喷嘴，喷嘴出口直径尺寸越大，铜颗粒出口速度越高。

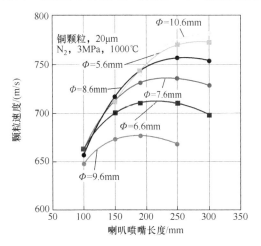

图 5-2　喇叭喷嘴长度 L，出口直径对颗粒速度的影响

图 5-3 所示为喇叭喷嘴长度为 L = 190mm，改变喷管出口直径，计算和测量得到喷嘴出口 30mm 处 20μm 铜颗粒的速度，颗粒速度随出口直径而增加，直径大于 9mm 后，颗粒速度开始下降。

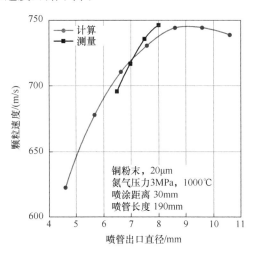

图 5-3　喷管出口直径对颗粒速度的影响

分别选择不同长度 L（mm）和出口直径 Φ（mm）的三种喷嘴：L183-Φ6.6、L300-Φ11 和 L300-Φ12.5，氮气为工作气体，压力 3MPa 和 5MPa，加热温度 800℃，喷涂气体雾化金属钛。图 5-4 所示为三种喷嘴下，喷嘴出口 30mm 处颗粒平均速度。长喷嘴和较大出口直径，有利于颗粒的加速。图 5-5 所示分别

为使用 $L183$-$\Phi6.6$ 和 $L300$-$\Phi12.5$ 喷嘴获得的金属钛涂层[8]，使用 $L300$-$\Phi12.5$ 喷嘴，涂层组织致密，可见涂层的致密性与颗粒速度有关。

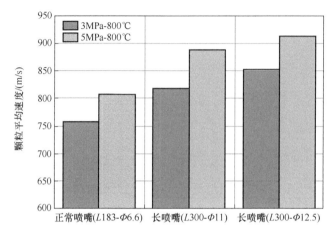

图 5-4　喷嘴尺寸对金属钛颗粒速度的影响

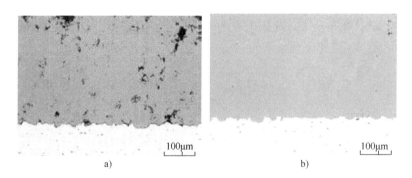

图 5-5　冷喷涂金属钛涂层

a）$L183$-$\Phi6.6$　b）$L300$-$\Phi12.5$

5.3　涂层形成的临界速度和温度

冷喷涂形成涂层需要一定的条件，即被喷涂粉末一定要有塑性变形（有屈服强度），并且需要将粉末颗粒加热到适当的温度和临界速度。对于有塑性变形的材料，如纯金属或合金材料，随着温度的升高，材料的屈服强度会降低。图 5-6所示为低碳钢的屈服强度与温度和应变速率的关系[9]。从图 5-6 可知，随着温度的提高，钢材的屈服强度下降，如室温下低碳钢的屈服强度大约为 700MPa，而加热到 700℃时，应变速率为 $10^{-2}/s$，其屈服强度下降到 110MPa，

应变速率为 $3 \times 10^{-1}/s$，屈服强度为 150MPa。由此可见，屈服强度不仅与温度有关，还与应变速率有关，屈服强度随应变速率而增加，屈服强度增加意味着塑性变形困难。

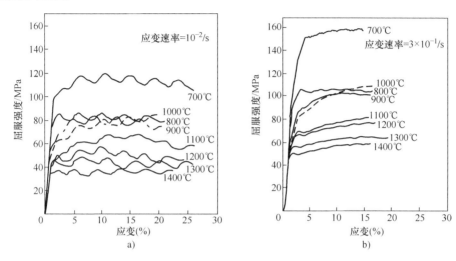

图 5-6 低碳钢的屈服强度与强度和应变速率的关系
a) 应变速率为 $10^{-2}/s$ b) 应变速率为 $3 \times 10^{-1}/s$

金属颗粒撞击零件基体的变形量与颗粒的温度和速度有关，金属颗粒的塑性变形是冷喷涂形成涂层的必要条件。提高金属粉末颗粒的温度，可以降低塑性变形的强度，有利于形成涂层。另外，从图 5-6 可知，变形速度高会提高材料的屈服强度，这意味着当金属颗粒以过高的速度撞击基体时，可能由于需要的塑性变形强度过高，反而不易发生塑性变形，故难以形成涂层。在粉末颗粒变形能够形成涂层基础上，提高撞击速度可以提高涂层的致密性。因此，对于冷喷涂来讲，形成涂层需要将粉末加热到一定的温度和临界速度。临界速度与喷涂材料和粉末的颗粒尺寸有关，通常在 500 ~ 900m/s。粉末颗粒尺寸一般在 10 ~ 50μm。冷喷涂的沉积效率与喷涂材料相关，可达 70% ~ 90%。喷涂量通常在 3 ~ 5kg/h。

图 5-7 定性地描述了冷喷涂形成涂层的必要临界速度和温度[10,11]，根据这个图，颗粒速度 v_i 被分为四个区间。当粉体颗粒速度高于最上面的虚线时，不仅不会形成涂层，还会对零件基体产生强烈地磨损，这相当于过高的颗粒速度增加了颗粒变形的屈服强度，粉末颗粒不能产生足够的塑性变形，故不能形成涂层。当粉末颗粒速度低于虚线，高于颗粒对基体侵蚀的速度 v_e 处于"无沉积"区间，也不能形成涂层，这一区域温度往往较低。图中横轴代表颗粒撞击基体时的温度，当粉末颗粒温度较低时，粉末颗粒变形困难，也难以形成涂层。当粉末颗粒处于"较强的冲击，无沉积"区间，此时由于粉末颗粒速度低没有达到必

要的临界速度 v_c，撞击力很小，也不能形成涂层。只有当颗粒的温度和速度处于适当的区间"最优的条件"时，冷喷涂才能形成涂层。提高粉末颗粒的温度会降低形成涂层的临界速度。图 5-8 所示为颗粒尺寸与临界速度的关系[10]。粉末颗粒尺寸太小，不易被加速到临界速度，不适合冷喷涂。反之颗粒尺寸太大，虽然可能形成涂层，但是气孔率会增加，沉积效率也会降低。只有适当粉末颗粒的尺寸（$45\mu\mathrm{m}\pm10\mu\mathrm{m}$）才能获得适合的临界速度。冷喷涂的结合强度取决于颗粒撞击基体的变形，而变形与颗粒速度有关，颗粒速度又与颗粒尺寸、气体压力和温度有关。除颗粒本身外，基体材料对冷喷涂最初的沉积也有影响。

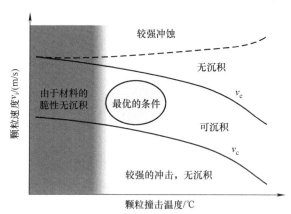

图 5-7　冷喷涂形成涂层的必要临界速度和温度

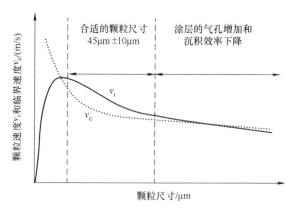

图 5-8　颗粒尺寸与临界速度的关系

Dykhuizen 等人[12]计算了一维状态下，气体等熵膨胀拉瓦尔喷嘴出口的速度：

$$v_\mathrm{g} = M\sqrt{T\gamma R/M_\mathrm{g}} \tag{5.1}$$

式中，v_g 为气体速度；M 为马赫数；R 为气体常数；γ 为比热比（c_p/c_v）；M_g 为气体的摩尔质量；T 为局部温度，与初始温度 T_0 的关系为

$$T_0 - T = 1 + (\gamma - 1)/2 \qquad (5.2)$$

对于单原子气体，$\gamma = 1.66$；对于双原子气体，$\gamma = 1.4$。式（5.1）很好地描述了氦气和氮气在喷嘴出口的速度。氮气的 R/M_g 为 296.78J/（kg·K），氦气的 R/M_g 为 2007.15J/（kg·K），可见在同样温度下氦气的速度要高于氮气。

图 5-9 和图 5-10 所示为计算得到的空气冷喷涂金属铜在气体温度 800K，压力 2MPa 下，喷涂距离与速度和温度的关系[13]。粉体颗粒尺寸越小，获得的速度越高（见图 5-9）。但是颗粒温度分布与速度不同，颗粒尺寸 20μm 获得的温度最高，其次为 50μm 和 10μm。考虑速度和温度，最佳的颗粒尺寸应为 10～50μm。

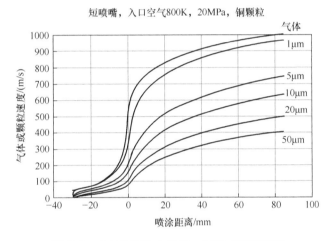

图 5-9 空气冷喷涂金属铜，气体或颗粒速度

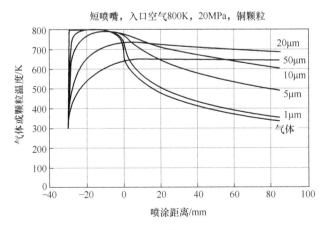

图 5-10 空气冷喷涂金属铜，气体或颗粒温度

Voyer 等人[14]采用一维模型计算了氮气冷喷涂金属 Cu，颗粒尺寸为 15μm，工作气体压力为 2.5MPa，气体温度对喷嘴出口 Cu 颗粒温度和速度的影响，如图 5-11 所示。当气体温度由 273K 升到 773K 时，粉末颗粒温度则由 200K 升到 440K，速度由 520m/s 升到 660m/s。由此可见，改变喷涂气体的温度对颗粒温度影响大，而对颗粒速度影响小。

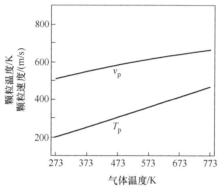

图 5-11　气体温度对喷嘴出口 Cu 颗粒温度和速度的影响

冷喷涂形成涂层的临界速度与粉末材料有关，喷涂金属铝的临界速度约为 620m/s，而喷涂气体雾化球形铜的临界速度为 570m/s。Assadi 和 Gärtner 等人[15,16]根据经验，归纳了冷喷涂形成涂层的临界速度公式：

$$v_{\mathrm{c}} = 667 - 14\rho + 0.08T_{\mathrm{m}} + 0.1\sigma_{\mathrm{u}} - 0.4T_{\mathrm{i}} \tag{5.3}$$

式中，ρ 为材料的密度（g/cm³）；T_{m} 为材料的熔点温度（℃）；σ_{u} 为材料的断裂强度（MPa）；T_{i} 为颗粒的温度（℃）。图 5-12 所示为根据式（5.3）计算得到的冷喷涂一些材料获得涂层的临界速度[15]。

式（5.3）没有考虑粉体颗粒尺寸变化的影响，临界速度不仅与喷涂材料有关，还与粉末密度、颗粒尺寸和颗粒撞击温度有关。

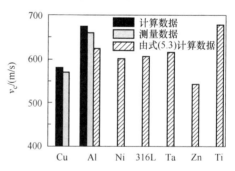

图 5-12　计算得到的冷喷涂一些材料的临界速度（颗粒尺寸为 25μm）

Schmidt 等人[10]考虑了颗粒尺寸的影响，进一步推导了冷喷涂临界速度公式，并计算了冷喷涂一些材料的最小尺寸，如图 5-13 所示。颗粒 25μm，冷喷涂一些材料的临界速度如图 5-14 所示。

$$v_{\mathrm{crit}}^{\mathrm{th,mech}} = \sqrt{\dfrac{4F_1\sigma_{\mathrm{u}}\left(1 - \dfrac{T_{\mathrm{i}} - T_{\mathrm{R}}}{T_{\mathrm{m}} - T_{\mathrm{R}}}\right)}{\rho} + F_2 c_{\mathrm{p}}\left(T_{\mathrm{m}} - T_{\mathrm{i}}\right)} \tag{5.4}$$

式中，F_1、F_2 为基于材料性能与试验确定的力；T_R 为材料软化温度；c_p 为材料比热容；σ_u 为材料的断裂强度。

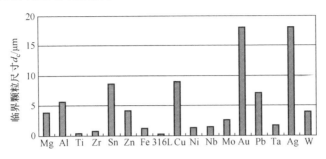

图 5-13 冷喷涂一些材料的最小尺寸

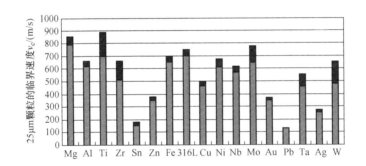

图 5-14 颗粒 25μm，冷喷涂一些材料的临界速度

注：图中柱状图下半截浅色代表平均值，顶部深色为误差变动值。

图 5-15 所示为使用式（5.3）和式（5.4）计算得到的临界速度值和试验测量临界速度的比较。式（5.4）计算得结果更接近试验结果，特别是金属锡和钛。

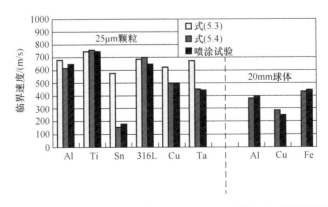

图 5-15 使用式（5.3）和式（5.4）计算得到的临界速度值和试验测量临界速度的比较

5.4 气体种类对粉体颗粒的速度和温度的影响

冷喷涂最常用的气体为空气、氮气和氦气，表 5-1 所列为这三种气体的比热比 γ 及气体常数 R_s。在常温常压下，氦气的气体常数为 2077J/（kg·K），远高于氮的 297J/（kg·K）和空气的 287J/（kg·K）。气体常数在数值上相当于质量为 1kg 的理想气体在可逆定压加热过程中温度每升高 1K 时对外所做的膨胀功。因此使用氦气作为冷喷涂工作气体，可获得很高的速度。

表 5-1 空气、氮气和氦气的比热比 γ 及气体常数 R_s[17]

参数	空气	氮气	氦气
γ	1.4	1.4	1.66
R_s/[J/（kg·K）]	287	297	2077

图 5-16 所示为氮气冷喷涂铜，在初始压力为 1.4MPa 时，改变气体温度对颗粒速度和温度的影响，气体温度越高，粉末颗粒的温度也越高，但是气体温度的提高，对颗粒速度贡献较小。图 5-17 所示为氦气喷涂气体，在初始压力为 0.6MPa 时，气体温度对颗粒速度和温度的影响[18]。从这两个图可以看出，颗粒的速度和温度，随着气体温度的提高而增加。尽管氦气的压力低于氮气，但是粉末颗粒速度却大于压力较高的氮气，这是由于与氮气相比，氦气比热值较高且相对分子质量低。在同样气体温度和压力条件下，使用氦气可使粉末颗粒获得更高的速度。从这两个图可以看出，气体种类对颗粒温度影响较小。由于加速粉末速度高，故氦气被认为是最好的冷喷涂气体。

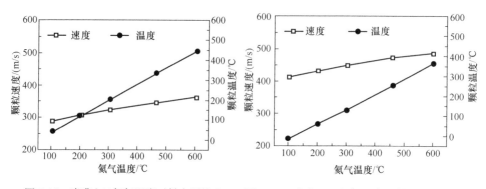

图 5-16 喷嘴入口氮气温度对粉末颗粒速度和温度的影响　　　图 5-17 喷嘴入口氦气温度对粉末颗粒速度和温度的影响

第 5 章　冷喷涂技术　167

5.5　适合冷喷涂的材料

影响冷喷涂涂层组织（主要是致密性）的主要因素有喷涂材料自身的屈服强度、粉末颗粒尺寸、喷涂气体种类和温度、颗粒的温度和速度及零件基体材料的硬度。材料屈服强度与材料本身的熔点有关，低熔点材料的屈服强度值也低，冷喷涂这样的材料容易获得致密的涂层组织，如冷喷涂金属铝、锌、铜等材料。Vlcek 等人[19]根据金属材料的晶格关系研究了适合冷喷涂的材料。冷喷涂的本质是材料的塑性变形，而材料的塑性变形与其晶格结构有关。面心立方（fcc）晶体具有大量的滑动面，有良好的变形能力，这类金属有 Al、Cu、Ag、Au、Pt、Ni 和 γ-Fe。密排六方（hcp）晶格的滑动面数量大大减少，故变形能力较差，这类金属有 Cd、Zn、Co、Mg 和 Ti。体心立方（bcc，也称过渡态）晶格是三种结构中变形能力最低的，这类金属有 W、Ta、Mo、Nb、V、Cr、α-Fe 和 β-Ti。当然包括氧化物在内的四方或三方晶体体系群的塑性低，因此不适合冷喷涂工艺。除了上述金属，不锈钢、Ti-6Al-4V、MCrAlY 也常用于冷喷涂。此外 Cr_3C_2-NiCr、WC-Co 等金属陶瓷复合材料也可以冷喷涂，但是沉积效率较低。图 5-18 所示为三种晶格类型不同材料的变形性能（剪切模量）与相对温度 T/T_m 的关系。由图可知剪切模量越高，意味着材料变形越难，即难以冷喷涂。

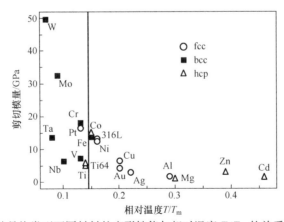

图 5-18　三种晶格类型不同材料的变形性能与相对温度 T/T_m 的关系 （T = 293°K）

5.6　冷喷涂的沉积效率

冷喷涂的沉积效率与工作气体的温度和压力有关，提高气体的温度和压力可以提高沉积效率。图 5-19 所示为 Assadi 等人[20]测量的不同颗粒尺寸铜粉末的沉积效率与颗粒的撞击速度和颗粒的撞击速度/临界速度比（v_p/v_c）的关系。颗粒尺寸大撞击时能量转化高，撞击速度低也可获得较高的沉积效率。小尺寸颗粒的粉末要想获得较高的沉积效率，只能通过提高速度来达成。有趣的是颗粒的沉积效率与v_p/v_c有关而与颗粒尺寸无关，如图 5-19b 所示。

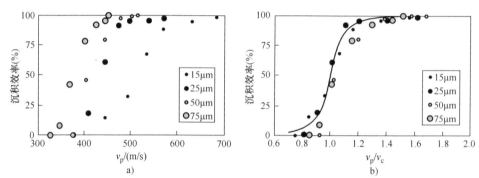

图 5-19　铜粉末的沉积效率与颗粒的撞击速度和颗粒的撞击速度/临界速度比（v_p/v_c）的关系
a）颗粒的撞击速度　b）v_p/v_c颗粒的撞击速度/临界速度比

颗粒的撞击速度还与工作气体种类有关。例如：用氮气作为工作气体喷涂316 不锈钢，在氮气压力为 3MPa，温度为 400℃时，沉积效率达到 53%；改用氦气作为工作气体，气体压力为 2.5MPa，温度为 200 ~ 300℃，沉积效率可达80% 以上[21]。

涂层的沉积效率与颗粒的温度有关。一般来讲，加热温度越高，颗粒的扁平度越高，涂层的沉积效率也越高，同时涂层组织的致密度也会增加。同样提高颗粒的速度也有利于提高涂层的沉积效率。图 5-20 所示为冷喷涂金属铝、铜、镍、铁颗粒的速度与沉积效率的关系。提高颗粒速度对不同金属的影响效果不同，对金属铜的影响最大。当颗粒速度从 600m/s 提高到 800m/s 时，冷喷涂金属铜的沉积效率从 18% 提高到 64%，而冷喷涂金属镍的沉积效率从 8% 提高到了 36%。

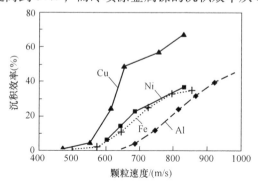

图 5-20　冷喷涂金属铝、铜、镍、铁颗粒的速度与沉积效率的关系[12]

Lee 等人[22]研究了 Cu-20Sn 合金（粉末直径为 5 ~ 40μm）在氮气为工作气体，气体温度分别为 300℃、400℃和 500℃，气体压力分别为 1.7MPa、2.1MPa、2.5MPa 和 2.9MPa，喷涂距离为 30mm，送粉量为 21.8g/min 的冷喷涂条件下气体压力和速度对涂层沉积效率的影响。表 5-2 所列为试验条件，沉积效率与氮气温度、气体压力、颗粒速度的关系如图 5-21 所示。气体温度对沉积效率的影响超过了颗粒速度的影响。颗粒在相同温度下，气体压力越高，沉积效率越高。

表 5-2 氮气冷喷涂的试验条件

工作气体温度/℃	气体压力/MPa	颗粒速度/(m/s)
300	1.7	484
	2.1	508
	2.5	528
	2.9	544
400	1.7	505
	2.1	531
	2.5	552
	2.9	570
500	1.7	523
	2.1	551
	2.5	574
	2.9	593

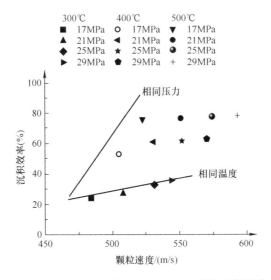

图 5-21 沉积效率与氮气温度、压力、颗粒速度的关系

Assadi 等人[15] 计算了冷喷涂铜粉和铝粉的临界速度。对于粒度 5 ~ 22μm 的气体雾化铜粉（纯度 99.8%），临界速度为 570m/s；对于粒度 45μm 的气体雾化铝粉（质量分数为 99.93%），临界速度为 660m/s。图 5-22 所示为冷喷涂 5 ~ 25μm 铜颗粒在铜基体上的沉积 SEM 照片。测量得到颗粒撞击速度为 550 ~ 670m/s，大约有 80% 的碰撞颗粒黏结在基体上。

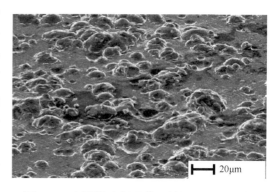

图 5-22　铜颗粒在铜基体上的沉积 SEM 照片

应根据材料选择冷喷涂的气体和加热温度。熔点高的材料需要的加热温度高，熔点低的材料需要的加热温度低，有些材料在室温下也能进行冷喷涂，如金属铝。冷喷涂有如下优点：

1）可以适当地避免粉末的氧化、晶粒长大等热影响。

2）对基体几乎没有太大的热影响。

3）一些涂层组织致密，气孔率低。

4）涂层内残余应力小且为压应力，有利于制备厚涂层。

5）粉末可回收利用，可实现较高的沉积效率和生产率。

5.7　动能喷涂

Van Steenkiste 等人[23]使用高压空气（2MPa，18g/s）代替冷喷涂常用的氮气和氦气，并采用高压送粉器将颗粒尺寸较大（大于 50μm）的粉末送到拉瓦尔喷嘴入口，作者把这种冷喷涂称为动能喷涂（Kinetic Spray），其原理与冷喷涂完全相同。图 5-23 所示为动能喷涂设备的示意图及局部放大图，包括空气存储罐和加热器、喷枪。Steenkiste 等人[5]在空气压力 2.0MPa，送粉压 2.4MPa 下，计算了 65μm、85μm 和 105μm 的 Cu 颗粒和 Al 颗粒在压缩空气温度 200 ~ 500℃ 下喷嘴出口的速度。结果表明，Al 颗粒速度为 380 ~ 480m/s；计算范围内 Al、Cu 颗粒速度随压缩空气的温度升高而增加，随颗粒尺寸的增加而减少。在相同粒度下，Al 颗粒的速度高于 Cu 颗粒速度。图 5-24 所示为 Steenkiste 等人用冷喷涂和动能喷涂金属铝的断面涂层组织，相关参数见表 5-3，工作气体均为压缩空气。用于动能喷涂的粉末的颗粒大于冷喷涂粉末。从涂层组织看，动能喷涂粉末颗粒的相互接触更好些，这是因为动能喷涂空气压力更高。

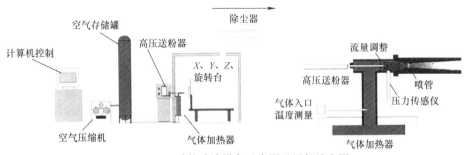

图 5-23　动能喷涂设备示意图及局部放大图

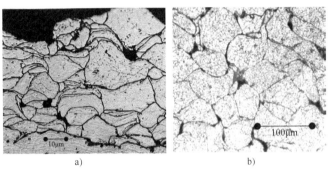

图 5-24　冷喷涂与动能喷涂金属铝断面涂层组织

a）冷喷涂　b）动能喷涂

表 5-3　冷喷涂与动能喷涂金属铝的参数

喷涂参数	冷喷涂	动能喷涂
空气气体压力/atm[①]	5 ~ 10	20
气体温度/℃	30 ~ 400	204 ~ 650
工作气体流量/（g/s）	18 ~ 20	18
送粉量/（g/s）	1 ~ 10	4
金属铝粒度/μm	1 ~ 50	1 ~ 200

① 1atm = 101.325kPa。

5.8　冷喷涂涂层组织

5.8.1　冷喷涂金属铜

冷喷涂金属铜有很多报道，主要喷涂参数变化体现在：

1）喷涂工作气体种类，使用空气、氮气或氦气。

2）工作气体压力和温度。

3）铜粉颗粒尺寸。

图 5-25a 所示为氮气工作气体，压力为 3MPa，温度为 350℃，冷喷涂 5 ~

25μm 铜粉的断面组织[24,25]。这一条件下颗粒撞击基体的速度为 500～550m/s，低于 Assadi 研究总结的临界速度 570m/s。涂层中颗粒与颗粒的界面可以被明显地观察到，颗粒变形程度不高，涂层硬度为 155HV0.3。图 5-25b 所示同样为氮气工作气体，压力为 3MPa，温度提高到 800℃，冷喷涂 11～38μm 铜颗粒的断面组织。该喷涂使用 135mm 加长喷管，颗粒撞击基体的速度提高到 550～700m/s，涂层中铜颗粒间的边界模糊，涂层硬度为 125HV0.3。对比这两个不同参数冷喷涂铜粉的涂层可以看出，后者粉末颗粒变形程度高，颗粒间结合更好。由此可见，提高粉体颗粒的温度，有利于形成致密性高和结合强度好的涂层。

图 5-25　氮气冷喷涂铜的涂层断面组织[25]

a）气体温度 350℃，5～25μm 铜粉　b）气体温度 800℃，11～38μm 铜粉[25]

对这两个涂层进行拉伸试验，结果如图 5-26 所示，涂层的抗拉强度在喷涂气体温度为 350℃时很低，只有 50MPa。但是，当喷涂气体温度升至 800℃，抗拉强度呈直线增加，达 400MPa，与此同时沉积效率达 90% 以上。图 5-27 所示为涂层拉伸后的破裂断面形态，前者显示了颗粒断裂和相对低的塑性（塑性变形为 10%～15%），而后者塑性变形达 90%～95%。

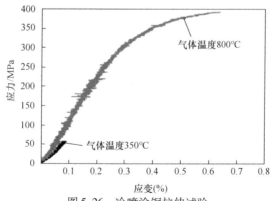

图 5-26　冷喷涂铜拉伸试验

注：标准参数代表图 5-25a 试样，最佳参数代表图 5-25b 试样。

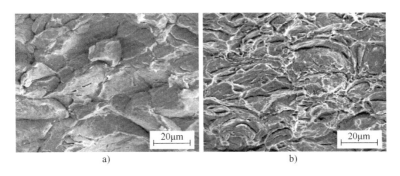

图 5-27　涂层拉伸后的破裂断面形态

a) 气体温度 350℃，5 ~ 25μm 铜粉　b) 气体温度 800℃，11 ~ 38μm 铜粉

冷喷涂涂层中含有颗粒间的结合界面和内应力，经过热处理后可以消除颗粒间界面，降低涂层的硬度。图 5-28 所示为冷喷涂 Cu-4Cr-2Nb 合金的组织和经过 850℃，2h 热处理后的组织对比，涂层的硬度由 150HV 降低到100 ~ 110HV[26]。

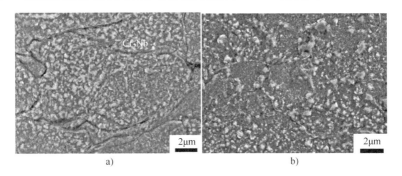

图 5-28　冷喷涂 Cu-4Cr-2Nb 合金的组织和经过 850℃，2h 热处理后的组织

a) 冷喷涂 Cu-4Cr-2Nb 的组织　b) 经过 850℃，2h 热处理后的组织

另外，预先将铜铝合金粉末 CuAl10Fe5Ni5 进行退火处理，可以消除粉末中的应力和位错，冷喷涂这样的粉末也会提高涂层的沉积效率和致密性。图 5-29 所示为冷喷涂 CuAl10Fe5Ni5 雾化粉末的组织[27]。其中，图 5-29a 所用粉末未经退火处理，图 5-29b 所用粉末经过了 600℃ ×7h 的退火处理。热处理降低了粉末的硬度，更有利于冷喷涂形成致密结构的涂层。

5.8.2　冷喷涂金属铝

根据 Assadi 等人报道[15]，对于尺寸为 45μm 的气体雾化铝粉（纯度 99.93%），冷喷涂的临界速度为 660m/s。Steenkiste 等人[13]采用空气冷喷涂了 Al、Cu、Fe 粉末，涂层组织如图 5-30 所示。在冷喷涂铝、铜、铁三个涂层中，气体温度为590℃时，金属铜涂层最致密；其次为气体温度为340℃喷涂金属铝；气体温度为590℃时喷涂铁，颗粒变形最差。

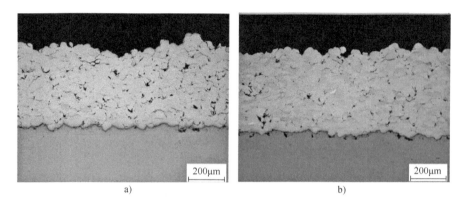

图5-29　冷喷涂 CuAl10Fe5Ni5 雾化粉末的组织

a) 粉末未经退火处理　b) 粉末经过600℃×7h退火处理

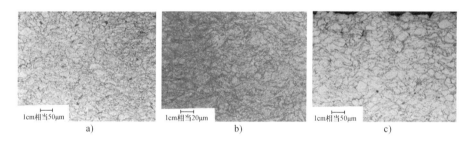

图5-30　空气冷喷涂涂层组织（喷涂距离1.9cm）

a) 铝喷涂铝基体上，压力1.7MPa，气体温度340℃，送粉量65g/min

b) 铜喷涂在铝上，压力1.7MPa，气体温度590℃，送粉量113g/min

c) 铁喷涂在铝上，压力2MPa，气体温度590℃，送粉量55g/min

Hall等人[28]以氦气为工作气体冷喷涂不同粒度（25.9μm、26.4μm 和 11.8μm）的铝粉末，图5-31所示为氦气冷喷涂铝涂层。涂层的组织结构受粉末颗粒大小和气体压力、温度等影响。对比图5-31a和图5-31b可知两种粉末粒度基本相同，但是图5-31a的致密性更高，因为其喷涂气体压力更高。而图5-31b和图5-31c，主要的差别在于粉体颗粒的尺寸，粉末颗粒越小，涂层致密。

5.8.3　冷喷涂不锈钢316L

采用 Kinetiks 4000 冷喷涂系统（Sulzer Metco，Westbury，NY），以氦气为工

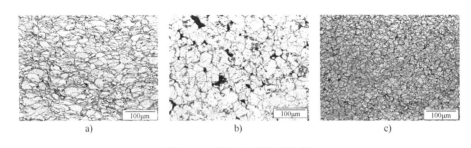

图 5-31　氦气冷喷涂铝涂层

a）粉末粒度 25.9μm，2240kPa，375℃　b）粉末粒度 26.4μm，1551kPa，400℃

c）粉末粒度 11.8μm，1723kPa，350℃

作气体，在加热温度为 700℃，压力为 4MPa，喷涂距离为 80mm，送粉量为 20g/min，喷枪移动速度为 300mm/s 的条件下冷喷涂 316 不锈钢。不仅直接观察涂层，另外还将涂层在氩气中进行加热 1100℃，保持 1h 的热处理。试验对涂层和热处理后涂层进行拉伸试验，测量抗拉强度。拉伸试样为厚度为 1mm 的 25mm×6mm 试验片，拉伸速度为 0.05mm/s。为了显示出组织，对试样进行了腐蚀处理，图 5-32 所示为喷涂后和热处理后的涂层组织。冷喷涂后涂层的硬度为 400HV，热处理后消除应力和再结晶，涂层硬度下降。图 5-33 所示为拉伸试验结果，冷喷涂的原始涂层抗拉强度约为 50MPa，热处理后呈现塑性变形，抗拉强度达到（511±7）MPa，应变为（37±3）%。

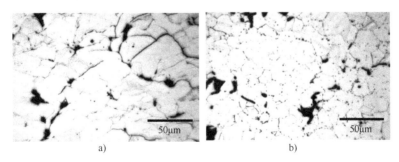

图 5-32　冷喷涂 31b 不锈钢涂层断面组织（粉末粒度为 35μm±14μm）

a）原始涂层　b）经 1100℃×1h 热处理的涂层

5.8.4　冷喷涂金属钛与钛合金

大气下热喷涂金属钛或钛合金容易氧化，故冷喷涂金属钛引起了研究者的兴趣。由于金属钛和钛合金的熔点高，加上它的体心立方结构，使冷喷涂过程颗粒变形困难，因此制备致密组织的冷喷涂钛涂层具有重要意义。图 5-34 所示为冷喷涂纯钛的临界速度、颗粒温度与颗粒尺寸的关系[29,30]。从这个图可以看出，

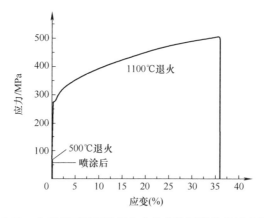

图 5-33 典型的不锈钢涂层和热处理涂层的拉伸试验结果

冷喷涂钛的临界速度和温度受颗粒尺寸变化影响较小，临界速度为 400m/s，温度为 400~500℃。

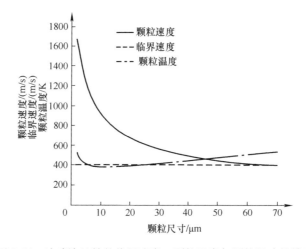

图 5-34 冷喷涂纯钛的临界速度、颗粒温度与颗粒尺寸的关系

由于金属钛和钛合金的熔点高，变形困难，气体种类对涂层组织致密性的影响主要反映在颗粒撞击基体的速度。Wong[31] 等人使用 KINETIKS 4000 （Cold Gas Technology，Ampfing，Germany）喷枪，研究了氮气、氦气对冷喷涂球形金属钛粉末（平均粒度为 29μm）涂层致密性的影响，喷涂距离为 40mm，其他参数见表 5-4。使用 DPV2000 测量了粉末颗粒的速度。涂层断面组织如图 5-35 所示。在气体压力 40bar，温度 800℃ 下，氮气也能制备致密的金属钛涂层。另外，从涂层断面组织可以推断，氮气加热温度对涂层致密影响大于氮气压力，提高气体温度有利于获得致密的涂层。此外，本试验还使用了氦气喷涂，但是加热温度

为 100℃、70℃、50℃，气体温度过低，因此涂层中气孔很多。

表 5-4　冷喷涂钛合金参数

试样编号	工作气体种类	压力/bar①	气体温度/℃	颗粒速度/(m/s)	基底温度/℃
1-N₂	N₂	30	300	608	45
2-N₂	N₂	30	600	688	110
3-N₂	N₂	40	800	805	140
1-He	He	5	100	604	35
2-He	He	7.5	70	690	31
3-He	He	14	50	812	29

① 1bar = 0.1MPa。

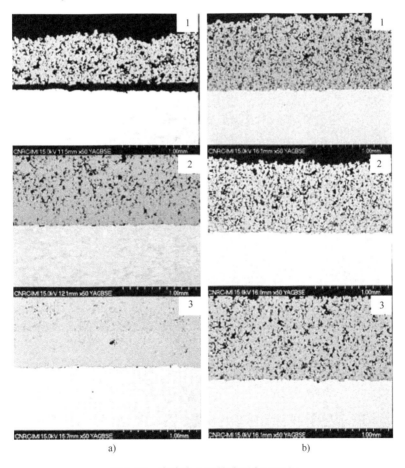

图 5-35　冷喷涂金属钛涂层断面组织

a）涂层为氮气喷涂，1、2、3涂层对应气体压力为 30bar、30bar、40bar，
加热温度 300℃、600℃、800℃　b）涂层为氦气喷涂，1、2、3涂层对
应气体压力为 5bar、7.5bar、14bar，加热温度 100℃、70℃、50℃

Khun 等人[32]分别用氮气和氦气冷喷涂气体雾化颗粒尺寸 5 ~ 45μm 的 Ti-6Al-4V 粉末，气体加热温度为 950℃，压力为 5MPa，图 5-36 所示为两种气体喷涂涂层的断面组织。采用氦气喷涂 Ti-6Al-4V 涂层的致密性明显优于氮气喷涂，图 5-37 所示为涂层表面状态对比，可见氦气喷涂颗粒的扁平化高于氮气喷涂。与冷喷涂纯钛相比，冷喷涂钛合金 Ti-6Al-4V 更难获得致密结构的涂层组织。

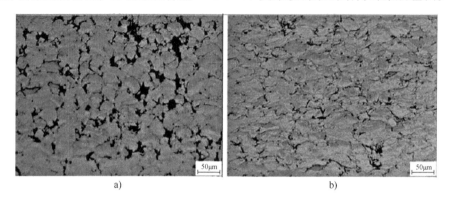

图 5-36   冷喷涂 Ti-6Al-4V 涂层的断面组织
a）N₂喷涂   b）He 喷涂

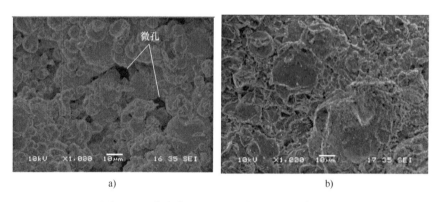

图 5-37   冷喷涂 Ti-6Al-4V 涂层表面状态对比
a）N₂喷涂   b）He 喷涂

Bhattiprolu 等人[33]分别采用氢化脱氢、等离子球化和气体雾化 Ti-6Al-4V 三种粉末原料，使用氦气（压力为 4.14MPa，气体温度为 400℃，喷嘴长度为 200mm）冷喷涂了上述粉末。三种粉末和涂层的光学组织和 SEM 组织如图 5-38 所示。作者采用了一维模型计算了气体压力为 4.14MPa，温度为 400℃时冷喷涂粉末的温度和速度，结果见表 5-5。这一结果表明，粉末形态对涂层致密性影响较小。在三种钛合金粉体中，氢化脱氢粉末价格最便宜。

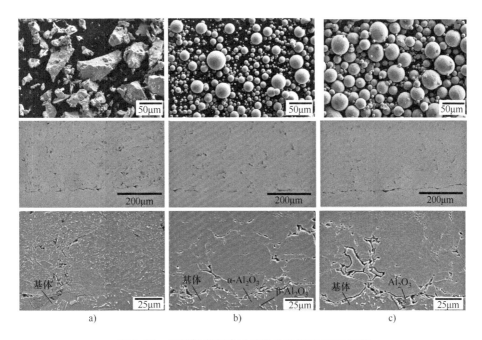

图 5-38 三种粉末和涂层的光学组织和 SEM 组织

a）氢化脱氢 b）等离子球化 c）气体雾化

表 5-5 冷喷涂粉末的温度和速度

粉末类型	温度/℃	速度/（m/s）
氢化脱氢	304	822
等离子球化	266	908
气体雾化	255	933

李文亚等人[34]归纳总结了使用空气、氮气和氦气冷喷涂金属 Ti 和 Ti-6Al-4V 粉末的涂层组织，如图 5-39 所示。由该图可知：冷喷涂金属 Ti 涂层的致密性高于合金 Ti-6Al-4V 涂层，这是由于塑性变形所导致的；粉末预热有利于提高金属 Ti 涂层的致密性；氦气在没有预热粉末情况下，涂层的致密性也高于氮气喷涂涂层。对于 Ti-6Al-4V 涂层，提高喷涂气体压力和温度有利于提高涂层的致密性。即便在较低温度下使用氦气喷涂 Ti-6Al-4V 也可获得致密涂层（见图 5-39f）。由此可见，喷涂金属钛或钛合金，使用氦气喷涂能大幅度提高涂层的致密性。采用氮气冷喷涂 Ti-6Al-4V 合金，涂层中会存在很多气孔，为了提高涂层的致密性，Zhou 等人[35]在冷喷涂的同时采用喷丸打击涂层，使涂层致密化，这一方法还提高了涂层的剪切和结合强度。

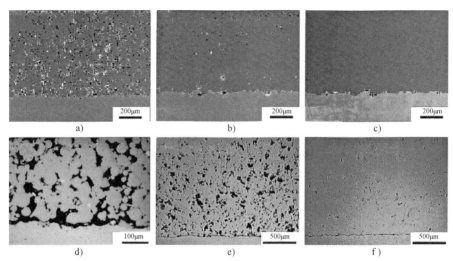

图 5-39　冷喷涂金属 Ti 和 Ti-6Al-4V 粉末涂层组织（粉末为球形颗粒）

a）Ti 喷涂在钢板（氮气，2.5MPa，600℃，粉末无预热）　b）Ti 喷涂在钢板（氮气，2.5MPa，600℃，
粉末预热600℃）　c）Ti 喷涂在钢板（氮气，1.5MPa，600℃）　d）Ti-6Al-4V 喷涂在 Ti-6Al-4V 基体
（空气，2.8MPa，520℃）　e）Ti-6Al-4V 喷涂在 Ti-6Al-4V 基体（氮气，4MPa，800℃）
f）Ti-6Al-4V 喷涂在 Ti-6Al-4V 基体（氮气，4MPa，350℃）

5.8.5　冷喷涂纳米 WC-Co

传统的等离子喷涂、爆炸喷涂和火焰超音速喷涂（HVOF），由于燃流温度高，喷涂 WC-Co 存在脱碳现象。XRD 分析发现涂层中存在 W_2C，甚至 W 等脱碳相，特别是喷涂纳米 WC，脱碳更严重。冷喷涂技术的出现，使喷涂纳米 WC 的 WC-Co 粉末逐渐引起人们的关注。Kim 等人[36]用压力 3.1MPa 的氦气为工作气体，气体温度为 600℃，喷涂由 100～200nmWC 颗粒制备的 WC-12Co 团聚球形粉末，粉末预热温度为 500℃，冷喷涂制备了图 5-40 所示的 WC-12Co 涂层，涂层硬度达到 2050 HV0.5。经过高倍率扫描电镜可以观察到纳米 WC 颗粒的存在。对粉末和涂层进行 XRD 分析，结果表明涂层几乎没有脱碳。研究还表明，喷涂中对粉末进行预热是获得致密、高硬度涂层的重要途径。与 Kim 等人的氦气喷涂获得高硬度纳米 WC-12Co 涂层相比，Lima 等人[37]用540℃氮气冷喷涂纳米 WC-12Co，并没有获得 Kim 等人的高硬度涂层，涂层硬度为 1225 HV，这与两人采用的不同气体和气体温度有关。

李长久等人[38]使用氦气作为工作气体，在压力为 2MPa（低于 Kim 等人试验压力 3.1MPa），温度为 600℃的条件下喷涂了纳米团聚 WC-12Co，纳米 WC 颗粒尺寸为 50～200nm，计算的临界速度为 915m/s。图 5-41 所示为涂层断面组织，涂层硬度为（1812±121）HV0.3，XRD 确认涂层中只有 WC 和 Co 相，无脱碳相，与 Kim 喷涂结果相近。

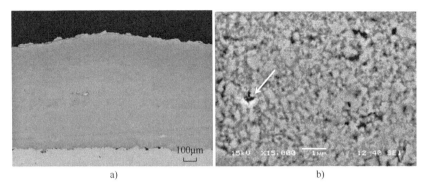

图 5-40 冷喷涂纳米 WC-Co 涂层

a）光学组织 b）高放大倍率组织

图 5-41 氦气冷喷涂纳米 WC-12Co 涂层断面组织

a）低倍率 b）高倍率

Sonoda 等人[39]选择表 5-6 所列的微米 WC 颗粒粉末，并测量了颗粒粉末的强度。采用氦气冷喷涂，加热温度为 700℃，压力为 0.62MPa，送粉量为10g/min（很低）。图 5-42 所示为 WC-17Co 和 WC-12FeCr 粉末喷涂的涂层组织。WC-17Co 涂层硬度为 1000HV，断裂韧度为 2MPa·m$^{1/2}$；WC-12FeCr 涂层硬度为 1480HV，断裂韧度为 4MPa·m$^{1/2}$。对 WC-12FeCr 涂层进行热处理，如图 5-43 所示，涂层的硬度随处理温度升高而增加，在 800℃达到 1800HV，但断裂韧度下降到 1.3MPa·m$^{1/2}$。

表 5-6 冷喷涂 WC-Co 粉末

成分	颗粒粉末强度/MPa	粉末尺寸/μm	WC 尺寸/μm
WC-12Co	280	20±5	0.2
	196		
	94		
WC-17Co	152		
WC-12FeCr	188		

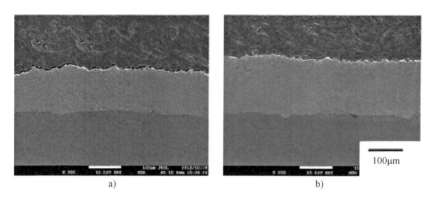

图 5-42 冷喷涂涂层的断面组织

a) WC-17Co b) WC-12FeCr

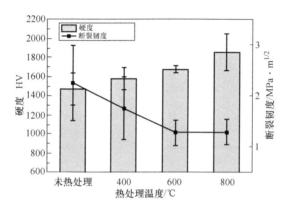

图 5-43 热处理对硬度和断裂韧度的影响

5.8.6 冷喷涂金属间化合物

金属间化合物也是较难变形的材料，故进行冷喷涂有一定的困难，但是可以按化合物的成分比率预先制备金属混合物，然后采用冷喷涂方法喷涂金属混合物，最后再在适当的高温下进行热处理，使金属间发生反应或扩散，形成金属间化合物。李长久等人[40]分别将质量分数为 60% Fe 和质量分数为 40% Al 的粉末混合，经球磨制备 Fe + Al 为冷喷涂原始粉末。图 5-44 所示为经过 36h 球磨后的粉末形态和断面组织。

采用表 5-7 所列喷涂参数，喷嘴长度为 100mm，出口直径为 6mm，喉管直径为 2mm，喷涂球磨混合粉末。图 5-45 所示为冷喷涂后的涂层组织，可以区分金属 Fe 和 Al。喷涂后，将涂层在氩气保护环境中，加热至 950℃，保温 5h，形成了 FeAl 金属间化合物。图 5-46 所示为热处理后的涂层组织。

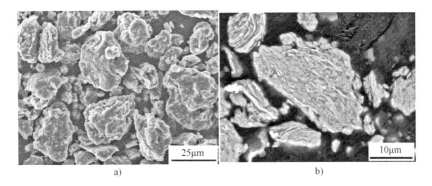

a)　　　　　　　　　　　　b)

图 5-44　经过 36h 球磨后的粉末形态和断面组织

a）粉末形态　b）粉末断面组织

表 5-7　喷涂参数

加速气体	N₂
粉末气体	N₂
气体压力/MPa	2.0
携带粉末气体压力/MPa	2.5
加速气体温度/℃	500
喷涂距离/mm	20

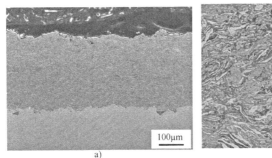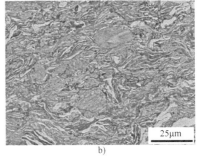

a)　　　　　　　　　　　　b)

图 5-45　冷喷涂后的涂层组织

a）低倍　b）高倍

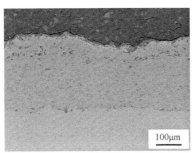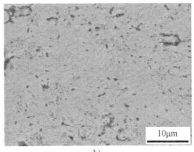

a)　　　　　　　　　　　　b)

图 5-46　热处理后的涂层组织

a）低倍　b）高倍

与预先制备混合粉末方法不同，Cinca 等人[41,42]报告了在不锈钢基体上，直接冷喷涂球形 Fe-40% Al（质量分数）金属间化合物，不仅获得了致密涂层组织，而且显示了良好的沉积效果。Cinca 等人认为 FeAl 金属间化合物也具有屈服强度，可以直接进行冷喷涂。

5.8.7　冷喷涂陶瓷涂层

根据冷喷涂涂层形成机理，一般认为陶瓷材料不适合进行冷喷涂，事实上对于微米尺度的氧化物陶瓷至今也难以实现冷喷涂涂层的制备。2002年，Vlcek[43]等探索了冷喷涂陶瓷涂层，用纳米结构 ZrO_2-CeO_2 粉末作为原料，成功地在 Al 基体上得到了图 5-47 所示厚度为 10 ~ 15μm 的致密 ZrO_2-CeO_2 涂层。这一较薄的涂层是否为 ZrO_2-CeO_2 粉末镶嵌在软 Al 的基体上，有待进一步研究。

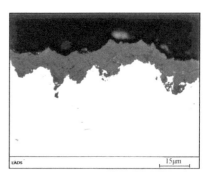

图 5-47　冷喷涂沉积的 ZrO_2-CeO_2 涂层
注：氮气为工作气体，气体温度为 773K。

李长久等人[44]用聚乙烯醇将纳米 TiO_2 团聚为 10 ~ 45μm 的颗粒作为喷涂原料，冷喷涂沉积了厚 10 ~ 15μm 的涂层，但涂层不均匀，薄而多孔，硬的 TiO_2 颗粒镶嵌于基体形成了单一涂层，无法沉积厚涂层。

2008 年，日本丰桥技术科学大学 Fukumoto 团队采用 20μm 的纯锐钛相 TiO_2 纳米晶粒团聚粉末为喷涂原料，沉积了 350μm 厚且均匀致密的涂层，实现了冷喷涂陶瓷涂层的突破性进展[45]。试验以氦气为工作气体，分别在室温、373K、473K 和 573K 下进行冷喷涂，沉积效率与气体温度的关系如图 5-48 所示。在所有的温度下，使用氦气均可形成涂层，但是以氮气为工作气体却很难形成涂层，只在 573K 形成 5 ~ 8μm 的涂层。XRD 表明，涂层与粉末均为锐钛相，未出现金红石相结构。

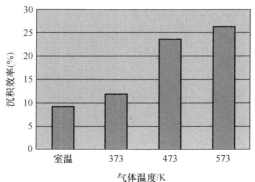

图 5-48　氦气冷喷涂 TiO_2 的沉积效率与气体温度的关系

Tjitra Salim 等人[46,47]进一步研究了粉末制备工艺对冷喷涂纳米氧化钛涂层的影响。选取质量分数为 10% 的硫酸氧钛与蒸馏水进行水解反应，将配制的溶液在 120℃ 振动的金属板上保持 8h，使白色粉末的析出，将沉淀物在 120℃ 下烘干 10h，形成粉末，然后进一步进行结晶化处理，在 600℃ 退火 1h，粉末形态如图 5-49 所示。分别采用合成原料、热处理团聚粉末和水热法处理粉末进行冷喷涂，结果如图 5-50 所示。水热处理的二氧化钛可以通过冷喷涂形成涂层。TEM 观察发现，原料 TiO₂ 是由 5nm 的颗粒以一个单晶为轴团聚为 20nm 的二级颗粒，二级颗粒又团聚成 2μm 的三级颗粒，进而团聚成多孔的 10～20μm 的喷涂颗粒。这种特殊取向的纳米团聚结构是 TiO₂ 具有良好冷喷涂性的关键因素。

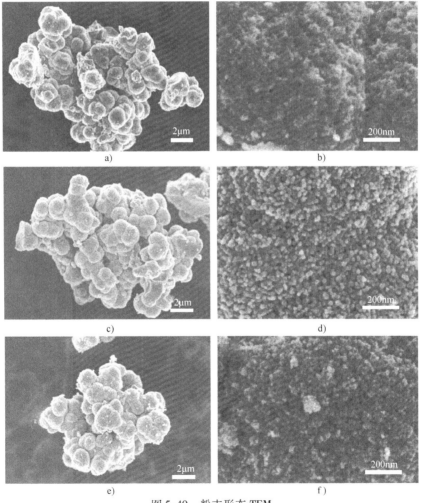

图 5-49　粉末形态 TEM
a)、b) 合成原料　c)、d) 热处理团聚粉末　e)、f) 水热处理粉末

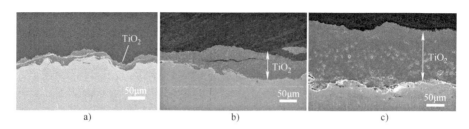

图 5-50   在铜板上冷喷涂 TiO$_2$

a）合成原料   b）热处理团聚粉末   c）水热处理粉末

5.9   冷喷涂与热喷涂涂层的对比

Kitamura 等人[48] 比较了冷喷涂和 WS-HVOF 喷涂 WC-Co，颗粒尺寸为（20 ± 5）μm。冷喷涂采用氦气作为工作气体，气体压力为 3MPa，温度为 450℃。WS-HVOF 喷枪为 JP5000，加入了 500L/min 的氮气以降低喷涂温度。图 5-51 所示为试验使用的粉末剖面结构。图 5-52 所示为冷喷涂和 WS-HVOF 喷涂的涂层断面组织对比。无论采用哪种方法喷涂（20 ± 5）μm 粉末，均获得了致密的涂层组织。两种喷涂方法喷涂脱碳都很少。冷喷涂涂层的硬度为 1300HV，作者认为提高冷喷涂气体温度，还能提高涂层的硬度。

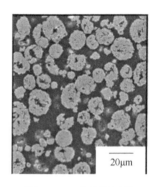

图 5-51   试验使用的粉末剖面结构

WS-HVOF 喷涂涂层的硬度略低于冷喷涂。两种涂层的断裂韧度为 4 ~ 6MPa·m$^{1/2}$，WS-HVOF 喷涂涂层的耐磨性略好于冷喷涂涂层。

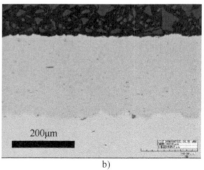

图 5-52   涂层断面组织对比

a）冷喷涂   b）WS-HVOF 喷涂

Sone 等人[49]用氮气、氦气冷喷涂 CoNiCrAlY，并对涂层组织和硬度进行了对比。表 5-8 所列为冷喷涂参数与沉积效率，气体温度为 600℃、800℃ 和 1000℃三种，氮气喷涂的气体压力为 3MPa 和 4MPa，氦气喷涂压力为 2MPa。图 5-53所示为 600℃下氦气与氮气两种气体冷喷涂涂层的对比，虽然氦气压力低，但是涂层致密性却优于氮气。当氮气为工作气体时，沉积效率随气体温度提高而增加，而气体压力的影响较小。当氦气为工作气体时，600℃已到达很高的沉积效率（56%），进一步提高气体温度，对沉积效率的影响较小。

表 5-8　冷喷涂参数与沉积效率

工作气体	温度/℃	压力/MPa	沉积效率（%）
N₂	600	3	5
		4	8
	800	3	32
		4	36
	1000	3	43
		4	44
He	600	2	56
	800		58
	1000		58

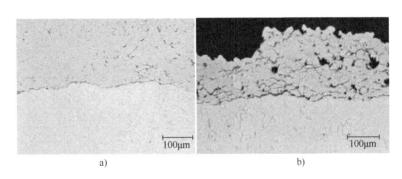

a)　　　　　　　　　　　　b)

图 5-53　氦气与氮气两种气体冷喷涂涂层的对比

a）氦气，600℃，2MPa　b）氮气，600℃，3MPa

Ma 等人[50]研究了冷喷涂、HVOF 喷涂和等离子喷涂 MCrAlY 的涂层组织，研究了作为热障涂层（TBCs）的黏结层的氧化性及抗热震性。图 5-54 所示为三种方法制备涂层断面组织（腐蚀处理）。图 5-55 所示为 1100℃等温氧化 100h 后的涂层组织。图 5-56 所示为 TBCs 热震试验后涂层的表面状况。对于 HVOF 喷涂的黏结层，热震 20 次顶层氧化钇稳定氧化锆（YSZ）出现脱落。冷喷涂黏结层，热震 60 次顶层 YSZ 出现脱落，而等离子喷涂的黏结层 TBCs，热震 100 次顶层 YSZ 完好。作者认为，氧化后黏结层的粗糙度对 TBCs 的破坏大于热生长氧化物（TGO）的生长速率。

图 5-54　冷喷涂、HVOF 喷涂和等离子喷涂
MCrAlY 涂层组织（腐蚀处理）

a）冷喷涂　b）HVOF 喷涂　c）等离子喷涂

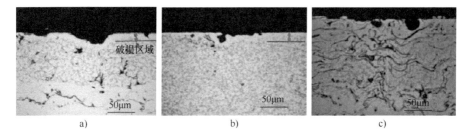

图 5-55　1100℃等温氧化 100h 后的涂层组织

a）冷喷涂　b）HVOF 喷涂　c）等离子喷涂

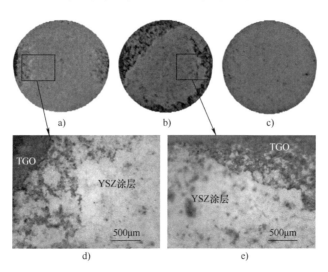

图 5-56　热震试验后涂层的表面状况（温度 1050℃，冷却到室温）

a）冷喷涂　b）HVOF 喷涂　c）等离子喷涂　d）冷喷涂（放大）　e）HVOF 喷涂（放大）

5.10　冷喷涂参数对涂层的影响

冷喷涂以塑性变形金属为主,评价冷喷涂好坏的指标主要有两点:一是涂层的沉积效率,这涉及制备的成本;另一个是涂层的致密性。影响这两个指标的主要参数有冷喷涂工作气体种类、气体温度、压力和喷嘴结构尺寸、金属粉末相结构、颗粒尺寸。氦气作为工作气体在冷喷涂涂层组织时优于氮气和空气,但是氦气成本高。氮气与空气作为冷喷涂气体,喷涂涂层组织和沉积效率相差不大,这主要归于氮气和空气的气体常数(R_s)相差不大。总的来讲,提高工作气体温度和压力有利于提高喷涂沉积效率和涂层组织的致密性,但是从研究结果看,这两个参数的影响效果有差异。气体温度对沉积效率的影响超过了颗粒速度的影响。一般来讲,加热温度越高,颗粒的扁平度越高,涂层的沉积效率也越高,同时涂层组织致密度也会增加。提高颗粒速度对不同金属的影响效果不同,对金属铜的影响最大,粉末颗粒越小,获得的速度越高,但是20μm颗粒获得的温度较高[13]。另外,颗粒的沉积效率与撞击基体时的速度有关而与颗粒尺寸无关[20]。喷涂金属钛,气体加热温度对涂层致密性的影响大于速度的影响[31]。冷喷涂WC-12Co 涂层,氦气为工作气体,压力为 3.1MPa,气体温度为 600℃,喷涂由100~200nmWC 颗粒制备的 WC-12Co 团聚粉末,预热温度为 500℃,硬度可达2050 HV0.5[36]。用540℃氮气冷喷涂纳米 WC-12Co,涂层硬度为 1225 HV[37]。

参 考 文 献

[1] ALKHIMOV A P, KOSAREV V F, PAPYRIN A N. A method of cold gas-dynamic deposition [J]. Souiet Physics Doklady, 1990, 35 (12): 1047-1049.

[2] IRISSOU E, LEGOUX J G, RYABININ A N, et al. Review on cold spray process and technology: part I-intellectual property [J]. Journal of Therm Spray Technology, 2020, 17 (4): 495-516.

[3] PAPYRIN A. Cold spray technology [J]. Advanced Materials & Processes, 2001, 160 (3): 49-51.

[4] 宋婉,沈艳芳,吴杰,等. 冷喷涂沉积陶瓷涂层的研究历程 [J]. 热喷涂技术,2015,7 (1): 1-10.

[5] STEENKISTE T H V, SMITH J R, TEETS R E. Aluminum coatings via kinetic spray with relatively large powder particles [J]. Surface & Coatings Technology, 2002, 154: 237-252.

[6] STEENKISTE T H V, SMITH J R. Evaluation of coatings produced via kinetic and cold spray processes [J]. Journal of Therm Spray Technology, 2004, 13 (2): 274-282.

[7] YIN S, CAVALIERE P, ALDWELL B, et al. Cold spray additive manufacturing and repair: Fundamentals and applications [J]. Additive Manufacturing, 2018, 21: 628-650.

[8] HUANG R, FUKANUMA H. The importance of optimizing nozzle dimensions for cold spray process [C] //International Thermal Spray Conference and Exposition. Long Beach: ASM International Thermal Spray Society, 2015.

[9] 高阳. 超低碳钢的高温强度 [J]. 钢铁, 2001, 36 (2): 52-55.

[10] SCHMIDT T, GÄRTNER F, KREYE H, et al. Development of a generalized parameter window for cold spray deposition [J]. Acta Materialia., 2006, 54 (3): 729-742.

[11] STOLTENHOFF T, KREYE H, RICHTER H J. An analysis of the cold spray process and its coatings [J]. Journal of Thermal Spray Technology., 2002, 11 (4): 542-550.

[12] DYKHUIZEN R C, SMITH M F. Gas dynamic principles of cold spray [J]. Journal of Therm Spray Technology, 1998, 7 (2): 205-212.

[13] STEENKISTE T H V, SMITH J R, TEETS R E, et al. Kinetic spray coatings [J]. Surface and Coatings Technology, 1999, 111 (1): 62-71.

[14] VOYER J, STOLTENHOFF T, KREYE H. Development of cold gas sprayed coatings [C] // Proceedings of International Thermal Spray Conference and Exposition. Ohio: ASM International, Materials Park, 2003.

[15] ASSADI H, GÄRTNER F, STOLTENHOFF T, et al. Bonding mechanism in cold gas spraying [J]. Acta Materialia, 2003, 51 (15): 4379-4394.

[16] GÄRTNER F, STOLTENHOFF T, SCHMIDT T, et al. The cold spray process and its potential for industrial applications [J]. Journal of Therm Spray Technology, 2006, 15 (2): 223-232.

[17] RAOELISON R N, XIE Y, SAPANATHAN T, et al. Cold gas dynamic spray technology: A comprehensive review of processing conditions for various technological developments till to date [J]. Additive Manufacturing, 2018, 19: 134-159.

[18] LI W Y, LIAO H L, ZHANG G, et al. Optimal design of a convergent-barrel cold spray nozzle by numerical method [J]. Applted Spray Science, 2006, 253 (2): 708-713.

[19] VLCEK J, GIMENO L, HUBER H, et al. A systematic approach to material eligibility for the cold spray process [J]. Journal of Therm Spray Technology, 2005, 14 (1): 125-133.

[20] ASSADI H, SCHMIDT T, RICHTER H, et al. On parameter selection in cold spraying [J]. Journal of Thermal Spray Technology, 2011, 20 (6): 1161-1176.

[21] SUN B, HUANG R Z, OHNO N, et al. Effect of spraying parameters on stainless steel particle velocity and deposition efficiency in cold spraying [C] //Proceedings of the International Thermal Spray Conference. Seattle: ASM International Thermal Spray Society, 2006.

[22] LEE J H, KIM J S, SHIN S M, et al. Effect of particle temperature on the critical velocity for particle deposition by kinetic spraying [C] //Proceedings of the International Thermal Spray Conference. Seattle: ASM International Thermal Spray Society, 2006.

[23] STEENKISTE T V, SMITH J R. Evaluation of coatings produced via kinetic and cold spray processes [J]. Journal of Thermal Spray Technology, 2004, 13 (2): 274-282.

[24] STOLTENHOFF T, KREYE H, H J RICHTER. An analysis of the cold spray process and lts

coatings [J]. Journal of Thermal Spray Technology, 2002, 11 (4): 542-550.

[25] SCHMIDT T, GAERTNER F, KREYE H. New developments in cold spray based on higher gas- and particle temperatures [C] //Proceedings of the International Thermal Spray Conference. Seattle: ASM International Thermal Spray Society, 2006.

[26] YU M, LI W Y, ZHANG C, et al. Effect of vacuum heat treatment on tensile strength and fracture performance of cold sprayed Cu-4Cr-2Nb coatings [C] //Proceedings of the International Thermal Spray Conference. Hamburg: DVS-German Welding Society, 2011.

[27] KREBS S, GÄRTNER F, KLASSEN T. Cold spraying of Cu-Al-Bronze for cavitation protection in marine environments [C] //Proceedings of the International Thermal Spray Conference. Barcelona: DVS-German Welding Society, 2014.

[28] HALL A C, COOK D J, NEISER R A, et al. The effect of a Simple Annealing Heat Treatment on the Mechanical Properties of Cold-Sprayed Aluminum [J]. Journal of Thermal Spray Technology, 2007, 16 (5-6): 233-238.

[29] SUNDARARAJAN G, PHANI P S, JYOTHIRMAYI A, et al. Gundakaram. The influence of heat treatment on the microstructural, mechanical and corrosion behaviour of cold sprayed SS 316L coatings [J]. Journal of Materials Science, 2009, 44: 2320-2326.

[30] OZDEMIR O C, MUFTU S, RANDACCIO L, et al. High rate deposition in cold spray [J]. Journal of Thermal Spray Technology, 2021, 30: 344-357.

[31] WONG W, IRISSOU E, LEGOUX J G, et al. Influence of helium and nitrogen gases on the properties of cold gas dynamic sprayed pure titanium coatings [J]. Journal of Thermal Spray Technology, 2011, 20: 213-226.

[32] KHUN N W, TAN A W Y, BI K J W, et al. Effects of working gas on wear and corrosion resistances of cold sprayed Ti-6Al-4V coatings [J]. Surface & Coatings Technology, 2016, 302: 1-12.

[33] BHATTIPROLU V S, JOHNSON K W, OZDEMIR O C, et al. Influence of feedstock powder and cold spray processing parameters on microstructure and mechanical properties of Ti-6Al-4V cold spray depositions [J]. Surface & Coatings Technology, 2018, 335: 1-12.

[34] LI W, CAO C, YIN S. Solid-state cold spraying of Ti and its alloys: A literature review [J]. Progress in materials science, 2020, 110: 100633.

[35] ZHOU H, LIC, JIG, et al. Local microstructure inhomogeneity and gas temperature effect in in-situ shot-peening assisted cold-sprayed Ti-6Al-4V coating [J]. Journal of Alloys and Compounds, 2018, 766: 694-704.

[36] KIM H J, LEE C H, HWANG S Y. Superhard nano WC-12% Co coating by cold spray deposition [J]. Materials Science and Engineering A, 2005, 391: 243-248.

[37] LIMA R S, KARTHIKEYAN J, KAY C M, et al. Microstructural characteristics of cold-sprayed nanostructured WC-Co coatings [J]. Thin Solid Films, 2002, 416: 129-135.

[38] LI C J, YANG G J, GAO P H, et al. Characterization of nanostructured WC-Co deposited by cold spraying [J]. Journal of Thermal Spray Technology, 2007, 16: 1011-1020.

[39] SONODA T, KUWASHIMA T, SAITO T. Super hard WC cermet coating by low pressure cold spray based on optimization of powder properties [C] //Proceedings of the International Thermal Spray Conference. Busan: ASM International Thermal Spray Society (TSS), 2013.

[40] CHANG J L, HONG T W, GUAN J Y, et al. Characterization of high-temperature abrasive wear of cold-sprayed feAl intermetallic compound coating [J]. Journal of Thermal Spray Technology, 2011, 20: 227-233.

[41] NOVOSELOVA T, CELOTTO S, MORGAN R, et al. Formation of TiAl intermetallics by heat treatment of cold-sprayed precursor deposits [J]. Journal of Alloys and Compounds, 2007, 436: 69-77.

[42] CINCA N, LIST A, GÄRTNER F, et al. Influence of spraying parameters on cold gas spraying of iron aluminide intermetallics [J]. Surface & Coatings Technology, 2015, 268: 99-107.

[43] VLCEK J, HUBER H, ENGLHART M, et al. "Where are the limits of cold spray? ceramic deposition" cold spray new horizons in surfacing technology [M]. Albuquerque: [s. n.] 2002.

[44] LI C J, YANG G J, HUANG X C, et al. Formation of TiO_2 photocatalyst through cold spraying [C] //Proceedings of the International Thermal Spray Conference. Osaka: ASM International Thermal Spray Society, 2004.

[45] YAMADA M, WADA H, SATO K, et al. Fabrication of TiO_2 coating by cold spraying and evaluation of its property [C] //Proceddings of the International Thermal Spray Conference. Masstricht: DVS-German Welding Society, 2008.

[46] SALIM N T, YAMADA M, NAKANO M, et al. The synthesis of titanium dioxide powders for cold spray [C] //Proceedings of the International Thermal Spray Conference. Hamburg: DVS-German Welding Society, 2011.

[47] SALIM N T, YAMADA M, NAKANO H, et al. The effect of post-treatments on the powder morphology of titanium dioxide (TiO_2) powders synthesized for cold spray [J]. Surface & Coatings Technology, 2011, 206: 366-371.

[48] KITAMURA J, SATO K, WATANABE W, et al, Mechanical properties of WC-Co coatings prepared by cold and warm spray processes [C] //International Thermal Spray Conference. Hamburg: DVS-German Welding Society, 2011.

[49] SONE M, FUKANUMA H, HUANG R, et al. Comparison of the characteristics of CoNiCrAlY coatings prepared by cold spray and LPPS process [C] //Proceedings of the International Thermal Spray Conference. Texas: ASM International Thermal Spray Society (TSS), 2012.

[50] MA X, RUGGIERO P. Cold sprayed MCrAlY as a bondcoat candidate for TBC application [C] //Proceedings of the International Thermal Spray Conference. Long Beach: ASM International Thermal Spray Society (TSS), 2015.

第 6 章

热喷涂纳米陶瓷氧化物团聚粉末和悬浮液料

在 20 世纪末的 20 年，纳米材料成为最引人注目的材料，主要是因为纳米颗粒的独特性能。纳米陶瓷氧化物作为最小单相结构材料引起了人们的重视，在热喷涂领域也有很多研究者尝试喷涂纳米陶瓷氧化物粉末。然而纳米粉末并不是可以简单地直接用热喷涂方法制备涂层，因为纳米粉末很难连续均匀地被送入喷涂射流中。目前纳米粉末的热喷涂主要通过以下两种方法。

1）将纳米粉末团聚制成微米级粉末，用传统的送粉器加气体携带方式将团聚粉末带入热喷涂射流中。

2）采用液体携带方法，将纳米粉末分布于溶液中形成悬浮溶液（Suspension）或者将金属硝酸盐溶于水或乙醇溶液中制备成溶液（Solutions），再用等离子或超音速喷涂等方法制备涂层。

上述两种方法为纳米粉末的喷涂提供了可能，所制备的涂层结构不同于热喷涂传统熔化-破碎氧化物陶瓷粉末制备的涂层，甚至喷涂上述两种方法制备的纳米涂层组织也不尽相同。本章将介绍热喷涂这两种纳米粉末的工艺和涂层组织。

6.1 纳米陶瓷氧化物团聚粉末的热喷涂

热喷涂纳米陶瓷氧化物团聚粉末的主要方法有大气等离子喷涂、低压等离子喷涂和 HVOF 喷涂。YSZ 粉末，由于熔点高，故等离子喷涂为首选，熔点略低的 TiO_2 粉末可以用 HVOF 喷涂。纳米团聚氧化钇稳定氧化锆（YSZ）作为热障涂层备受关注。纳米团聚 Al_2O_3-$13TiO_2$（TiO_2 的质量分数为 13%）主要用于耐磨涂层。与等离子喷涂传统的熔化-破碎粉末制备的热障涂层相比，纳米 YSZ 热障层具有较高的抗热震性和低热导系数。纳米氧化铝涂层和纳米 Al_2O_3-$13TiO_2$ 涂层在力学性能方面呈现出良好的特征[1]。

大气等离子喷涂纳米陶瓷氧化物团聚粉末形成的涂层往往含有熔化和部分熔化的二元结构，这与粉末在等离子射流中受到不均匀加热有关。大气等离子喷涂射流通常为湍流，从喷嘴喷出后，会不可避免地卷入冷空气，导致等离子炬温度波动很大，加上等离子喷涂大多采用径向送粉，使粉末在等离子射流中受到不同温度的影响，故会导致喷涂中一些纳米团聚颗粒处于完全熔化状态，另一些颗粒不熔化或半融化，最终形成二元结构组织涂层。

6.1.1 纳米陶瓷氧化物团聚粉末的制备

纳米陶瓷氧化物团聚粉末的制备方法是将纳米粉末放入水或乙醇溶液中分散，加入适量聚乙烯醇（PVA）胶水，在搅拌器中使粉末与液体均匀混合制成浆料，主要控制的参数有混合液体浆料的黏度和固相粉末的含量。浆料混合后，在喷雾容器内将浆料进行喷雾造粒或用高速旋转离心方法使浆料分离为 $10 \sim 200 \mu m$ 团聚颗粒，经过热风干燥，制备成团聚干燥粉末。团聚干燥粉末可以直接用于热喷涂，为了长时间保持和运输，也可将团聚干燥粉末在 $900 \sim 1300 \text{℃}$ 高温炉中脱胶、烧结强化。应根据材料种类，控制烧结温度和时间，以避免纳米粉末生长过大。烧结温度过低，团聚粉末强度不高，粉末在喷涂过程中可能会提前破碎。烧结温度过高，纳米粉末会生长过大。将烧结后不同粒度的团聚粉末粉筛后获得合适颗粒尺寸的纳米团聚粉末。粉末颗粒的大小和松装密度对热喷涂的涂层组织有一定影响。

6.1.2 大气等离子喷涂 YSZ 纳米团聚粉末

图 6-1 所示为大气等离子喷涂 YSZ 纳米团聚粉末涂层形成过程的示意图[2]。热喷涂 YSZ 纳米团聚粉末需要熔化或部分熔化粉末才能形成涂层，如果纳米团聚粉末在热喷涂过程中全部熔化，那么最终的涂层组织将不会有纳米特性。因此热喷涂 YSZ 纳米团聚粉末时，不能使粉末完全熔化，要控制喷涂功率，使纳米团聚粉末部分熔化。大气等离子喷涂射流（特别是 $Ar\text{-}H_2$）为湍流，温度波动很大，当纳米团聚粉末进入等离子射流后，受到不均匀加热，一些粉末处于完全

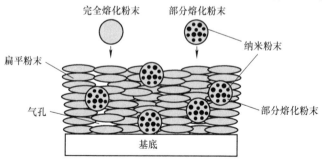

图 6-1 大气等离子喷涂 YSZ 纳米团聚粉末涂层形成过程的示意图

熔化状态（Fully molten），另一些粉末则处于半熔化状态（Semi molten），这些粉末撞击基体时会保留它的熔化状态，形成二元结构涂层。这样特征的涂层作为热障涂层有独特的性能，不同于大气等离子喷涂传统的熔化-破碎粉末形成的层状堆积结构涂层。二元结构涂层不是100%的纳米涂层，涂层中纳米含量由喷涂工艺、喷涂参数和团聚粉末性能决定。这些参数包括等离子电弧电流、等离子气体种类、送粉位置、喷涂环境压力、团聚粉末尺寸、烧结性和松装密度等。

　　Lima 等人[3]采用大气等离子（F4-MB 喷枪，Ar-H$_2$ 气体）喷涂粒度 40 ~ 150μm（$d_{50} = 90\mu m$）的 8YSZ 纳米团聚粉末，粉末如图 6-2 所示。作为对比试验还喷涂了传统的熔化-破碎 8YSZ 粉末（$d_{50} = 63\mu m$），比较了两种涂层的高温性能。从图 6-2b 可以看到，30 ~ 130nm 纳米粉末经高温烧结后黏结在一起。为了使喷涂中 8YSZ 纳米团聚粉末不要过多熔化，应适当控制喷涂参数，喷涂中测量了粉末的温度和速度。图 6-3 所示为喷涂 8YSZ 纳米团聚粉末制备的涂层组织，喷涂中测量得到的 YSZ 粉末温度为 2670℃（接近 2700℃，8YSZ 的熔点），速度为 210m/s，涂层中含有完全熔化和部分熔化的二元结构。完全熔化区域组织致密，颜色浅；部分熔化区域组织松散，含有纳米粉末。传统粉末喷涂的颗粒温度为 2700℃，速度 148m/s。图 6-4 所示为喷涂传统粉末制备的涂层。

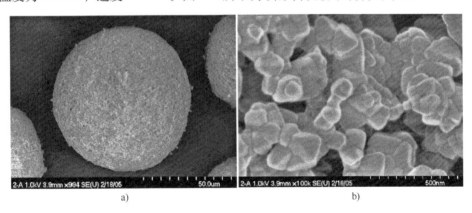

a)　　　　　　　　　　　　　　b)

图 6-2　8YSZ 纳米团聚粉末

a）团聚后的球形颗粒粉末　b）粉末的内部结构

　　图 6-3 所示的二元结构纳米涂层，纳米含量（质量分数）约为 35%，它的热扩散率低于大气等离子喷涂传统的熔化-破碎 8YSZ 粉末的层状结构涂层。对二元结构纳米涂层进行 1400℃、20h 处理，发现涂层气孔率和热扩散率明显增加（见图 6-5），而传统涂层的气孔率随温度几乎不变。作者认为 8YSZ 纳米涂层气孔率的增加是因为 1400℃烧结过程中纳米区域坍缩形成了更大的气孔。气孔率的增加导致热扩散率降低，但是热处理也会使涂层发生烧结，最终导致热扩散率

增加。另外二元结构纳米涂层随热处理时间的变化明显不同于大气等离子喷涂传统的熔化-破碎8YSZ粉末的层状组织涂层，传统涂层对热处理的敏感程度更低。图6-6所示为1400℃，20h保温后纳米和传统涂层的断面组织。

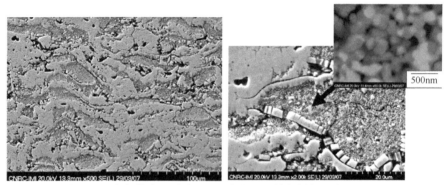

图6-3　大气等离子喷涂8YSZ纳米团聚粉末制备的涂层组织

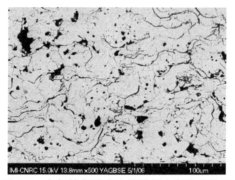

图6-4　大气等离子喷涂传统粉末制备的涂层

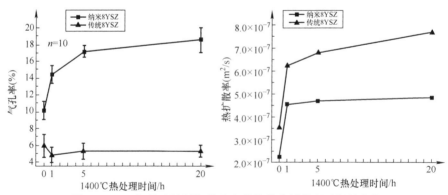

图6-5　1400℃处理涂层气孔率和热扩散率随处理时间的变化

杨德明等人[4]在INCONEL 718基体上预先喷涂NiCrAlY黏结层，然后采用喷嘴内侧送粉的大气等离子喷涂方法，以20L/min Ar-5L/min H_2-30L/min He为

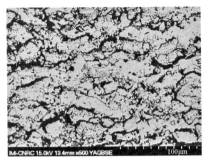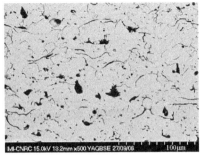

图 6-6　1400℃，20h 保温后纳米和传统涂层的断面组织

工作气体，在电流 300A、400A 和 500A 下，分别喷涂了图 6-7 所示的 8YSZ 纳米团聚粉末，获得图 6-8 所示的涂层组织。表 6-1 所列为喷涂参数。结果表明，随喷涂等离子电流由 300A 增加到 400A 和 500A，涂层中纳米含量（质量分数）逐渐减少，分别为 60%，52% 和 39%。对三个涂层进行 1000℃-水冷热震试验，发现 400A 喷涂，纳米含量 52% 的涂层在 50 次热震后涂层未脱落，而 60% 和 39% 纳米含量的涂层存在部分脱落现象，特别是纳米含量 39% 的涂层出现了大面积脱落，如图 6-9 所示。对涂层进行 1300℃加热，保持 10h 处理，结果如图 6-10 所示，发现涂层中纳米含量减少。涂层硬度由于烧结而增加。图中 High，Medium 和 Low 的纳米含量分别代表 60%，52% 和 39%。

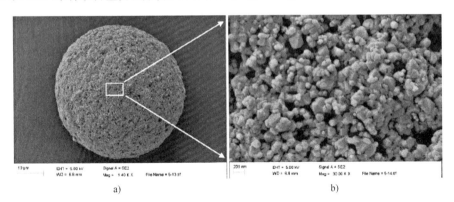

a)　　　　　　　　　　　　　　　　b)

图 6-7　8YSZ 纳米团聚粉末

a）纳米团聚颗粒　b）颗粒内部

表 6-1　8YSZ 纳米团聚粉末和 NiCrAlY 黏结层的大气等离子喷涂参数

项目	NiCrAlY	8YSZ
电流/A	250	300、400、500
电压/V	50	50
主气体/（L/min）	40	20

（续）

项目	NiCrAlY	8YSZ
二次气体/(L/min)	5	5
He/(L/min)	—	30
携带气体/(L/min)	10	10
喷涂距离/mm	100	100
送粉率(g/min)	20	12

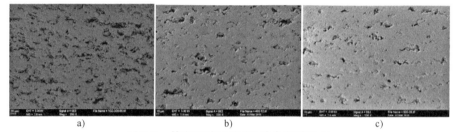

图 6-8   等离子喷涂 8YSZ 纳米团聚粉末

注：电流为 300A、400A、500A，涂层中纳米含量（质量分数）分别为 60%、52% 和 39%。

图 6-9   1000℃ - 水冷热震试验后涂层的表面

a）纳米含量 60%，热震 42 次　b）纳米含量 52%，热震 50 次　c）纳米含量 39%，热震 11 次

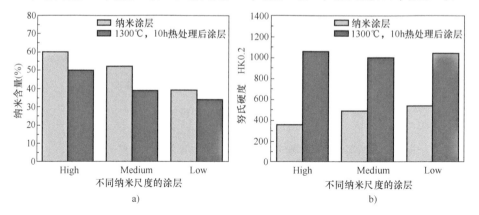

图 6-10   1300℃，10h 热处理后涂层的纳米含量和努氏硬度的变化

a）纳米含量　b）努氏硬度

6.1.3 大气等离子喷涂 Al_2O_3-13TiO_2 纳米团聚粉末

Al_2O_3-13TiO_2 由两种不同熔点的混合材料构成。Al_2O_3 熔点为 2045℃，高于 TiO_2 熔点 1840℃，在等离子喷涂过程中，如果粉末颗粒温度处于 1840~2045℃，可以使 TiO_2 熔化，而 Al_2O_3 不熔化并被熔化的 TiO_2 包围。这与热喷涂 WC-12Co 有些相似，WC 不熔化，Co 熔化作为黏结剂。Al_2O_3-13TiO_2（TiO_2 的质量分数为 13%）涂层也可作为耐磨涂层，这里 TiO_2 为黏结剂。图 6-11 所示为大气等离子喷涂 Al_2O_3-13TiO_2 纳米团聚粉末涂层形成过程的示意图[5]。

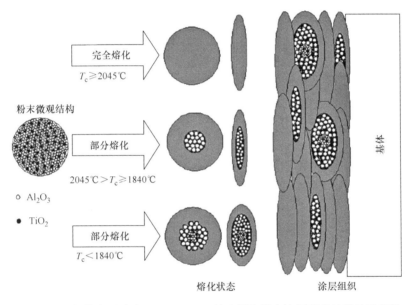

图 6-11 大气等离子喷涂 Al_2O_3-13TiO_2 纳米团聚粉末涂层形成过程的示意图

Goberman 等人[6]采用大气等离子喷涂方法，喷涂了 Al_2O_3-13TiO_2 纳米团聚粉末，图 6-12 所示为涂层的微观组织，呈现两个特征：①图 6-12a 中 A 区域，Al_2O_3-13TiO_2 完全熔化类似于长条板结构；②部分熔化 B 区域；③类似于结块（agglomerate）结构的 C 区域，图 6-12b 所示为区域 C 的高倍率 FESEM 散射电子显微图，该区域由团聚 1~3μm 的 α-Al_2O_3 颗粒嵌入组成，颗粒周围为熔化的 TiO_2 和 γ-Al_2O_3[7]。图 6-13 所示为另一组等离子喷涂传统熔化-破碎 Al_2O_3-13TiO_2 粉末（见图 6-13a）和 Al_2O_3-13TiO_2 纳米团聚粉末制备的涂层（见图 6-13b）断面组织对比[8]。等离子喷涂传统熔化-破碎粉末制备的涂层具有典型的层状结构，而喷涂纳米团聚粉末制备的涂层呈现二元结构，由完全熔化区域（FM）和部分熔化区域（PM）构成。PM 区域进一步可观察到暗色的结晶颗粒镶嵌在周围亮的基体相中，与液相烧结材料类似。之后的 TEM 分析表明，暗色晶粒为 α- Al$_2$O$_3$，而周围相为富 TiO$_2$ 非晶相。FM 区域主要是熔化形成的 γ- Al$_2$O$_3$。

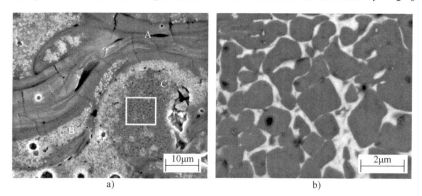

图 6-12　大气等离子喷涂 Al$_2$O$_3$ - 13TiO$_2$ 纳米团聚粉末涂层的微观组织

a）低倍率整体组织　b）a 图中方格的高倍率组织

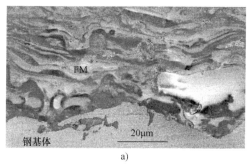

a)

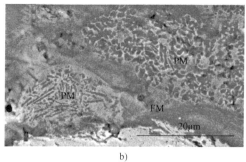

b)

图 6-13　等离子喷涂传统熔化- 破碎 Al$_2$O$_3$ - 13TiO$_2$ 粉末和 Al$_2$O$_3$ - 13TiO$_2$

纳米团聚粉末制备的涂层断面组织对比

a）传统粉末制备的涂层　b）纳米团聚粉末制备的涂层

注：FM 和 PM 代表完全熔化和部分熔化区域。

研究发现，大气等离子喷涂 Al_2O_3-13TiO_2 纳米团聚涂层的耐磨或滑动磨损水平高于喷涂传统熔化-破碎 Al_2O_3-13TiO_2 粉末制备的涂层[9]，但是纳米团聚粉末制备的涂层的硬度值却低于常规涂层[10]。其中也有少数研究者认为二元结构纳米涂层的耐磨性不如传统粉末制备的涂层[11]。纳米二元结构涂层与传统粉末制备的涂层相比具有阻止裂纹扩展功能，裂纹会被纳米区域阻止。在 60mm×50mm 碳钢试片上分别喷涂传统的熔化-破碎粉末和纳米团聚粉末，将试片弯曲一定角度，会观察到有涂层脱落和裂纹的产生，如图 6-14 所示。传统的熔化-破碎粉末涂层弯曲后几乎完全脱落（见图 6-14a)，而纳米二元结构涂层大多为裂纹，也有部分涂层脱落（见图 6-14b)。试验还表明，高能量喷涂的纳米团聚粉末涂层（见图 6-14c)也会发生大面积脱落，这主要是由高能等离子喷涂纳米团聚粉末涂层保留的纳米含量太少所导致的。

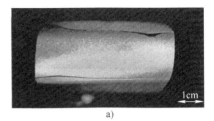
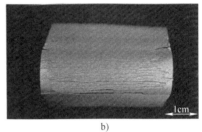

图 6-14 钢板表面涂层弯曲试验结果

a) 传统的熔化-破碎粉末涂层完全脱落

b) 纳米二元结构涂层裂纹和部分脱落

c) 高能量喷涂纳米团聚粉末涂层，几乎完全脱落

6.1.4 大气等离子喷涂 Al_2O_3 纳米团聚粉末

蔡琳[12]采用以空气为工作气体的大气等离子喷枪，在电弧电流 100A、125A 和 150A 下分别喷涂了氧化铝纳米团聚粉末和氧化铝破碎微米粉末。粉末形貌如图 6-15 所示，纳米团聚粉末尺寸在 20~80μm，破碎粉末尺寸为 15~45μm。以 150mm×60mm×6mm 碳钢板作为喷涂基体，预先喷砂处理，选择适当的临界等离子喷涂参数，（the critical plasma spray parameter，CPSP）制备涂层定义如下。

$$CPSP = \frac{电压 \times 电流}{气体流量} \tag{6.1}$$

由于等离子喷涂使用单一的空气作为工作气体，气体成分固定，只有流量变化，故用式（6.1）可评价单位流量空气的等离子能量。图 6-16 所示为空气流量 40L/min，电弧电流 100A、125A 和 150A 下喷涂氧化铝纳米团聚粉末形成的涂层组织，涂层中纳米含量分别为 50%~60%、45%~55% 和 30%~40%。随

CPSP 的增加，涂层中纳米含量减少。

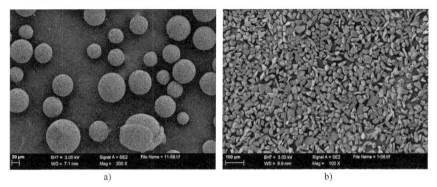

图 6-15 氧化铝纳米团聚粉末和氧化铝破碎微米粉末
a）氧化铝纳米团聚粉末 b）氧化铝破碎微米粉末

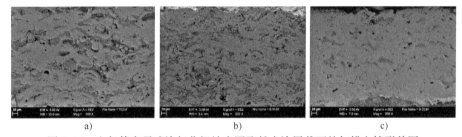

图 6-16 空气等离子喷涂氧化铝纳米团聚粉末涂层截面的扫描电镜形貌图
a）电弧电流 100A b）电弧电流 125A c）电弧电流 150A

图 6-17 所示为不同 CPSP 喷涂条件下喷涂 Al_2O_3 纳米团聚粉末和 Al_2O_3 破碎微米粉末涂层的 XRD 衍射谱图。纳米团聚粉末和传统破碎微米粉末均由 $\alpha\text{-}Al_2O_3$ 相组成。图 6-17a 所示为纳米涂层的相组成，由 $\alpha\text{-}Al_2O_3$ 和 $\gamma\text{-}Al_2O_3$ 组成，纳米涂层中的 $\alpha\text{-}Al_2O_3$ 是喷涂中未熔化的纳米颗粒。随着 CPSP 增加纳米氧化铝的熔化程度增加，故涂层中 $\gamma\text{-}Al_2O_3$ 也增加。图 6-17b 所示为喷涂氧化铝破碎微米粉末制备的涂层 XRD 衍射图谱，氧化铝破碎微米粉末经过等离子喷涂后，涂层中 $\alpha\text{-}Al_2O_3$ 明显降低，主要相为 $\gamma\text{-}Al_2O_3$，含量明显高于相同条件下喷涂纳米团聚粉末涂层中 $\gamma\text{-}Al_2O_3$ 的含量。在相同喷涂条件下，纳米团聚粉末涂层中 $\gamma\text{-}Al_2O_3$ 含量小于破碎微米粉末涂层，这是由于纳米团聚粉末颗粒尺寸相对较大，并具有一定的孔隙，与氧化铝破碎微米粉末相比热导率低，因此在相同的喷涂条件下，氧化铝纳米团聚粉末熔化程度低于破碎微米粉末。

图 6-18 所示为纳米团聚粉末和破碎微米粉末制备涂层的硬度比较。纳米团聚粉末制备涂层的硬度随 CPSP 增加而增加，破碎微米粉末制备涂层的硬度则几乎不变。某种程度上硬度值的变化也反映了粉体的熔化程度。破碎微米粉末在不同 CPSP 条件下保持几乎相同的熔化率，这一点与图 6-17b 所示的 XRD 结果一

致。图 6-19 所示为两种喷涂试样弯曲后的表面状态，破碎微米粉末制备的涂层出现明显的涂层脱落，而纳米团聚粉末制备的涂层以裂纹为主。

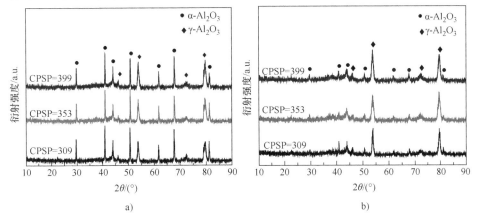

a)　　　　　　　　　　　　　　　　b)

图 6-17　不同 CPSP 喷涂条件下 Al_2O_3 涂层的 XRD 衍射谱图

a) 纳米团聚粉末涂层　　b) 破碎微米粉末涂层

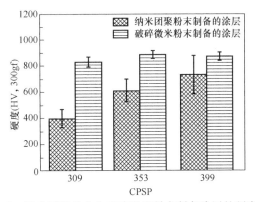

图 6-18　纳米团聚粉末和破碎微米粉末制备涂层的硬度比较

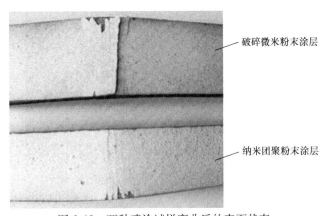

图 6-19　两种喷涂试样弯曲后的表面状态

6.1.5 超音速喷涂 TiO₂ 纳米团聚粉末

除等离子喷涂纳米团聚粉末外，Lima 等人[13] 使用以丙烯-氧气为燃料的
DJ2700-HVOF 分别喷涂了颗粒尺寸为 5~20μm 的 TiO₂ 纳米团聚粉末和传统的熔
化-破碎 TiO₂ 粉末。图 6-20 所示为两种涂层的断面组织和压痕，气孔率均小于
1%，致密性良好。TiO₂ 纳米团聚粉末涂层硬度为（810±26）HV0.3，传统的
熔化-破碎 TiO₂ 粉末涂层的硬度为（833±30）HV0.3，两者几乎相当。对涂层
断面进行 5kg 载荷，15s 压载，发现 HVOF 喷涂传统的熔化-破碎粉末制备的涂
层的裂纹长度大于纳米团聚粉末制备的涂层，纳米团聚粉末涂层的断裂韧性
为（28.4±1.4）MPa·m$^{1/2}$，而传统的熔化-破碎粉末涂层的断裂韧性为（17.2±
3.3）MPa·m$^{1/2}$。高倍放大涂层组织表明，HVOF 喷涂 TiO₂ 纳米团聚粉末涂层
也存在二元结构，压痕时裂纹的扩展停止在纳米区域。而传统的熔化-破碎粉末
制备的涂层，由于组织连续，难以阻碍裂纹的扩展，最终导致涂层剥落或失效。
在结合强度方面，纳米团聚粉末涂层为（56±22）MPa，高于传统的熔化-破碎
粉末涂层的（23±5）MPa。采用 XRD 对两种涂层的相组成进行分析，纳米团聚
粉末涂层中的锐钛矿相略高于传统的熔化-破碎微米粉末涂层。此外作者依据
ASTM G65-00 标准（硅砂胶轮磨损试验，胶轮直径 228.6mm，转速 200r/min，
作用力 45N，碳化硅硅砂 212~300μm，硅砂供给量 300~400g/min），比较了两
种涂层的耐磨性。结果表明，纳米团聚粉末涂层磨损表面没有发生裂纹，呈现了
塑性变形的磨损痕迹。另一方面对传统的熔化-破碎粉末涂层进行耐磨试验，发
现磨损表面粗糙，可以观察到划痕和局部涂层脱落现象。试验结果表明，纳米团
聚粉末制备的涂层的耐磨性优于传统的熔化-破碎粉末制备的涂层。

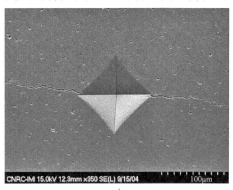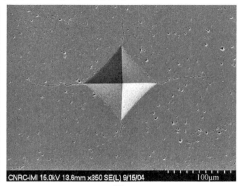

a)   b)

图 6-20 DJ2700-HVOF 喷涂 TiO₂ 涂层的断面组织和压痕

a) 传统的熔化-破碎粉末涂层 b) 纳米团聚粉末涂层

6.1.6 低压等离子喷涂 YSZ 纳米团聚粉末

低压等离子射流与大气等离子有些不同，其随着环境压力的降低，等离子射

流的高温区域变长，同时径向也发生了膨胀。由于外部卷入冷气体的大量减少，因此等离子射流温度波动较小，喷涂纳米团聚粉末，二元结构涂层组织有别于大气等离子喷涂。另一方面，随着环境压力的降低，等离子密度也会下降，导致对粉末加热能力下降。图 6-21 所示分别为环境压力为 100Pa，等离子工作气体 20L/min Ar-30L/min He 和 40L/min Ar-10L/min H_2 下等离子射流的照片[14]。等离子电流为 500A，20Ar-30He 等离子射流集中，而 40Ar-10H_2 等离子射流径向更加膨胀。由于 20Ar-30He 等离子射流集中，同时等离子射流热焓低于 Ar-H_2 等离子射流，因此制备纳米涂层时有更明显的纳米特点，一定条件下可制备完全纳米结构的涂层。

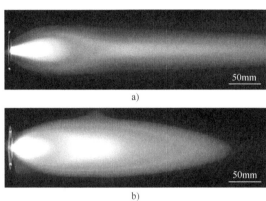

图 6-21　20Ar-30He 和 40Ar-10H_2 等离子射流

a）20Ar-30He　b）40Ar-10H_2

在表 6-2 所列参数下，使用大连海事大学研制的低压等离子喷涂设备[14]，喷涂了 8YSZ 纳米团聚粉末，与传统 APS 的涂层组织相比有很大不同。图 6-22 所示为环境压力 100Pa 下，20Ar-30He 和 40Ar-10H_2 等离子气体喷涂 8YSZ 纳米团聚粉末涂层的组织。20Ar-30He 气体喷涂获得了 100 ~ 200nm 等轴晶的组织。而 40Ar-10H_2 等离子气体喷涂后颗粒尺寸粗大 200 ~ 1000nm，喷涂中原始纳米颗粒明显生长。

表 6-2　低压等离子喷涂参数

项目	Ar-H_2	Ar-He
主气体 Ar/（L/mim）	40	20
二次气体 H_2/（L/min）	10	—
二次气体 He/（L/min）	—	—
携带气体/（L/min）	3	3
电流/A	500	500
喷涂距离/mm	400	400
送粉量/（g/min）	10	10

图 6-22　低压 20Ar-30He 和 40Ar-10H$_2$ 等离子气体喷涂 8YSZ 纳米团聚粉末涂层

a）20Ar-30He　b）40Ar-10H$_2$

20Ar-30He 等离子电压较低（一般在 40V 左右），提高等离子功率，只能提高电流。加入氢气可以明显提高等离子电弧电压，对于提高喷涂功率非常有效。图 6-23 所示为环境压力 200Pa 下，等离子工作气体 20L/min Ar-30L/min He-5L/min H$_2$ 喷涂 8YSZ 纳米团聚粉末的涂层断面组织（抛光，热腐蚀）和等离子束流照片。

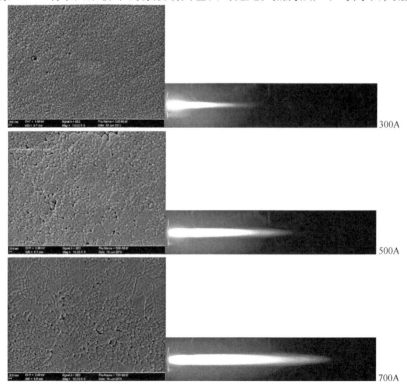

图 6-23　低压等离子喷涂 8YSZ 纳米团聚粉末的涂层断面组织和等离子束流照片，
电流 300A、500A、700A，20Ar-30He-5H$_2$ 工作气体

在 300A 下可制备完全纳米结构的涂层。500A 出现了完全熔化的大颗粒等轴晶。随电流的增加，涂层中完全熔化颗粒的尺寸也在增加。与大气等离子喷涂不同，低压等离子喷涂涂层组织没有出现层状组织。然后计算了涂层硬度的威布尔分布，300A 喷涂涂层没有二元结构的硬度变化特征。500A 和 700A 的涂层出现不同斜率的硬度的威布尔分布，完全熔化的大尺寸等轴晶区域硬度高，而小尺寸晶粒区域由于存在二元结构，硬度相对低些。

图 6-24 所示为大气等离子喷涂和低压等离子喷涂 8YSZ 纳米团聚粉末的涂层平均硬度与喷涂电流的关系，工作气体均为 20Ar-30He-5H$_2$。在相同的电流条件下，大气等离子喷涂 8YSZ 纳米团聚粉末涂层的硬度高于低压等离子喷涂，这与低压等离子喷涂的传热下降有关。无论是大气等离子喷涂还是低压等离子喷涂，涂层的硬度随等离子电流的增大而增加，表明涂层中完全熔化的区域在增加。

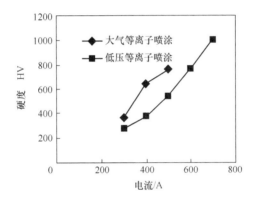

图 6-24　大气等离子喷涂和低压等离子喷涂 8YSZ 纳米
团聚粉末涂层平均硬度与喷涂电流关系

6.1.7　小结

本节介绍了大气等离子、HVOF 和低压等离子喷涂纳米陶瓷氧化物团聚粉末，主要材料有 8YSZ、Al$_2$O$_3$-13TiO$_2$、TiO$_2$ 和 Al$_2$O$_3$ 纳米团聚粉末。8YSZ 主要用于热障涂层，由于材料熔点高，尽量选用等离子喷涂。大气等离子喷涂 8YSZ 纳米团聚粉末，通常形成二元结构的涂层组织，涂层中纳米的含量与喷涂能量和粉末性能有关，且随着等离子功率的增加，涂层中纳米的含量会降低。对于热障涂层存在最佳纳米含量，纳米含量过高或过低，都会降低涂层的抗热震性能。

等离子喷涂 Al$_2$O$_3$-13TiO$_2$ 主要是考虑在耐磨损方面的应用。控制等离子喷涂能量，形成 TiO$_2$ 完全熔化，Al$_2$O$_3$ 部分熔化的二元结构涂层组织有利于涂层的耐磨性和力学性能。

TiO$_2$熔点低，可以用高温燃烧气体的 HVOF 来制备涂层。HVOF 喷涂 TiO$_2$ 纳米团聚粉末的涂层力学性能优于喷涂传统的熔化-破碎微米粉末的性能。

热喷涂纳米氧化物团聚粉末往往形成二元结构，涂层的气孔率和组织连续性通常低于喷涂破碎微米粉末，因此不太适应于 Cr$_2$O$_3$ 激光雕刻印刷辊涂层。

低压等离子喷涂纳米团聚粉末涂层与大气等离子喷涂有些不同，其应用有待进一步开发。

6.2   悬浮液料和溶液的热喷涂

热喷涂悬浮液（Suspension）或溶液（Solutions）是制备纳米结构涂层的另一种方法，Karthikeyan 等人先驱性地开展了这方面的工作[15]。将纳米粉末分散在水或乙醇溶液中，制成悬浮液料，用输送液体装置将料液输送到热喷涂射流中，这一方法与上一节喷涂纳米团聚粉末不同，液料进入高温、高速燃流后首先被雾化和分化为小颗粒，然后继续在燃流中烧结、熔化，最终喷涂到基体表面。纳米颗粒聚集尺寸远小于上一节介绍的纳米团聚粉末，最终形成的涂层组织与纳米团聚粉末也有很大不同。

6.2.1   悬浮液喷涂设备和送料

图 6-25 所示为等离子喷涂悬浮液或溶液的示意图[16]。与大气等离子喷涂气体携带粉末有些不同，需要输送液体的装置。由于液料喷涂需要将携带的液体雾化和蒸发，因此需要高能量的喷涂方法，悬浮溶液最常用的喷涂方法有大气等离子喷涂和火焰超音速喷涂。

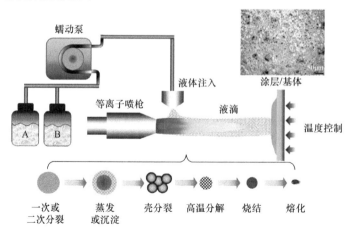

图 6-25   等离子喷涂悬浮液或溶液的示意图

用于液料喷涂的等离子喷枪有 Sulzer Metco 9M、F4，Praxair SG-100 等，功率为 30~40kW，工作气体为 Ar-H_2，Ar-He 或者 Ar-H_2-He。氢气能够提供较高热焓值的等离子射流，但是会引起较大的电压波动，而 Ar-He 等离子电压波动小。Sulzer Metco 三阴极等离子喷枪在 Ar-He 气体下能达到 100~120V 的高电压，并且电压波动小[17]。以上这几种喷枪由于结构的因素，只能在喷嘴外部采用径向喷射模式送料。三阴极 Axial Ⅲ™（Mettech，Vancouver，Canada）喷枪，如图 6-26 所示，独立产生了三束等离子射流并汇聚在一个喷嘴内，其可以轴向送粉，是一种良好的液料等离子喷枪。

超音速喷涂设备种类很多，喷涂氧化物要尽可能选用燃烧温度高的 HVOF。图 6-27 所示为 Top Gun-S（GTV，Düsseldorf，Germany）[18]，使用乙烯-氧气燃烧可产生较高的温度，能熔化一些低熔点氧化物。另外使用氢气燃料的 DJ 2600 也已被应用于液料喷涂，这两种喷枪可采用轴向内喷雾送料，液体将直接输送到燃烧室的高温、高压区间。

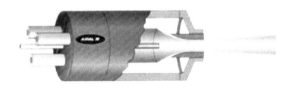

图 6-26 三阴极 Axial Ⅲ™等离子喷枪

图 6-27 新设计的 Top Gun-S

悬浮液和溶液输送到等离子射流中通常有两种途径。

（1）机械喷射模式 液体以细液滴喷射形式径向喷射到等离子火焰中，主要是将液体放入加压的容器中并强迫通过一个给定直径 0.1~0.7mm 的喷嘴，再喷射到热喷涂射流中，如图 6-28 所示。

（2）喷雾雾化模式 悬浮液在进入等离子体射流之前首先在高压气体的帮助下雾化[18]，通常使用同轴雾化器，低速的悬浮液入口在前，其后有一个高压气体入口，悬浮液会被高压气体雾化，雾化过程如图 6-29 所示。首先悬浮液被气流雾化成微小液滴，然后微小液滴被射流蒸发，同时在射流中被加热、烧结、熔化。

图 6-28　机械喷射模式，Ar- H_2 等离子射流

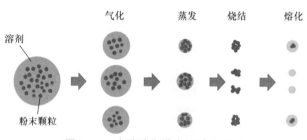

图 6-29　喷雾雾化模式的雾化过程

6.2.2　液流与射流的相互作用

Weber 数可以表达液体的雾化行为。

$$W_e = (\rho_p U_o^2 D_o)/\sigma_{sus}$$

式中，ρ_p 等离子射流密度；U_o 为等离子与悬浮液流速差；σ_{sus} 为悬浮液表面张力；D_o 为悬浮液喷嘴直径。当溶液或悬浮液流输送到高温射流中，在高温喷涂射流作用下出现液流的破碎和蒸发，液流和液滴的分裂与 Weber 数有密切关[19]，还与液流分散小滴的表面张力和黏度有关。U_o 随等离子气体流量的增加而增加，W_e 变大，湍流喷嘴达到雾化需要 $W_e > 40$。悬浮液通常使用水溶液或乙醇作为颗粒载体，水载体会降低射流温度，最好用乙醇作为液体载体。293K 下乙醇表面张力 $\sigma_{eth} = 22 \times 10^{-3} N/m$，水表面张力 $\sigma_w = 72 \times 10^{-3} N/m$，分解水需要更高的能量。如果保持同样的注入参数，将液体从乙醇改为水，需要将喷嘴直径从 $70\mu m$ 改为 $200\mu m$，这将增加雾化气体，可能会扰乱等离子射流。使用蒸馏水，要求 U_o 达到 57m/s。W_e 越低，雾化减少，团聚液滴增加，从而导致涂层致密。添加不同的溶剂可以改进乙醇溶液的表面张力和黏度，溶液的黏度会影响溶液中悬浮颗粒的百分含量，使用分散剂能够提高溶液的黏度，防止颗粒沉淀。

图 6-30 所示为乙醇 + 8YSZ 纳米悬浮液与 Ar- He 等离子射流（Ar/He：

30L/min/ 30L/min，700A，喷 嘴 直 径
6mm）的相互作用[19]。图 6-31 所示为乙
醇和水注入 F4 喷枪等离子射流40L/min
Ar-20L/min He 的照片[20]，当用乙醇
（$W_e = 563$）注入等离子射流时，在下
游 9mm 处，没有发现超过 5μm 的液
滴，雾化效果好。而水（$W_e = 170$）注
入等离子射流时，在下游 13mm 处出现
超过 5μm 的液滴。当悬浮液穿过等离
子射流时，悬浮液会蒸发和分裂，对于
大于 10μm 的液滴，蒸发时间是分裂的

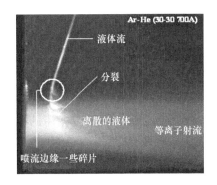

图 6-30　乙醇 + 8YSZ 纳米悬浮液与 Ar-He
等离子射流的相互作用

2~3 倍，一旦液滴破碎成几微米的液滴，蒸发过程就会变得更强烈。图 6-32 所
示为等离子喷涂（45Ar-15H$_2$，300A，喷嘴直径为 5mm）水和乙醇氧化锆悬浮
液在不锈钢基体上收集的固体颗粒，表明氧化锆在乙醇中的受热熔化程度好于在
水中[21]。

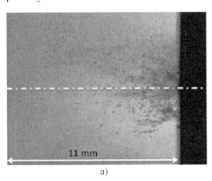

a)

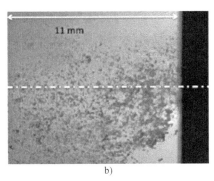

b)

图 6-31　乙醇和水注入 F4 喷枪等离子射流 40L/min Ar-20L/min He 的照片
F4 喷枪（热焓：14MJ/kg）：a）乙醇（$W_e = 563$）　b）水（$W_e = 170$）

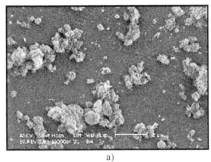

a)

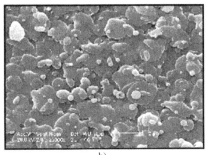

b)

图 6-32　溶剂的影响
a）水悬浮液　b）乙醇悬浮液

对于轴向送料，液料输送到射流的高温、高速区域后，迅速被分散成微小液滴，之后蒸发。对于侧向外送料喷涂，液料首先在热喷涂气流的外部受高温、高速射流的作用，开始分散为微小液滴并蒸发，但是由于外围热量的不足，不能充分使悬浮颗粒热解，可能造成粒子沉积在送料入口，之后在涂层中形成大颗粒的团聚缺陷。由于液料的蒸发和破碎，固体颗粒在碰撞基体时颗粒大小约几微米，加上溶剂蒸发过程对等离子射流的冷却，因此喷涂液体距离通常比传统喷涂距离短很多，如喷涂液料为 30～50mm，而传统的等离子喷涂距离为 100～120mm。对于 DJ2700 轴向送料超音速喷涂，喷涂液料距离为 60～90mm，而传统喷涂距离为 200～300mm。对于 HVOF 喷涂，将悬浮液轴向注入 HVOF 枪的燃烧室中的方法虽然改善了细颗粒与 HVOF 火焰之间的传热，但也存在长时间喷射后喷嘴堵塞的缺点。

悬浮液雾化、蒸发后纳米颗粒可能团聚成微小的颗粒，并继续在射流中熔化。传统的大气等离子喷涂破碎微米粉末已经证明，基体的预热对颗粒铺展和溅射形态有影响，提高基体温度有利于形成完整圆盘结构的颗粒。等离子喷涂悬浮液也出现了类似状态，图 6-33 所示为等离子喷涂氧化锆悬浮液，在喷涂距离 40mm 处的不锈钢基体上收集到的颗粒形貌[21]。

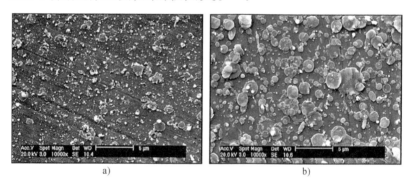

图 6-33 不锈钢基体上收集到的颗粒形貌
a）室温基体 b）基体预热 600K

6.2.3 热喷涂氧化铝、氧化钛、氧化铬悬浮液

热喷涂悬浮液涂层组织与悬浮液性能（水或乙醇）和喷涂参数（气体成分，喷涂距离）有关。Toma 等人[22,23]研究了火焰超音速喷涂和大气等离子喷涂纳米 $\alpha\text{-}Al_2O_3$（$d_{50} = 0.4\mu m$）的水和乙醇悬浮液，$\alpha\text{-}Al_2O_3$ 粉末在溶液中的质量分数为 20%～25%。火焰超音速喷涂使用乙烯-氧为燃料的 Top Gun 喷涂，轴向注入悬浮液。乙烯的最高燃烧温度为 2924℃，高于 Al_2O_3 的熔点。图 6-34 所示为不同流量氧气-乙烯气体下火焰超音速喷涂水悬浮液 Al_2O_3 的涂层组织。图 6-34a

所示的氧气（O_2）-燃料（C_2H_4）流量比率为 165L/min：60L/min，涂层组织出现了部分熔化和完全熔化的二元结构特性，完全熔化区域组织致密，部分熔化区域含有烧结、未熔化的团聚球形颗粒，涂层硬度在（550 ± 50）HV0.05。图 6-34b 所示的氧气（O_2）-燃料（C_2H_4）流量比率为 203L/min：75L/min，喷涂能量高，组织也是二元结构，完全熔化区域增多，涂层中未熔化团聚球形颗粒随喷涂气体能量的增加而减少，涂层硬度为 920（±120）HV0.05。

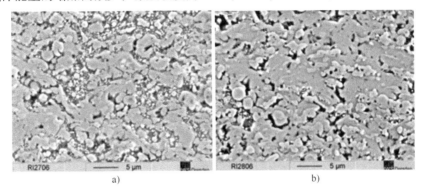

图 6-34　不同流量氧气-乙烯气体下火焰超音速喷涂水悬浮液 Al_2O_3（$d_{50}=0.5\mu m$）的涂层组织
a）氧气（O_2）-燃料（C_2H_4）流量比率为 165L/min：60L/min
b）氧气（O_2）-燃料（C_2H_4）流量比率为 203L/min：75L/min

图 6-35 所示为等离子喷涂（两种参数：$40Ar$-$10H_2$，650A；$40Ar$-$6H_2$，500A）纳米 Al_2O_3 水和乙醇悬浮液的涂层组织，采用悬浮液径向注入方法喷涂。与火焰超音速喷涂相比，图 6-35a 所示的等离子喷涂（参数：$40Ar$-$10H_2$，650A）Al_2O_3 水悬浮液涂层，涂层完全熔化和部分熔化颗粒更细小。而图 6-35b 所示的等离子喷涂（参数：$40Ar$-$6H_2$，500A）Al_2O_3 乙醇悬浮液涂层，由于等离

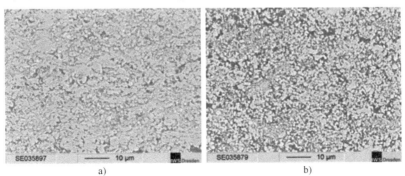

图 6-35　等离子喷涂纳米 Al_2O_3 水和乙醇悬浮液的涂层组织
a）水悬浮液　b）乙醇悬浮液

子电流和二次氢气量的减少，完全熔化区域也随之减少。通过 XRD 对涂层进行分析可知，无论是火焰超音速喷涂还是等离子喷涂，涂层主要相为 α-Al_2O_3 和 γ-Al_2O_3，而 α-Al_2O_3 含量基本相同（质量分数为 60% ~ 78%）。可见火焰超音速喷涂和等离子喷涂 Al_2O_3 悬浮液的颗粒熔化程度相当，Al_2O_3 乙醇悬浮液涂层中的 γ-Al_2O_3 也基本相同于等离子喷涂 Al_2O_3 悬浮液涂层。通常等离子喷涂 Al_2O_3 破碎微米粉末时，涂层中形成的 γ-Al_2O_3 相含量要远高于喷涂悬浮液。

图 6-36 所示为等离子喷涂 Al_2O_3 水悬浮液涂层，当喷涂距离由 70mm 降低为 60mm 时，涂层的致密性发生了很大变化[22]。

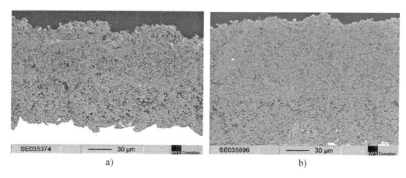

图 6-36   等离子喷涂 Al_2O_3 水悬浮液涂层

a）喷涂距离为 70mm   b）喷涂距离为 60mm

图 6-37 为使用 Axial Ⅲ™等离子喷枪喷涂 Al_2O_3 水悬浮液涂层的断面和表面形貌[24]，涂层组织呈现无分层，无柱状晶结构。涂层表面呈现熔化扁平铺展和未熔化的微球形颗粒。对涂层进行 XRD 分析，主要相为 α-Al_2O_3，γ-Al_2O_3 相对较低，涂层微观气孔率在 3.5% ~ 5%，硬度在 700 ~ 850 HV0.1，断裂韧性约为 $1MPa \cdot m^{1/2}$。

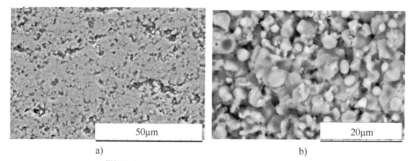

图 6-37   Axial Ⅲ™等离子喷枪喷涂 Al_2O_3 水悬浮液涂层的断面和表面形貌

火焰超音速喷涂纳米 TiO_2 悬浮液主要关注的是涂层中锐钛矿相的含量。图 6-38 所示为等离子和火焰超音速喷涂 TiO_2 悬浮液（$d_{50}=36nm$，粉末质量分数为 10% ~20%）涂层组织。等离子喷涂涂层较致密（见图 6-38a），含有堆叠的纳米粒子结构。图 6-38b 所示为火焰超音速涂层，含有熔化和未熔化二元结构特征。XRD 结果表明，等离子喷涂涂层中锐钛矿相含量为 67% ~81%（质量分数）高于火焰超音速涂层的 27.5% ~41.5%（质量分数）。由于喷涂过程中发生了不可逆相变，涂层中锐钛矿相含量的降低，表明火焰超音速涂层中粉末的熔化程度更高。

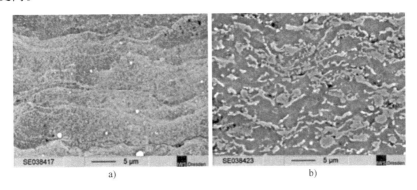

图 6-38 等离子和火焰超音速喷涂纳米 TiO_2 悬浮液涂层

a）外部径向注入悬浮液等离子喷涂 b）外部径向注入悬浮液火焰超音速喷涂

Toma 的研究[25]还表明，HVOF 喷涂 Al_2O_3 悬浮液时，喷涂距离也会影响喷涂组织，80mm 喷涂距离获得的涂层致密性高于 110mm 喷涂距离，这与雾化后纳米粉末的飞行速度有关，图 6-39 所示为 HVOF 喷涂距离与颗粒速度的关系。

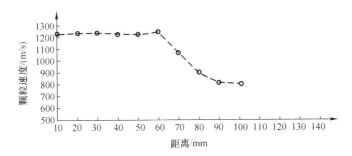

图 6-39 HVOF 喷涂距离与颗粒速度的关系

文献[26]进一步研究了 HVOF 喷涂 Al_2O_3 悬浮液涂层的绝缘性，采用乙烯-氧气为热源的 Top Gun 喷枪，悬浮液粉体的质量分数 35%，平均粒度为 1.35μm 的 α-Al_2O_3 水悬浮液。喷涂距离 80mm，悬浮液送料量 75mL/min。图 6-40 所示为 HVOF 悬浮液和 HVOF 喷涂传统的 Al_2O_3 涂层组织对比，HVOF 悬浮液涂层组织的致密性略好于 HVOF 喷涂传统粉末层状涂层。

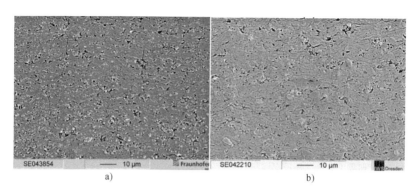

图 6-40　HVOF 喷涂 Al$_2$O$_3$ 涂层组织

a）Al$_2$O$_3$ 悬浮液　b）传统 Al$_2$O$_3$ 粉末

图 6-41 为 HVOF 喷涂悬浮液（S-HVOF）和 HVOF 喷涂传统粉末涂层的 XRD。HVOF 喷涂传统粉末涂层主要相为 γ-Al$_2$O$_3$，α-Al$_2$O$_3$ 相的质量分数为 45%。而在 HVOF 喷涂悬浮液涂层中，α-Al$_2$O$_3$ 的质量分数大约为 72%。在潮湿环境中，保持较高含量的 α-Al$_2$O$_3$ 相对涂层的稳定性有利。图 6-42 所示为在不同湿度的空气中，HVOF 喷涂悬浮液和 HVOF 喷涂传统粉末制备涂层的电阻率对比，HVOF 涂层悬浮液（S-HVOF）具有更好的绝缘性。

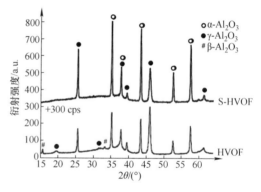

图 6-41　HVOF 喷涂悬浮液（S-HVOF）和
HVOF 喷涂传统粉末涂层的 XRD

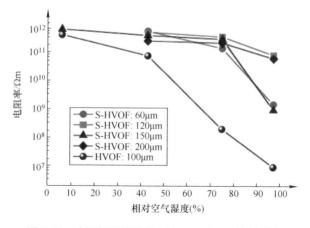

图 6-42　在不同湿度的空气中，HVOF 喷涂悬浮液
（S-HVOF）和 HVOF 喷涂传统粉末涂层的电阻率对比

Hussain 等人[27]将颗粒 $d_{50}=1\mu m$ 氧化铝粉末制备成氧化铝水悬浮液，氧化铝的质量分数为 35%，使用 Top Gun 喷涂，轴向注入雾化悬浮液，喷嘴直径为 0.3mm，悬浮液的压力为 3bar，氢气为喷涂燃料，喷涂距离 85mm，在表 6-3 所列喷涂参数下，在碳钢基体上喷涂了氧化铝涂层。图 6-43 所示为涂层断面组织，图 6-44 所示为涂层的 XRD。高能量 101kW 喷涂涂层组织更加致密，主要相为 γ-Al_2O_3。而低能量 72kW 喷涂涂层主要相为 α-Al_2O_3，另外涂层含有很多气孔。对比图 6-40 和图 6-43 可知，虽然都是 HVOF 喷涂，但是涂层组织和相有差别，这主要是喷涂能量造成的。

表 6-3　氧化铝悬浮液 HVOF 喷涂参数

能量类别	氧气/(ft³/min)	氢气/(ft³/min)	能量/kW
高能量	650	1300	101
低能量	466	932	72

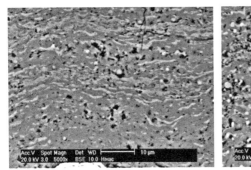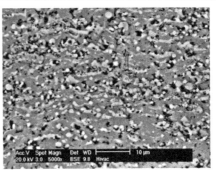

图 6-43　HVOF 喷涂悬浮液 Al_2O_3 涂层断面组织

a）高能量喷涂　b）低能量喷涂

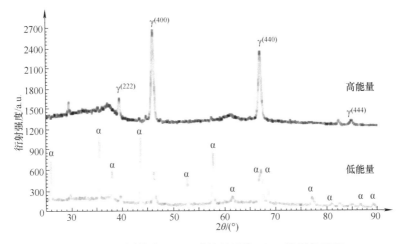

图 6-44　不同能力 HVOF 喷涂悬浮液 Al_2O_3 涂层的 XRD

Killinger 等人[18]使用 Top Gun，采用机械直接注入和气体雾化注入两种方式，喷涂了质量分数为 40% 的 Al_2O_3 悬浮液，涂层组织如图 6-45 所示，涂层的差别主要是气孔率。与气雾器喷射相比，直接喷射产生得层间孔隙更大，涂层的气孔率较高，另外使燃烧室长度从 22mm 增加到 38mm，有利于熔化，减少了涂层层间孔隙。

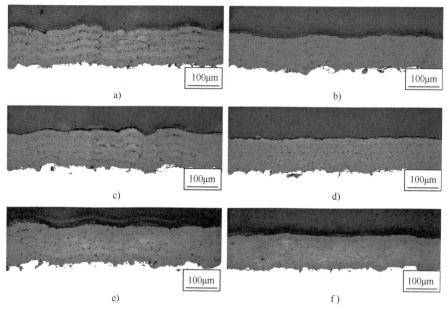

图 6-45　HVOF 喷涂 Al_2O_3 悬浮液涂层组织

a）22mm，机械直接注入　b）22mm，气体雾化注入　c）30mm，机械直接注入
d）30mm，气体雾化注入　e）38mm，机械直接注入　f）38mm，气体雾化注入

大气等离子喷涂 Cr_2O_3 涂层具有高硬度，已广泛应用于密封环、印刷辊等。Toma 等人[28]用 HVOF 喷涂了 Cr_2O_3（$d_{50} = 0.8\mu m$）水悬浮液，涂层硬度达 1400HV0.3。作为比较还用大气等离子喷涂了传统破碎的 Cr_2O_3（$10 \sim 45\mu m$），涂层硬度为 1150HV0.3。与大气等离子喷涂传统破碎粉末相比，HVOF 喷涂悬浮液 Cr_2O_3 涂层的致密性和硬度更高。

Khatibnezhad 等人[29]研究了等离子喷涂 TiO_2 水悬浮液的涂层组织。喷涂前预先将尺寸 $25mm \times 25mm \times 5mm$ 不锈钢基体经 $80\mu m$ 粒度颗粒的氧化铝喷砂，超声波清洗后，连续往复喷涂 40 次，喷枪水平移动速度 1m/s，具体的喷涂参数见表 6-4。

表 6-4　等离子喷涂 TiO_2 水悬浮液参数

喷枪	气体/（L/min）	电流/A	能量/kW	喷涂距离/mm
3MB	45Ar-7H_2	450	28	40

图 6-46 所示为涂层的表面形貌和断面组织。在涂层的表面，呈现尺寸为 $50 \sim 150 \mu m$ 的菜花状堆积。虽然垂直喷涂，但涂层的断面组织呈现典型的柱状晶结构，由于液滴的大小和它们较浅的冲击角（阴影效应），在柱之间形成了一些孔隙带，它们附着在粗糙表面的两侧，涂层在两侧（横向和垂直）生长，遮挡表面以避免新粒子的冲击，从而形成一个多孔区域。另外高倍放大组织显示，柱状晶的致密部分由熔化和部分熔化的二元结构组成。

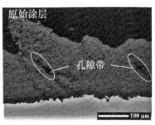

图 6-46　等离子喷涂 TiO_2 水悬浮液涂层的表面形貌和断面组织

悬浮液或溶液方法为喷涂微米级细粉或纳米粉末提供了一种可能。然而，从以上介绍的涂层组织看，无论是等离子喷涂还是 HVOF 喷涂悬浮液，悬浮液的性能（液体介质，粉末颗粒尺寸等），液体/热气相互作用和颗粒飞行现象等方面都有显著的差异，喷涂参数对涂层和相结构有很大影响，涂层组织的敏感程度远高于传统的使用破碎原料的 APS 和 HVOF 的喷涂工艺。

6.2.4　热喷涂 8YSZ 悬浮液

电子束物理气相沉积（EB-PVD）制备的柱状晶 8YSZ 热障涂层具有优良抗热震性，已应用于航空发动机高温叶片，但是 EB-PVD 制备柱状晶 8YSZ 成本高，并且由于涂层致密，热导率也高。20 世纪 90 年代末发展起来的等离子喷涂物理气相沉积（PS-PVD）技术，可在低压的容器内，沉积制造出羽毛状柱状晶结构的涂层，其热导率低于 EB-PVD 制备的涂层。但是 PS-PVD 技术也存在制造成本高，基体过热等问题。研究表明，等离子喷涂 YSZ 悬浮液在合适的条件下，可以制备羽毛状柱状晶结构的涂层。

Tang 等人[30]采用三阴极 Axial Ⅲ™ 等离子喷枪，轴向输入 8YSZ 悬浮液，在等离子功率 90kW 下制备出具有柱状晶结构的热障涂层。轴向送料克服了细颗粒或液滴径向穿透等离子体时出现的注射困难问题。图 6-47 所示为喷涂距离

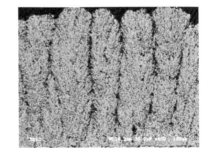

图 6-47　喷涂距离 75mm 的断面组织

75mm 的断面组织，涂层具有明显的柱状晶结构，柱状晶宽为 20 ~ 50μm，大于 EB-PVD 制备涂层的柱状晶宽度。

喷涂距离、喷涂角度及黏结层表面粗糙度对涂层组织有影响。特别是黏结层表面粗糙度对初期柱状晶的沉积形态有很大影响，图 6-48 所示为不同表面粗糙度值下 Axial Ⅲ^{TM}等离子喷涂 8YSZ 的柱状晶结构组织。

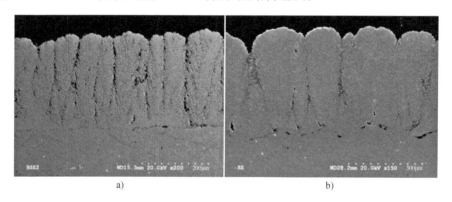

图 6-48　不同表面粗糙度值下 AxialⅢ^{TM}等离子喷涂 8YSZ 的柱状晶结构组织
a) $Ra = 1.4$μm　b) $Ra = 3.8$μm

喷涂距离 50mm 时，可获得致密有垂直裂纹的涂层，如图 6-49a 所示；而喷涂距离 100mm 时，如图 6-49b 所示，涂层组织为柱状晶，但是沉积效率低，涂层气孔率也高。研究[31]还表明，使用高能量 Axial Ⅲ^{TM}喷枪，喷涂亚微米 8YSZ 悬浮液，可制备图 6-50 所示的致密有垂直裂纹结构 8YSZ 涂层。

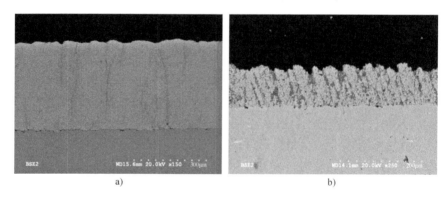

图 6-49　等离子喷涂距离对 8YSZ 组织的影响
a) 50mm　b) 100mm

Ganvir[32] 使用高能量 Axial Ⅲ 等离子喷枪，等离子气体为 Ar-H$_2$-N$_2$，流量 200 ~ 300L/min，轴向输送雾化液料，喷涂了 8YSZ 纳米乙醇悬浮液（$D_{50} =$

492nm，质量分数为 25%），表 6-5 所列为三种喷涂条件。图 6-51 所示为三种喷涂条件下形成的涂层，分别为 C1 多孔型、C2 羽状柱状晶和 C3 垂直裂缝型涂层。C1 多孔型具有柱状晶痕迹，从喷涂参数看，气体流量低于 200L/min，制约了粉末的雾化，另外喷枪表面移动速度快（216cm/s），可能导致冷空气混入，纳米

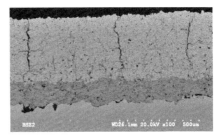

图 6-50　致密有垂直裂纹结构的 8YSZ 涂层

颗粒分散，故形成大量的气孔。C2 羽毛柱状晶组织的形成与长喷涂距离（100mm）和少送料量（45mL/min）有关，长喷涂距离可能导致颗粒在飞行中部分凝固，形成阴影效果。而 C3 致密垂直裂纹型涂层与短喷涂距离（50mm）和表面速度（75cm/s）有关，这会导致喷涂能量集中，从而熔化纳米颗粒使其密集堆积。当采用 Ar-He 等离子时，射流波动小，射流集中，向中心收缩，有利于形成致密结构涂层。而 Ar-H_2-N_2 等离子电压波动较大，湍流程度增加，使颗粒熔化不均匀，从而导致涂层气孔率高。

表 6-5　等离子喷涂参数，等离子气体 Ar-H_2-N_2

涂层编号	喷涂距离 /mm	表面速度 /(cm/s)	喷涂能量 /kW	气体流量 /(L/min)	送料量 /(mL/min)
C1	50	216	101	200	100
C2	100	75	120	300	45
C3	50	75	101	300	100

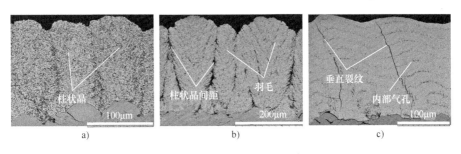

图 6-51　三种条件下形成的涂层
a) C1　b) C2　c) C3

Ganvir[33] 采用高能量 Axial Ⅲ™ 等离子喷枪进一步研究了悬浮液喷涂条件对涂层组织的影响。表 6-6 所列为 5 种喷涂条件和涂层气孔率，图 6-52 所示为涂层组织。

表6-6　喷涂条件和涂层气孔率

参数	E1	E2	E3	E4	E5
喷涂距离/mm	75	50	100	100	100
表面速度/(cm/s)	145	75	75	216	216
送料量/(mL/min)	70	45	45	100	45
喷涂功率/kW	125	101	124	124	116
气孔率（%）	15.68	15.14	22.14	36.17	33.04

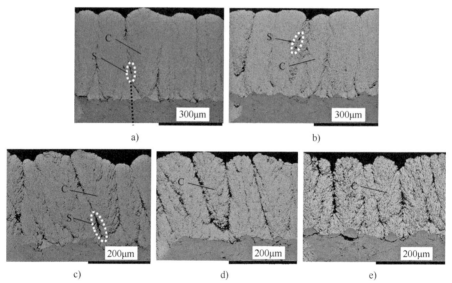

图6-52　不同喷涂条件下形成的涂层组织（图中 C 代表柱状晶，S 代表间隙）
a) E1　b) E2　c) E3　d) E4　e) E5

再次证明，E1、E2 的低气孔率柱状晶涂层与短喷涂距离（70mm、50mm）有关，短的喷涂距离会导致射流能量温度高，从而使熔化的纳米颗粒密集堆积。虽然 E1 的喷涂功率（125kW）大于 E2（101kW），但是，E1 的喷涂距离（75mm）也大于 E2（50mm），所以形成了的涂层气孔率几乎相同。E3 柱状晶组织的形成与送料量（45mL/min）少有关，降低送料量，会提高等离子的颗粒熔化程度。E4、E5 的高气孔率涂层的形成与喷枪表面移动高速度（216cm/s）有关，快速地移动可能会导致冷空气混入，使凝固纳米颗粒松散，形成大量的气孔。

Ganvir 等人[34]继续研究了 8YSZ 水和乙醇悬浮液、固相含量等对涂层形态的影响。表 6-7 所列为悬浮液的组成和性能参数，使用高能量 Axial Ⅲ 等离子喷枪，喷涂参数与上述文献［33］相同，涂层如图 6-53 所示。

表 6-7　悬浮液组成和性能参数

编号	溶液类型	固相含量 （质量分数，%）	悬浮液黏度/Pa·s	表面张力/（mN/m）	密度/（g/cm³）	液滴尺寸（相对 E25）	液滴动量（相对 E25）
E25	乙醇	25	0.001578	19	1.021	1	1
E40	乙醇	40	0.002342	19	1.2	1.1	1.58
E10	乙醇	10	0.001286	20	0.89	0.99	0.9
W25	水	25	0.002132	62	1.261	1.93	8.45
EW25	水 + 乙醇	25	0.006866	24	1.17	1.81	6.42

乙醇悬浮液（E25、E40、E10）涂层呈现典型的柱状晶组织，而水（W25）和水 + 乙醇混合（EW25）悬浮液涂层呈现垂直裂纹组织。溶液类型影响悬浮液的黏度、密度和表面张力，进一步影响液滴尺寸和动量。喷涂结果表明，悬浮液的性能，特别是表明张力、黏度的变化是影响喷涂纳米悬浮液涂层组织的重要因素。图 6-54、图 6-55 所示分别为涂层的热导率和热震试验结果。

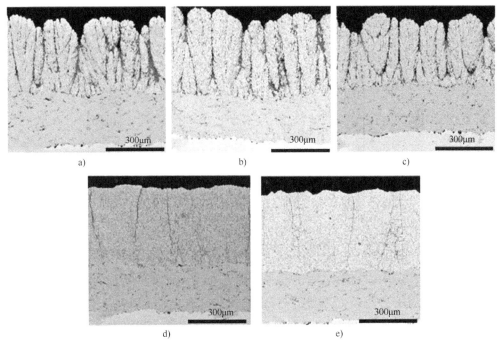

图 6-53　五种悬浮液 E25、E40、E10、W25、EW25 喷涂涂层
a) E25　b) E40　c) E10　d) W25　e) EW25

文献［35］介绍了使用 Oerlikon Metco 的 TriplexPro-210TM 等离子喷枪，在喷涂功率 47～62kW，径向悬浮液注入量 30～58g/min，喷涂 8YSZ 乙醇悬浮液固相含量、喷涂参数（等离子气体、功率、喷涂距离、悬浮液注入量）对 8YSZ 涂

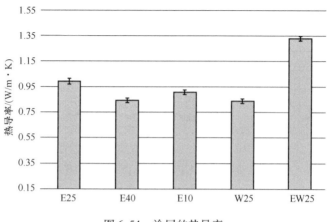

图 6-54　涂层的热导率

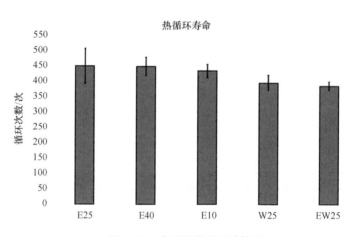

图 6-55　涂层的热震试验结果

层组织的影响。研究选用 $d_{50} = 0.6\mu m$ 和 $d_{50} = 0.21\mu m$ 两种颗粒的乙醇悬浮液，固相含量为 25% 和 35%（质量分数）。喷涂结果表明，使用高浓度（质量分数为 35%）粗粉末 $d_{50} = 0.6\mu m$ 悬浮液，Ar-He 等离子体，喷涂距离 70mm，可形成致密、垂直裂纹结构的涂层，使用较细的 $d_{50} = 0.2\mu m$ 粉末悬浮液，Ar-H$_2$ 等离子，倾向于形成柱状晶结构涂层。

VanEvery[36] 采用 Praxair SG-100 喷枪，工作气体 20L/min Ar-60L/min He，在电流 1000A，电压 50V 下，喷涂了表 6-8 所列的 YSZ 乙醇悬浮液，讨论了柱状晶涂层的形成过程。

表 6-8　悬浮液组成

悬浮液编号	粉末含量（质量分数,%）	YSZ 颗粒, d_{50}
8M	8	（15 ±6）μm
2N	2	（85 ±13）nm
8N	8	（85 ±13）nm
11N	11	（89 ±13）nm

对于 8M 悬浮液，粉末颗粒较大，形成的涂层以喷雾沉积为主，微观结构呈现平行于衬底的重叠片层取向，与传统大气等离子喷涂 YSZ 涂层组织几乎相同。喷涂纳米悬浮液产生了独特的微观结构，形成了柱状，顶部有菜花状结构涂层。喷涂 2N 或 8N 纳米粉末悬浮液时，最初沉积在基底凸体上，同时向横向和纵向生长，柱状晶近似随机取向，并由线性孔隙带隔开。从微观结构观察和液滴飞行路径预测可知，等离子体阻力控制了液滴的惯性，使液滴的速度从垂直方向改变为沿衬底表面的方向。因此液滴优先影响凸体，产生沉积物，生长成柱状结构，并由线性孔隙带分隔。该研究表明，用 20Ar-60He 等离子气体也能形成柱状晶结构涂层。

文献［37］采用 Sinplex Pro-180（Oerlikon Metco，Westbury，NY，USA）喷枪，阳极喷嘴直径 ϕ9mm，45Ar-7H$_2$ 等离子气体，气体流量为 40 ~ 120L/min，电流为 400 ~ 530A，喷涂了 $D_{50} = 0.3\mu m$，质量分数为 25% 的 8YSZ 乙醇悬浮液。研究了悬浮液注入角度（见图 6-56）与涂层组织（见图 6-57）的关系。归纳了图 6-58 所示涂层组织分布。等离子喷涂 YSZ 悬浮液涂层组织依据喷涂条件由多孔羽毛状向柱状晶、分段（分割）组织转变。

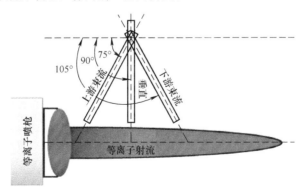

图 6-56　悬浮液注入角度与涂层组织，等离子电弧电流 520A

W_e 数和喷涂功率，大体上决定了涂层的组织。根据 W_e 的表达式，增加等离子气体流量，可提高 W_e 数，而增加等离子气体流量 W_e 数，可使悬浮液雾化充分，出现羽毛状组织涂层。相反，W_e 数较低，则悬浮液雾化减少，团聚液滴

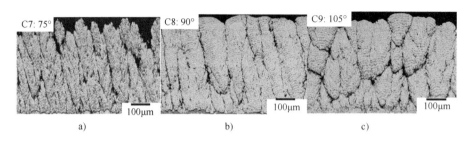

图 6-57   不同悬浮液注入角度下的涂层组织

a）75°   b）90°   c）105°

增加，从而导致涂层致密。

提高等离子电流，会提高雾化颗粒的熔化程度，使涂层由宽大的柱状晶向致密的柱状晶转变。

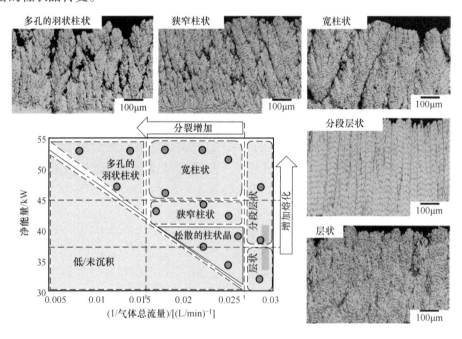

图 6-58   等离子喷涂悬浮液组织示意图，悬浮液雾化与熔化程度

Musalek[38]使用水稳定等离子喷枪 WSP ©-H 500（ProjectSoft HK a. s.，Czech Republic），电流 500A（~150kW），喷涂距离 100mm，喷涂参数见表 6-9，喷涂了三种乙醇悬浮液：①8YSZ，颗粒粒度 $d_{50} = 0.58\mu m$；②钇铝石榴石（Yttrium Aluminium Garnet，YAG），颗粒粒度 $d_{50} = 1.46\mu m$；③Al_2O_3，颗粒粒度 $d_{50} = 300nm$。图 6-59 所示为涂层组织。只有 8YSZ 悬浮液形成了羽毛状柱状晶结构涂层，其余两个涂层均为致密结构。对于 8YSZ 涂层，在柱状间隙之间，观察

到了高烧结区域及带有大量球形颗粒的多孔组织。对于 YAG 和 Al_2O_3，与传统等离子喷涂相比，喷粉量约小 1 ~ 2 个数量级。

表 6-9　等离子喷涂参数

悬浮液	8YSZ	YAG	Al_2O_3
固相含量（质量分数,%）	20	40	10
送液料距离/mm	30	20	25
液料压力/bar	3	4	4
送液料量/(mL/min)	98	92	120
喷涂次数/次	15	3	10
涂层厚度/μm	168	99	79
气孔率（%）	25	6.8	5.5

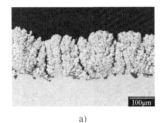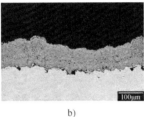

a)　　　　　　　　b)　　　　　　　　c)

图 6-59　等离子喷涂 8YSZ、YAG 和 Al_2O_3 悬浮液涂层组织

a) 8YSZ　b) YAG　c) Al_2O_3

Tesar[39] 使用水/氩气稳定等离子喷枪 WSP-H 500，喷涂了 Al_2O_3 和 8YSZ 悬浮液，研究了影响形成致密和柱状晶结构涂层的因素。表 6-10 所列为悬浮液参数。研究发现当较大颗粒的液滴沉积时，易形成致密结构涂层。随着减少液滴尺寸或增加喷涂距离，倾向形成有多孔结构的柱状晶涂层。图 6-60 所示为喷涂悬浮液 A、B 和 C 在碳钢基体上的涂层表面和断面。悬浮液 YSZ 形成了柱状结构涂层，由于其熔滴细小，故很容易被等离子体沿基体表面的侧向流动偏转。在悬浮液 B（Al_2O_3）的喷涂条件下，容易形成粗的液滴，从而形成柱状结构，柱间间隙较浅。当悬浮液产生直径较大的熔体颗粒（悬浮液 A）时，会形成致密（即低孔隙率）涂层。图 6-61 所示为 YSZ 沉积次数与涂层组织结构关系。

表 6-10　水/氩气稳定等离子喷枪喷涂悬浮液参数

悬浮液	涂层组织	溶液	材料	$D_{50}/μm$	固相含量（质量分数, %）	黏度/Pa·s	密度/(g/cm³)	送料量/(g/min)
A	致密	乙醇	Al_2O_3	0.3	10	5.0	0.86	103
B	柱状晶	水	Al_2O_3	2.2	40	2.3	1.43	134
C	柱状晶	乙醇	YSZ	0.58	25	1.7	1.01	100

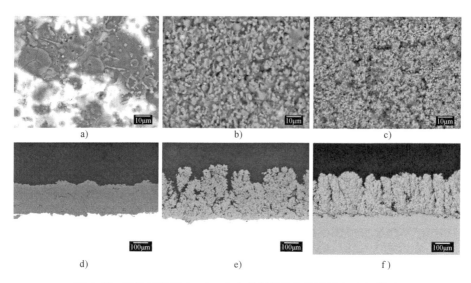

图 6-60   喷涂悬浮液 A、B、C 在碳钢基体上的涂层表面和断面
a）悬浮液 A   b）悬浮液 B   c）悬浮液 C   d）悬浮液 A 涂层断面
e）悬浮液 B 涂层断面   f）悬浮液 C 涂层断面

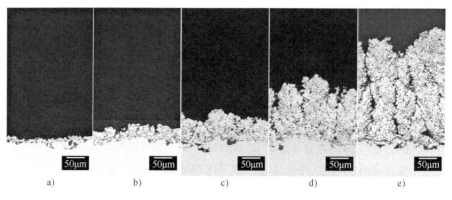

图 6-61   YSZ 沉积次数与涂层组织结构关系
a）1 次   b）3 次   c）6 次   d）12 次   e）24 次

Wang 等人[40]采用径向注入雾化 YSZ 悬浮液方法，喷涂了 YSZ 悬浮液，喷涂参数见表 6-11。两种喷涂参数下涂层如图 6-62 所示，表面均出现了菜花状形态。由于 YSZ-01 喷涂功率低，颗粒的熔化程度低，故涂层气孔率高，断面组织呈现柱状晶结构。YSZ-02 熔化程度高于 YSZ-01，气孔率较低，呈现小的柱状晶缺陷结构，硬度高于 YSZ-01 涂层。本研究结果与上述文献的结果[38]有些不同，本研究表明颗粒的大小并不能决定涂层的组织结构，熔化状态更为重要。

表6-11　悬浮液和等离子喷涂参数

编号	涂层	等离子气体 Ar/H₂/（L/min）	电流/A	电压/V	颗粒尺寸/μm	喷涂距离/mm	固相含量（质量分数,%）	涂层硬度 HV0.3
YSZ-01	柱状晶	50/10	600	68	1.13	50	20	530±52
YSZ-02	较致密	50/10	700	70	0.36	40	25	750±68

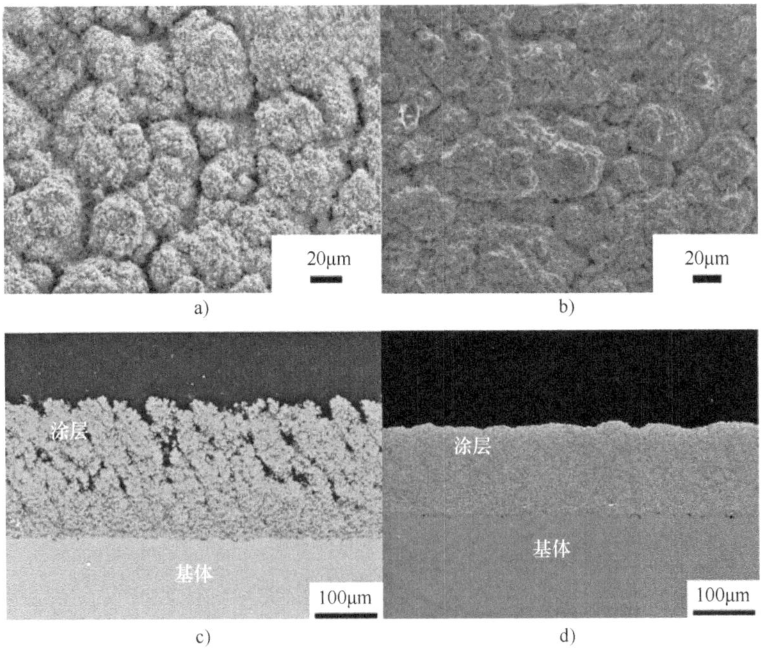

图6-62　涂层表面形态与断面组织

a）YSZ-01 涂层表面形态　b）YSZ-02 涂层表面形态　c）YS2-01 涂层断面组织

d）YSZ-02 涂层断面组织

等离子喷涂 YSZ 悬浮液形成柱状晶涂层的影响因素有：基体表面的粗糙度值、适当的粗糙度有利于形成柱状晶涂层；悬浮液的雾化和破碎程度，液滴大，喷涂距离短，易形成致密有裂纹组织；适当的距离可能导致颗粒飞行中部分凝固，形成阴影效果；乙醇悬浮液有利于雾化。喷涂过程尽可能使悬浮液雾化、蒸发，保持适当的喷涂距离，使 YSZ 颗粒与 PS-PVD 处于相近状态，有利于形成柱状晶涂层。相反降低雾化程度，大颗粒液滴、高能量、短距离喷涂易形成致密结构涂层。

参 考 文 献

[1] TOMA F L, SCHEITZ S, LANGNER S, et al. Comparison of the electrical properties of Al₂O₃ sprayed coatings from feedstock powders and aqueous suspensions [C]//Proceedings from the In-

ternational Thermal Spray Conference and Exposition. Hamburg：DVS- German Welding Socie-ty，2011.

[2] LIMA R S，MARPLE B R. Thermal spray coatings engineered from nanostructured ceramic ag-glomerated powders for structural，thermal barrier and biomedical applications：a review [J]. Journal of Thermal Spray Technology，2007，16：40-63.

[3] LIMA R S，MARPLE B R. Nanostructured YSZ thermal barrier coatings engineered to counteract sintering effects [J]. Materials Science and Engineering A，2008，485 (1-2)：182-193.

[4] YANG D，GAO Y，LIU H，et al. Thermal shock resistance of bimodal structured thermal barrier coatings by atmospheric plasma spraying using nanostructured partially stabilized zirconia [J]. Surface & Coatings Technology，2017，315：9-16.

[5] WANG D，TIAN Z，SHEN L，et al. Microstructural characteristics and formation mechanism of Al_2O_3 -13 wt. % TiO_2 coatings plasma- sprayed with nanostructured agglomerated powders [J]. Surface & Coatings Technology，2009，203 (10)：1298-1303.

[6] GOBERMAN D，SOHN Y H，SHAW L，et al. Microstructure development of Al_2O_3 - 13wt. % TiO_2 plasma sprayed coatings derived from nanocrystalline powders [J]. Acta Materialia，2002，50 (5)：1141-1152.

[7] GELL M，JORDAN E H，SOHN Y H，et al. Development and implementation of plasma sprayed nanostructured ceramic coatings [J]. Surface and Coatings Technology，2001，146：48-54.

[8] BANSAL P，PADTURE N P，VASILIEV A. Improved interfacial mechanical properties of Al_2O_3 - 13wt% TiO_2 plasma- sprayed coatings derived from nanocrystalline powders [J]. Acta Materia-lia，2003，51 (10)：2959-2970.

[9] SHAW L L，GOBERMAN D，REN R，et al. The dependency of microstructure and properties of nanostructured coatings on plasma spray conditions [J]. Surface Coatings Technology，2000，130 (1)：1-8.

[10] JORDAN E H，GELL M，SOHN Y H，et al. Fabrication and evaluation of plasma sprayed nanostructured alumina- titania coatings with superior properties [J]. Materials Science and Engineering A，2001，301 (1)：80-89.

[11] LIU Y，FISCHER T E，DENT A. Comparison of HVOF and plasma- sprayed alumina/titania coatings—microstructure，mechanical properties and abrasion behavior [J]. Surface Coatings Technology，2003，167 (1)：68-76.

[12] 蔡琳. 空气等离子喷涂纳米氧化铝涂层组织、性能研究 [D]. 大连：大连海事大学，2019.

[13] LIMA R S，MARPLE B R. Enhanced ductility in thermally sprayed titania coating synthesized using a nanostructured feedstock [J]. Materials Science and Engineering：A，2005，395 (1-2)：269-280.

[14] GAO Y，ZHAO Y，YANG D，et al. A novel plasma- sprayed nanostructured coating with ag-glomerated- unsintered feedstock [J]. Journal of Thermal Spray Technology，25 (1-2)，2016：291-300.

[15] KARTHIKEYAN J，BERNDT C C，TIKKANEN J，et al. Plasma spray synthesis of nanomaterial

powders and deposits [J]. Materials Science & Engineering A, 1997, 238 (2): 275-286.

[16] GELL M, WANG J, KUMAR R, et al. Higher temperature thermal barrier coatings with the combined use of yttrium aluminum garnet and the solution precursor plasma spray process [J]. Journal of Therm Spray Technology, 2018, 27 (4): 543-555.

[17] DZULKO M, FORSTER G, LANDES K D, et al. Plasma torch developments [C]//Proceedings from the International Thermal Spray Conference and Exposition. Basel: DVS-German Welding Society, 2005.

[18] KILLINGER A, MULLER P, GADOW R. What do we know, what are the current limitations of suspension HVOF spraying? [J]. Journal of Thermal Spray Technology, 2015, 24 (7): 1130-1142.

[19] FAUCHAIS P, MONTAVON G. Latest developments in suspension and liquid precursor thermal spraying [J]. Journal of Thermal Spray Technology 2010, 19: 136-149.

[20] FAUCHAIS P, VARDELLE M, VARDELLE A, et al. What do we know, what are the current limitations of suspension plasma spraying? [J]. Journal of Thermal Spray Technology, 2015, 24 (7): 1120-1129.

[21] FAUCHAIS P, ETCHART-SALAS R, RAT V, et al. Parameters controlling liquid plasma spraying: solutions, sols, or suspensions [J]. Journal of Thermal Spray Technology, 2008, 17 (1): 31-59.

[22] TOMA F L, BERGER L M, STAHR C C, et al. Microstructures and Functional Properties of Al_2O_3 and TiO_2 Suspension Sprayed Coatings: An Overview [J]. Journal of Thermal Spray Technology, 2010, 19 (1-2): 262-274.

[23] TOMA F L, BERGER L M, NAUMANN T, et al. Microstructures of nanostructured ceramic coatings obtained by suspension thermal spraying [J]. Surface & Coatings Technology, 2018, 202 (18): 4343-4348.

[24] MAHADE S, MULONE A, BJORKLUND S, et al. Incorporation of graphene nano platelets in suspension plasma sprayed alumina coatings for improved tribological properties [J]. Applied Surface Science, 2021, 570: 151227.

[25] TOMA F L, LANGNER S, BARBOSA M M, et al. Influence of the suspension characteristics and spraying parameters on the properties of dense suspension HVOF sprayed Al_2O_3 coatings [C]//Proceedings from the International Thermal Spray Conference and Exposition. Hamburg: DVS-German Welding Society, 2011.

[26] TOMA F L, SCHEITZ S, LANGNER S, et al. Comparison of the electrical properties of Al_2O_3 sprayed coatings from feedstock powders and aqueous suspensions [C]//Proceedings from the International Thermal Spray Conference and Exposition. Hamburg: DVS-German Welding Society, 2011.

[27] HUSSAIN T, SHAW E C, PALA Z, et al. Tribology and nanoindentation study of suspension HVOF thermally sprayed alumina coating [C]//Proceedings from the International Thermal Spray Conference and Exposition. Shanghai: ASM International Thermal Spray Society (TSS), 2016.

[28] TOMA F L, POTTHOFF A, BARBOSA M, et al. Microstructural characteristics and perform-

ances of Cr_2O_3 and Cr_2O_3-15% TiO_2 S-HVOF coatings obtained from water-based suspensions [J]. Journal of Thermal Spray Technology, 2018, 27: 344-357.

[29] KHATIBNEZHAD H, AMBRIZ-VARGAS F, ETTOUIL F B, et al. An investigation on the photocatalytic activity of sub-stoichiometric TiO_{2-x} coatings produced by suspension plasma spray [J]. Journal of the European Ceramic Society, 2021, 41 (1): 544-556.

[30] TANG Z, KIM H, YAROSLAVSKI I, et al. Novel thermal barrier coatings produced by axial suspension plasma spray [C]//Proceedings from the International Thermal Spray Conference and Exposition. Hamburg: DVS-German Welding Society, 2011.

[31] TANG Z, MASINDO G. Axial injection plasma sprayed thermal barrier coatings [C]//Proceedings from the International Thermal Spray Conference and Exposition. Barcelona: DVS-German Welding Society, 2014.

[32] SOKOLOWSKI P, LATKA L, PAWLOWSKI L, et al. Characterization of microstructure and thermal properties of YSZ coatings obtained by axial suspension plasma spraying [J]. Surface and Coatings Technology, 2015, 268: 147-152.

[33] GANVIR A, CURRY N, MARKOCSAN N, et al. Influence of microstructure on thermal properties of axial suspension plasmasprayed YSZ thermal barrier coatings [J]. Journal of Thermal Spray. Technology, 2016, 25 (1-2): 202-212.

[34] GANVIR A, GUPTA M, KUMAR N, et al. Effect of suspension characteristics on the performance of thermal barrier coatings deposited by suspension plasma spray [J]. Ceramics International, 2021, 47 (1): 272-283.

[35] KITAMURA J, FUJIMORI K, WADA T, et al. Microstructural control on yttria stabilized zirconia coatings by suspension plasma spraying [C]//Proceedings of the International Thermal Spray Conference and Exposition. Shanghai: ASM-International Thermal Spray Society (TSS), 2016.

[36] VANEVERY K, KRANE M J M, TRICE R W, et al. Column formation in suspension plasma-sprayed coatings and resultant thermal properties [J]. Journal of Thermal Spray Technology, 2011, 20 (4): 817-828.

[37] SESHADRI R G, DWIVEDI G, VISWANATHAN V, et al. Characterizing suspension plasma spray coating formation dynamics through curvature measurements [J]. Journal of Thermal Spray Technology, 2016, 25 (8): 1666-1683.

[38] MUSALEK R, MEDRICKY J, KOTLAN J, et al. Plasma spraying of suspensions with hybrid water-stabilized plasma technology [C]//Proceedings of the International Thermal Spray Conference and Exposition. Shanghai: ASM-International Thermal Spray Society (TSS), 2016.

[39] TESAR T, MUSALEK R, MEDRICKY J, et al. On growth of suspension plasma-sprayed coatings deposited by high enthalpy plasma torch [J]. Surface & Coatings Technology, 2019, 371: 333-343.

[40] WANG Y, ZHAO Y, DARUT G, et al. A novel structured suspension plasma sprayed YSZ-PTFE composite coating with tribological performance improvement [J]. Surface & Coatings Technology, 2019, 358: 108-113.

第 7 章

热喷涂常用的粉末材料

7.1　引言

　　除电弧喷涂、部分等离子喷涂和氧乙炔火焰喷涂外，大多数热喷涂选择粉体作为制备涂层的原料。粉末的成分、颗粒尺寸分布、形状、松装密度等是描述粉末性能的指标。热喷涂粉末颗粒的宏观性能表现为流动性和松装密度。热喷涂粉末颗粒的形态根据粉末的制备方法有球形、近球形和不规则多角形几种，而粉末的内部结构分为致密型结构和多孔型结构两种。在热喷涂过程中粉末在热源中滞留的时间非常短，绝大部分的粉末不会完全熔化。粉末颗粒从喷涂热源获得的温度和飞行速度与粉末材料密度、外观形态、内部结构及颗粒尺寸有关，不同颗粒的粉末从热源中获得的温度和速度相差很大，而粉末颗粒的温度和速度对涂层组织结构、涂层与基体的结合强度、涂层硬度、气孔率、弹性模量和沉积效率等有很大影响。

　　热喷涂粉末的制备方法与材料性能有关，如塑性良好的金属和合金通常采用熔化-喷雾方法制备粉末，粉末形态大多为球形或近球形，内部致密，粉末流动性好。金属碳化物硬度高，制备粉末的方法较多，可以采用熔化-破碎、烧结-破碎或团聚-烧结等方法将金属和碳化物整合在一起制备粉末。脆性陶瓷氧化物材料的制粉方法与金属碳化物几乎相同，也采用熔化-破碎、烧结-破碎或团聚-烧结方法制备粉末。破碎粉末的外观呈现不规则的多角形，粉末粒度分布范围大，流动性不好。团聚粉末呈现球形，流动性好，但内部含有气孔。

　　关于热喷涂材料有很多分类定义，如根据材料的使用目的进行分类，有减磨材料、耐腐蚀材料、耐高温氧化材料等；根据材料化学成分进行分类，有金属或合金、氧化物、碳化物及有机材料等。根据颗粒尺寸分类，有微米级粉末和纳米级粉末等。本章包括两个主要内容，一是热喷涂粉末材料的制备方法，另一个是喷涂材料的性能与喷涂工艺的关系。

7.2 粉末制备方法

7.2.1 气体雾化制粉

由于金属或合金塑性好、强度高，通常采用气体雾化或水雾化方法制备粉末。即在封闭在容器中，采用高频等加热方法，加热熔化坩埚内的金属或合金，来控制金属熔化的过热度，在坩埚的底部开设金属流出口，并控制液态金属的流出量，在距离金属束流适当的位置上，安装带有多个喷嘴的气体喷射环，高压气体喷嘴方向与液态金属流成一定夹角，高压气体将液态金属雾化成微小液滴，快速凝固制备成粉末。采用高压气体对金属流进行雾化，可使液态金属分裂为微小液滴，迅速凝固形成近球形的粉末颗粒。气体雾化主要使用高纯度（体积分数99.99%）氩气、氦气和氮气等气体。氦气的冷却效果明显高于氮气，使用氦气可获得更多的细粉，气雾化制备粉末球形度高，粉末氧化物含量低。气体雾化的冷却速度对雾化液滴的尺寸有影响，冷却速度越高越有利于获得细粉末，并且可使粉末快速凝固，形成非平衡的过冷凝固组织，气体雾化粉末的尺寸通常为10 ~ 100μm。影响气体雾化的主要参数有：气体雾化喷嘴的几何形态、气体压力、速度及喷嘴到金属流的距离、液态金属的流出量、金属的过热度等。通常制备1kg粉末需要0.5 ~ 2m³的气体。图7-1所示为气体雾化制粉装置的示意图[1]，装置中包括高压气体入口、金属或合金的熔化部分、气体雾化喷嘴和粉末的收集等。评价粉末的主要指标有：粉末形状、颗粒尺寸分布和粉末的氧化程度。

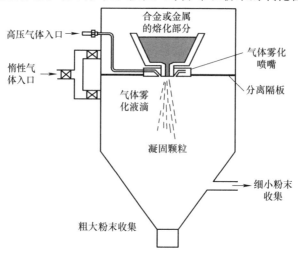

图7-1　气体雾化制粉装置的示意图

液态金属从坩埚流出束流的直径、气体种类、气体压力和雾化喷嘴尺寸对液滴颗粒尺寸产生的影响非常大。Allimant 等人[2]研究表明，使用拉瓦尔喷嘴高速气流对于制备细小尺寸粉末非常有效。参考文献［3］报告了使用氩气雾化金属 Ni-21.5Cr-2.5Fe-9Mo-3.7Nb 粉末，获得了 10μm 颗粒的粉末，需要 10^7 K/s 的冷却速度，要求氩气流量在 $0.5 \sim 2m^3$/kg，压力为 1.4 ~ 4.2MPa。图 7-2 所示为气体雾化Ni-21.5Cr-2.5Fe-9Mo-3.7Nb 粉末形态。

图 7-2　气体雾化 Ni-21.5Cr-2.5Fe-9Mo-3.7Nb 粉末形态

7.2.2　水雾化制粉

水雾化原理与气体雾化基本相同，具有降低制造成本的优势，在制造大颗粒尺寸粉末时广泛使用。图 7-3 所示为水雾化制粉示意图[4]。冷却水环绕着金属流，水的喷射流与垂直向下的金属流呈一定的夹角，水流高速冲击液态金属，使液态金属雾化，形成球状或不规则状的粉末。制备 1kg 粉末，喷射水量为 4 ~ 10L/min，水压 30 ~ 60MPa，水雾化金属颗粒尺寸 150 ~ 400μm。图 7-4 所示为水雾化 Fe-2.17C-9.93Si-3.75Al 粉末的形态[5]。水雾化粉末中不可避免地出现不规则形状颗粒，细小粉末可通过提高喷射水的速度来获得。提高金属的过热度可获得球化形貌更好的粉末。水雾化比气体雾化制造成本低，但球化程度不如气体雾化，氧化物含量高于气体雾化。

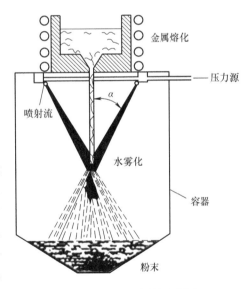

图 7-3　水雾化制粉示意图

图中标注：金属熔化、压力源、喷射流、水雾化、容器、粉末

7.2.3　熔化-破碎制粉

熔化-破碎制粉主要针对脆性材料，如 WC-Co、WC-CoCr 金属碳化物、Al_2O_3、Cr_2O_3 等高熔点氧化物。其主要过程是先在电弧炉中将脆性难熔材料熔

化，冷却后再进行破碎。使用的破碎机器有锤式粉碎机、捣碎机、颚式破碎机、回转轧碎机等。熔化-破碎获得的粉末为致密结构多角块状粉末，图 7-5 所示为熔化-破碎氧化铝粉末。熔化-破碎粉末流动性差，颗粒尺寸大小不均匀，当颗粒尺寸小于 10μm 时，粉末流动性差。WC-Co、WC-CoCr 金属碳化物由于硬度高，并且强度高于氧化物，故破碎成本高。

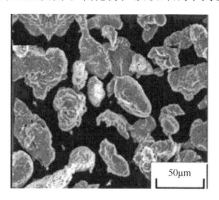

图 7-4　水雾化 Fe-2.17C-
9.93Si-3.75Al 粉末的形态

图 7-5　熔化-破碎氧化铝粉末

7.2.4　烧结-破碎制粉

颗粒小于 5μm 的粉末由于流动性差，不适合直接用于热喷涂，这样细小的粉末可采用团聚-烧结方法制备 10～100μm、流动性较好的热喷涂粉末。可以将细小粉末压实后高温烧结，然后再次破碎来制备满足热喷涂粒度要求的烧结-破碎粉末。烧结-破碎粉末的密度和气孔率与原始细小粉末粒度、粉末的压实程度、烧结温度和保持时间有关。烧结-破碎粉末比熔化-破碎粉末容易粉碎。图 7-6 所示为烧结-破碎 WC-Co 粉末。烧结-破碎方法不适合纳米粉末，因为烧结会导致纳米颗粒的生长。

图 7-6　烧结-破碎 WC-Co 粉末

7.2.5　团聚-烧结制粉

形状不规则，颗粒尺寸小于 5μm 的细粉或纳米尺寸粉末不适合直接热喷涂，团聚-烧结方法是制备热喷涂粉末的主要工艺。目前市场上出售的大部分金属碳化物，如 WC-Co、WC-CoCr、NiCr-Cr$_3$C$_2$ 粉末大都是通过团聚-烧结方法来制备的，这类粉末主要用于 HVOF 和 HVAF 喷涂。除金属碳化物外，一些氧化物，如纳米 YSZ（氧化钇稳定氧化锆）也可通过团聚-烧结方法来制备热喷涂粉末。应当注意，热喷涂团聚-烧结氧化物（如 Al_2O_3 和 YSZ）形成的涂层组织与喷涂熔化-破碎粉末得到的涂层组织有明显的不同，要根据涂层的使用目的来选择不同方法制备的粉末。通常团聚造粒-烧结粉末的步骤如下：

1）选择颗粒尺寸细小的粉末作为原料，特别是制备金属碳化物，由于金属或合金的韧性好，难以破碎，故更要尽可能选择颗粒尺寸较小的粉末。

2）将粉末、溶剂（水，乙醇等）和黏结剂按一定比例混合，在球磨罐中球磨 10~20h 以制备浆料，球磨一方面可充分混合材料，另一方面可使原始粉末颗粒进一步细小、均匀。应当注意在制备含有 WC 的浆料时，由于 WC 密度大，可能会造成颗粒与液相分离，因此在浆料中加入黏结剂非常必要。

3）将混合好的粉末浆料进行图 7-7 所示的旋转离心雾化或气体喷雾雾化工艺，使浆料分解为微小液滴，并从干燥塔罐落下，与热风相遇，迅速蒸发水分和溶剂，干燥成球。

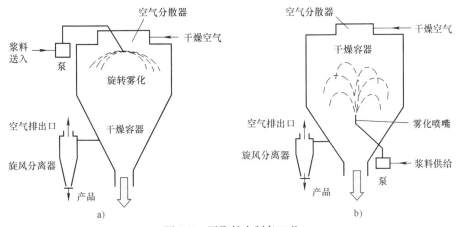

图 7-7　团聚粉末制备工艺
a）旋转离心雾化　b）气体喷雾雾化

4）将干燥的团聚颗粒粉末在特定的保护气氛下加热烧结，粉筛制备成所需尺寸的球形粉末。团聚-烧结制备粉末有很多关键的参数，如粉末、溶剂和黏结剂的混合比例；离心雾化的旋转速度与团聚粉末尺寸的关系；烧结温度与保持时间等。这些因素将最终影响团聚粉末的颗粒尺寸、松装密度和强度，进而影响热喷涂涂层的组织和质量。图 7-8 所示为团聚-烧

图 7-8　团聚-烧结氧化铝粉末的形态

结氧化铝粉末的形态。

7.2.6   球磨机械合金化制粉

球磨是将颗粒较大的粉末破碎成细小粉末的一种方法。将颗粒较大的粉末和磨球一起装入旋转滚筒的球磨机内，通过磨球的下落与粉末撞击，使粉末破碎或变形。球磨分为干磨和湿磨两种形式，湿磨介质通常为水和乙醇。球磨机械合金化是将不同成分、种类的粉末在高能球磨的机械力作用下使粉末发生冷焊黏结-破碎等反复过程，这种方法最初用来制备铁基或镍基氧化物，现在这种方法主要用于人工合成平衡或非平衡合金粉末，或者通过球磨时材料的塑性变形制备具有纳米晶粒组织（10~200nm）的金属粉末。影响球磨金属或合金粉末组织的主要因素有：磨球的材料（如 WC-Co）、球磨容器材料（金属、陶瓷或有机材料）、球磨转速和时间、磨球与粉末的质量比、球磨的气氛等。对于某些热喷涂粉末，可在球磨罐中充入氩气或液氮，称为低温球磨。图 7-9 所示为低温球磨前后 NiCrAlY粉末形态的变化[6]，金属粉末会从球形变为不规则形状，是因为在球磨过程中粉末反复连续发生冷焊接-破裂。球磨后粉末颗粒尺寸增大，金属粉末组织中出现的纳米晶粒（小于50nm）是由不断的塑性变形所引起的。

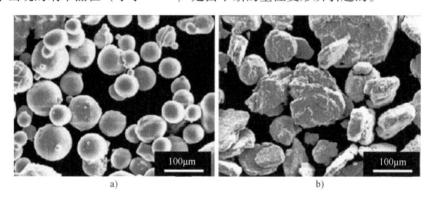

图 7-9   低温球磨前后 NiCrAlY 粉末形态的变化
a）低温球磨前   b）低温球磨后

7.2.7   再熔化粉末的球形化

通过对不规则形状粉末进行加热、熔化可制备流动性更好的球形粉末，粉末球化后致密性和流动性大幅度提高。热喷涂球化粉末具有加热性均匀、沉积效率高、涂层组织均匀等特征。等离子温度高，是使粉末球形化的一种简单的方法。等离子球化有 RF 等离子和直流等离子两种。由于 RF 等离子温度高，等离子速度低，粉末球形度非常高。除等离子加热球形化外，采用氧乙炔燃烧加热也能制备球形粉末，但是球化率低于等离子。

7.2.8 包覆粉末

以某些粉末为芯核，包覆其他材料可制备复合粉末，包覆粉末的外壳与芯核有明显的界面。包覆粉末制备技术可以分为固相包覆、液相包覆和气相包覆。主要方法有机械摩擦合金化、黏结其他粉末-烧结、机械碾压热熔化、气相沉积和电镀等。根据包覆层形貌，可以分为致密包覆和疏松包覆。

机械合金化（mechanofusion）是固相包覆的方法之一，机械合金化是通过碾压-研磨过程，使机械能转化成热量，使粉末材料产生塑性变形。以两种或多种不同颗粒尺寸的粉末作为原始粉末，采用机械合金化用制备复合粉末。机械合金化的原理如图7-10[7]所示，旋转的圆筒促进粉末混合，通过调整桶内压力块的间隙，使粉末在挤压下混合研磨，并将机械能转变为热能，使粉末加热到近熔点产生塑性变形。

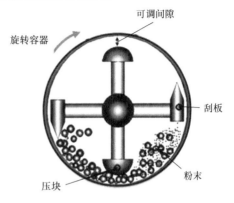

图 7-10 机械合金化的原理

图7-11 所示为 316L 不锈钢颗粒（50 ~ 63μm）表面形成的纯氧化铝（α-alumina）复合粉末的断面结构[8]。

Chang-Jiu Li 等人[9]采用机械合金化工艺制备了以 $Ni_{20}Cr$ 为芯核，金属 Mo 为外壳的复合粉末。首先将颗粒 50 ~ 75μm 的 Ni20Cr 粉末和 0.5 ~ 2μm 的金属钼粉末混合作为原料，Mo 粉末的质量分数为 20%，通过自动搅拌机搅拌 12h，获得均匀的混合物，然后在行星球磨机中使用淬硬的不锈钢球在氩气中进行研磨以减少粉末的氧化。球磨转速为 120r/min，球磨时间为 140min，球粉比为 10:1，可

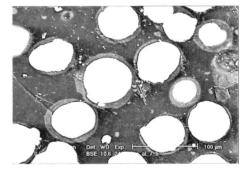

图 7-11 纯氧化铝复合粉末的
断面结构

获得图 7-12 所示的 NiCr-Mo 包覆粉末。包覆粉末的形貌取决于使用的原始粉末。制备包覆合金化粉末的参数包括研磨机的转速、球磨时间、初始粉末尺寸和比率。固相包覆要考虑的因素有：芯核材料的硬度，太软易破碎，如石墨芯核；芯核材料和包覆材料的比率，如果包覆材料不够，芯核材料将被压碎，而过多的包覆材料将妨碍包覆过程。包覆粉末是一种疏松结构的包覆。

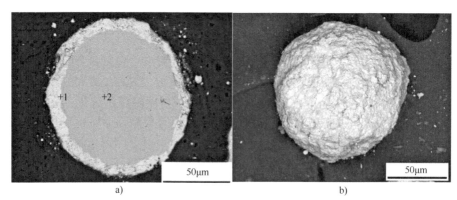

a)   b)

图 7-12　行星球磨制备的 NiCr-Mo 包覆粉末

a）粉末的断面　b）粉末的外观形貌

　　液相包覆常用的方法有化学沉淀、电镀、涂装（疏松包覆）。

　　化学沉淀包覆：基于无电流作用下金属盐溶液的还原反应，最主要的化学析出工艺是氢还原粉末包覆（Hypepoc）工艺。在这个工艺中，芯核材料在水溶金属盐溶液中被机械搅拌分散，金属在高温（温度最高可达 523K）下被通入的氢气还原（压力约 4MPa）。一个特殊的例子是金属钼的包覆，钼盐需要加热到 1270K 才可能被还原。金属镍作为包覆材料在热喷涂粉末中使用量较多，主要以硫酸镍作为溶液，并反应物中加入氨水。硫酸盐、硝酸盐、醋酸盐、碳酸盐、氰化物和有机金属盐常用于包覆溶液。包覆层通常有几微米厚，可以通过多次还原反应增加厚度，典型的包覆粉末有 Ni/Al 和 Ni/石墨粉末。

　　电镀包覆：在直流电流作用下，以金属盐为溶液，可以在阴极上沉积很多材料。

　　疏松包覆：将细小颗粒与黏结剂（如环氧树脂或者酚醛清漆）混合作为包覆材料，再与芯核材料机械混合后晾干，也可直接混合后压成块，风干后破碎并过筛得到所需尺寸的颗粒，一些铝包镍采用了这种方法。

　　化学气相沉积和物理气相沉积是气相包覆的主要方法。

7.3　热喷涂粉末的评价指标

7.3.1　粉末的流动性

　　热喷涂涂层组织和性能与喷涂粉末颗粒尺寸、松装密度、流动性等密切相关。当粉末颗粒小于 $10\mu m$ 时，特别是粉末形态为破碎状粉末时，流动性差，在输送管内容易堵塞粉末，导致送粉量不稳或不连续，从而影响涂层质量，甚至出现涂层脱落现象。粉末特性和颗粒尺寸分布与粉末制备过程有关。粉末的流动性可用 Holl 试验来评价，图 7-13 所示为评价粉末流动性试验的示意图。粉末流动性与粉末形态有关，从多角状、块状，到球形粉末，流动性依次增加。表 7-1 所列为不同制备方法下的 ZrO_2-8% Y_2O_3（质量分数）粉末（90 ~ 10μm）的 Hall 流动性比较[10]。

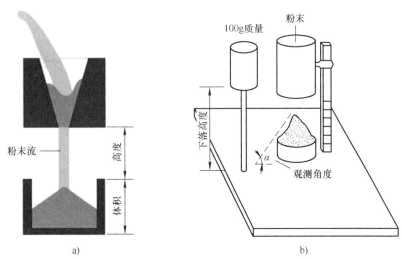

图 7-13　评价粉末流动性试验的示意图

a) Hall 流动性测量　b) 静态角度测量法

表 7-1　不同制备方法下的 ZrO_2-8% Y_2O_3 粉末的 Hall 流动性比较

制备方法	粉末形态与结构	密度 /（kg/m³）	Holl 流动性 /（s/50g）	颗粒尺寸 /μm
团聚-烧结	多孔球形	1800	40	1 ~ 15
烧结-破碎	多孔块状	2100	40	3 ~ 15
球化粉末	空心球形	2300	34	<2
熔化-破碎	致密角形	2700	32	<90
溶胶-凝胶	致密球形	2600	22	<90

热喷涂粉末要求具有良好的流动性，以利于连续、均匀地将粉末送入喷射燃流中，粉末形态最好呈球形。金属材料粉末由于采用气体雾化制粉大多为球形粉，金属及合金粉末的霍尔流速一般为（20 ~ 50）s/50g。氧化物陶瓷采用熔化-破碎制粉较多，粉末为角形粉末，流动性差。需要说明的是，送粉器类型对送粉的稳定性影响也很大，Sulzer Mteco 气体流动床式送粉器对粉末的形态要求相应低一些，而旋转刮盘式送粉器或振动式送粉器不太适合输送细小的粉末。

7.3.2　粉末粒度和分布

粉末粒度直接影响粉末的输送、受热、加速和涂层质量。粉末粒度的选择取决于使用热喷涂的热源种类。当热源温度较高时，可以适当提高粉末粒度，对于超音速喷涂和冷喷涂，粉末粒度不仅影响涂层质量还影响沉积效率。粉末颗粒过大，不仅沉积效率低，涂层的气孔率相应也会增高。相反，粉末颗粒过细，特别是金属粉末，喷涂中氧化会使涂层中的氧化物含量增加。粉末过细，送粉连续性会受影响，热喷涂粉末粒径一般为 $10 \sim 50\mu m$。粉末粒度分布指某一类的粉末其不同粒度粉末所占有的比率，分布范围窄，有利于控制涂层质量，但是粉末成本高。粉末的粒度用筛分后不同粒度范围的质量百分比来表示，如 d_{10}、d_{90} 等，$d_{10} = 10\mu m$ 表示有 10% 的粉末尺寸低于 $10\mu m$；$d_{90} = 85\mu m$，表示有 90% 的粉末低于 $85\mu m$；d_{50} 通常代表粉末的平均尺寸。

7.3.3 粉末的松装密度

松装密度指粉末在容器内松装不振，单位容积内粉末的质量。松装密度是粉末的一个综合性能，受材料的种类、成分、粉末形状、粒度分布、粉末内气孔量及粉末表面干燥程度等诸多因素影响。松装密度与粉末的球形化率、材料密度、粉末表面干燥程度成正比，与粒度、粉末内含气量成反比。团聚-烧结 WC-Co 粉末的松装密度与烧结温度和时间有关，粉末的松装密度会影响喷涂组织，详见有关碳化钨喷涂章节。

7.4 热喷涂材料的性能与分类

7.4.1 减磨材料

一些材料具有低的摩擦系数，如石墨、六方氮化硼、MoS_2、MnS 和 CaF_2 等，称为减磨材料。热喷涂减磨涂层可降低摩擦磨损中的能量损失。但是，这类材料一般不能直接用热喷涂方法制备涂层，因为这些材料在高温喷涂过程中会发生烧损或分解，并且粉末的流动性很差。这些材料需要与一定比例的金属混合，采用球磨等方法制备微米级的粉末。当然也可用黏结剂团聚制备球形粉末或用烧结-破碎制备粉末。低摩擦系数涂层可应用于机械零部件接触摩擦滑动表面，以降低摩擦副之间的摩擦系数，在某种程度上起润滑作用。这类涂层在工业上的应用非常多，如航空发动机的封严涂层。

石墨或者六方氮化硼可与低熔点合金等通过包覆方法制粉，或用机械混合方法合成低摩擦系数复合材料。石墨和氮化硼在涂层中为减磨材料，而低熔点合金相当于黏结剂，此外作为黏结剂的金属还有 Co、Ni、Ag、Cu、Fe、Al 等。低摩擦系数材料除石墨、立方氮化硼、MoS_2、CaF_2 等无机物外，聚乙烯、尼龙等有机材料也常常作为低摩擦系数材料。在滑动摩擦的磨合运转过程中，金属黏结剂提供涂层颗粒间结合强度，而石墨、立方氮化硼、MoS_2、CaF_2 等固体润滑剂则在滑移表面形成低摩擦系数转化层，以下介绍几种这类材料。

1. 铝合金黏结剂低摩擦材料

以铝-硅合金作为黏结剂，与石墨（Graphite）、BN 等复合，如 Al-8Si-23Graphite（包覆粉末）、Al-9.5Si-20BN（包覆粉末）及 Al-12Si-40 聚酯纤维（Polyester）等。铝-硅石墨材料的耐热温度在 315 ~ 425℃，可作为低温封严涂层用于涡轮发动机的压缩段。铝-硅聚酯纤维涂层的使用温度不超过 325℃。铝-硅石墨或者铝-硅氮化硼粉末需要制备成包覆粉末才能喷涂。石墨在喷涂中不能熔化，而氮化硼可在高温等离子喷涂中分解。与铝-硅石墨或者铝-硅氮化硼粉体相比，铝-硅聚酯纤维涂层中聚酯纤维的体积百分比高，并且涂层内部聚酯纤维连接牢固，不易脱落。这些材料的主要喷涂方法有等离子喷涂和氧乙炔火焰喷涂。

2. 钴基黏结剂低摩擦材料

典型的这类材料有 Co25Ni16Cr6.5Al + 15Polyester + 4BN（Sulzer Metco 2043），该材料的金属黏结剂为耐高温合金，常用温度为 750℃，最高温度为 850℃。减磨材料为聚酯纤维和氮化硼。喷涂过程中聚酯纤维熔化粘覆在氮化硼上，避免了复杂的包覆制粉工艺。图 7-14 所示为等离子喷涂 Co25Ni16Cr6.5Al + 15 Polyester + 4BN 涂层，白亮部分为金属，体积分数为 40% ~ 50%，黑色部分为聚酯纤维和立方氮化硼[11]。

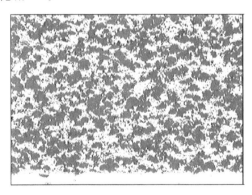

图 7-14　等离子喷涂 Co25Ni16Cr6.5Al + 15Polyester + 4BN 涂层

3. 镍基黏结剂低摩擦材料

常用的这类喷涂材料有 Ni-14Cr-8Fe-5.5Bn（包覆粉末）、Ni + （15 – 25）Graphite（包覆粉末）、Ni4Cr4Al + 21 BN（包覆粉末）等，不仅可作为低摩擦涂层材料使用，还可作为封严涂层，将该类粉末喷涂在压缩气体或流体的高速转动机械内壳体表面，使高速旋转的叶片与壳体之间通过刮削磨耗获得理想的流动间隙，实现动密封，以提高整机效率。这类材料的主要喷涂方法有等离子喷涂和氧乙炔火焰喷涂。

7.4.2 低摩擦系数金属

一些金属材料本身具有较低的摩擦系数，如 Al-12Sn、Cu-Sn、60Cu-1.5Sn-Zn 和金属 Mo 等，这些材料可采用等离子喷涂或超音速喷涂。

1. 铝合金

等离子喷涂金属涂层含有一些气孔，可以储存润滑油，进一步降低磨损。等离子喷涂金属钼已应用于汽车发动机活塞环上来降低磨损。超音速喷涂这类金属可获得致密、高结合强度的涂层。例如，Al-12Sn 合金涂层可作为轴瓦耐磨使用，图 7-15 所示为 HVOF 喷涂 Al-12Sn 的涂层组织和轴瓦的应用[12]。

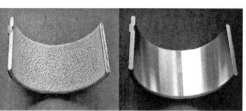

图 7-15　HVOF 喷涂 Al-12Sn 的涂层组织和轴瓦的应用

2. 铜合金

Cu-Sn、60Cu-1.5Sn-Zn 合金具有低摩擦系数，常用于减磨涂层，如应用于高精度、重载荷的轴瓦。铝青铜具有很好的耐蚀性，尤其是耐海水腐蚀，但不耐硝酸和氨气腐蚀，材料的熔点为 1050℃，热膨胀系数为 $18 \times 10^{-6}/K$，从材料熔点看属于中等熔点合金，可以采用超音速喷涂、等离子喷涂等方法制备涂层，也可采用冷喷涂。涂层组织结构、性能、结合强度等与喷涂方法有关。55Cu-42Ni-3In 涂层常用于涡轮发动机叶片根部与盘根配合部位，防止由于振动造成的应力集中，可采用等离子喷涂或者爆炸喷涂方法制备涂层。Praxair 的 LCN-1 为爆炸喷涂该合金的商品的代号，涂层硬度为 300HV，密度为 $8.4g/cm^3$，气孔率小于 1%，而 LCN-2 为等离子喷涂涂层，气孔率为 2% 以上，涂层的弹性模量低于爆炸喷涂。

3. 金属钼

钼具有较低的摩擦系数，熔点为 2615℃，是热和电的良导体，热膨胀系数为 $5.1 \times 10^{-6}/K$，在润滑条件下，有很好的耐磨性。钼在常温下呈化学惰性，200℃开始氧化，400℃时迅速氧化，生成 MoO_3，在高于 440℃温度下，Mo 与 S 发生反应，生成 MoS_2 固体润滑剂，在 2000℃高温下，Mo 与 Si 发生反应生成

$MoSi_2$，在 1500℃下具有优异的抗高温氧化能力。钼可以做成丝材，因此可以用电弧喷涂方法制备涂层，但是涂层中氧化物含量高。等离子喷涂钼粉具有涂层致密、氧化物含量低等优点，而且钼粉可以与其他粉末材料混合使用，为等离子喷涂创造了条件。

7.4.3　氧化物耐磨材料

这类材料制备的涂层往往具有较高的硬度，常用氧化物涂层有氧化铝、氧化铬等。氧化物也可与金属或合金复合形成耐磨涂层，如爆炸喷涂 NiCoCrAlYTa + Al_2O_3。碳化物在喷涂过程容易分解，加上涂层脆性较大，一般不单独制备涂层，而是与金属复合或合金化制备成粉末材料，然后喷涂形成涂层。碳化物在涂层中为硬相，在摩擦磨损过程中可保护零件表面以减少磨损，而金属主要起黏结作用。

氧化物的种类很多，高熔点的氧化物一般具有较高的硬度，可以用来制备耐磨涂层。作为热喷涂常用的氧化物有 Al_2O_3、Al_2O_3 - TiO_2、Cr_2O_3、Cr_2O_3 - SiO_2 - TiO_2 和 ZrO_2 - Y_2O_3。氧化物粉末形态有熔化-破碎多角形粉末和团聚-烧结球形粉末。复合氧化物比单一的氧化物耐冲击性好，涂层结合强度高。高熔点氧化物的化学稳定性好，这类涂层可以应用在耐腐蚀的磨损环境。由于氧化物熔点较高，这类材料通常采用等离子喷涂方法制备涂层。用大气等离子喷涂制备的涂层，往往含有一定的气孔率，作为耐腐蚀涂层，要进行适当的封孔处理。另外带有气孔的涂层，可以应用于有润滑油的减磨，因此一些机械密封环应采用这类涂层作为耐磨和减磨材料。一些氧化物的性能如下。

1. 氧化铝

氧化铝的熔点为 2020℃，由于氧化铝熔点较高，通常采用等离子喷涂，爆炸喷涂使用氧乙炔气体也可喷涂氧化铝粉末，并且涂层的气孔率低于等离子喷涂，但是爆炸喷涂氧化铝涂层的应力大。另外氧乙炔火焰也可喷涂氧化铝，但是气孔率较等离子喷涂高。氧化铝通常稳定状态相为 α- Al_2O_3，热喷涂粉末完全熔化或部分熔化，在基体上急冷凝固时转变为 γ- Al_2O_3 相。用于热喷涂的氧化铝粉末主要有两种：一是熔化-破碎粉末，颗粒粒度在 15 ~ 45μm，粉末的流动性不算太好；另一种是微米或纳米团聚粉末，流动性好。γ- Al_2O_3 在 950℃转变回 α- Al_2O_3 并伴随 4% 的体积变化，导致涂层脱落。因此热喷涂氧化铝的使用温度不应超过 800℃。氧化铝涂层硬度虽然很高，但是脆性大，不适合承受大压力下的磨损。氧化铝涂层可用于研磨磨损和滑动磨损，也可用于绝缘涂层。涂层的绝缘性与涂层的致密性、涂层的相结构和环境湿度有关。

2. 氧化钛、氧化铝-氧化钛

氧化钛的应用类似于氧化铝，但是它的涂层硬度低于氧化铝。纯的二氧化钛为白色，氧化钛在等离子喷涂过程中会失去一些氧，涂层颜色向黑灰色转变，电学性能也会发生变化。如果在喷涂后能保持钛的锐钛矿相，涂层会具有良好的光催化活性，然而等离子喷涂由于温度高涂层大部分为金红石相。Al_2O_3-TiO_2 粉末通常由熔融-粉碎方法制造，含有不同质量分数的二氧化钛，广泛用于抗磨和耐酸耐碱。经常使用的有三种不同成分：①Al_2O_3-$3TiO_2$，比纯 Al_2O_3 涂层更脆，但介电强度更低。②Al_2O_3-$13TiO_2$，与 Al_2O_3-$3TiO_2$ 相比，其硬度较低了，但韧性较高，介电性能较差，这种亚共晶成分导致涂层中 γ-氧化铝为主要相，尽管硬度降低了，但由于韧性增加，耐磨性优于氧化铝涂层。③Al_2O_3-$45TiO_2$（过共晶成分）涂层的硬度和耐磨性较低，这可能是由于这些涂层中所含的 Al_2TiO_5（或 $Al_6Ti_2O_{13}$）铝钛酸盐的硬度和韧性较低。

Wang 和 Shaw 等人[13]研究了喷雾干燥、熔化破碎和等离子球化三种相同成分，但不同分布的 Al_2O_3-TiO_2 粉末制备的涂层性能。氧化铝和氧化钛颗粒的最初混合程度与粉末的制备方法有关，进而影响了粉末的熔化程度和涂层组织，混合程度高，可提高粉末的热导率。如果喷涂的粉末是两种元素在亚微米级混合的混合物，涂层中则可以消除 TiO_2 层片状结构和富 TiO_2 的 Al_2O_3 区域。

3. 氧化铬

氧化铬熔点为 2080℃，耐磨性高于氧化铝，它的涂层经常应用在耐磨、耐腐蚀环境，如柱塞泵、密封环、辊类零件等。大气等离子喷涂氧化铬的一个应用是用于喷涂印刷行业的雕刻辊，雕刻辊使用时与刮刀钢片接触，要求有一定的耐磨性，同时由于颜料的腐蚀性，雕刻辊的表面采用等离子喷涂氧化铬，经研磨、抛光后再进行激光雕刻。

7.4.4 自溶合金耐磨材料

以镍、钴、铁为合金的主体，加入形成低熔点共晶体的硼和硅元素，形成了一系列粉末材料，主要成分为 M-Cr-B-Si-C（其中 M = Ni、Co、Fe），此外还可添加少量的 Mo、W、Cu 等元素，形成相应的碳化物，以提高耐磨性。硼和硅能显著地降低合金熔点，扩大固液相线温度区，与镍、钴、铁都能形成低熔点共晶体。硼、硅对氧的亲和力强，是形成稳定氧化物的元素，对不稳定的 NiO、CoO、FeO 有很强的脱氧还原作用，合金在熔融状态时，B、Si 能与氧产生 B_2O_3 和 SiO_2，与其他金属氧化物一起形成低熔点的硼酸硅酸盐玻璃熔渣，由于熔渣的密度小，流动性好，覆盖在液体合金表面，可隔绝空气，避免了液态合金的氧化，起到隔绝气体作用。合金中的硬相主要是 CrB、WC、MoC、MoB 等。Cr 还能固溶在 Fe、Ni、Co 晶体中，对晶体起固溶强化作用，提高耐腐蚀性能和抗高温氧化性能，并且容易与 C、B 形成碳化铬、硼化铬硬质相，提高合金的硬度和耐磨性。Cr 含量越高，合金的耐腐蚀、耐磨和耐高温氧化性能越好。碳会与合金的元素形成碳化物或固溶于晶体间隙，起强化作用，提高合金的硬度，一般 C 含量在 0.1% ~1%（质量分数），在 Ni-Cr-B-Si-C 系合金中，C 含量在 2% ~2.5%（质量分数）之间，合金具有良好的高温硬度，并且有适当的韧性，但当 C 含量大于 3.5% 时，喷焊合金层会产生脆性破裂。Mo 和 W 固溶在 Ni、Co、Fe 中时晶格会产生畸变从而强化合金基体，或者形成相应的碳化物，以提高合金的抗高温蠕变性能。并且 Mo 还能提高材料抗盐酸、硫酸的腐蚀性。Cu 与 Ni 形成的固溶体，在较宽的温度范围内可以提高合金的抗腐蚀性。Ni 基自溶合金的熔点为 950 ~1150℃，涂层的耐腐蚀、抗氧化、耐热、耐低应力磨粒磨损好。重熔后表面光滑，线膨胀系数为 $(14 ~ 16) \times 10^{-6}/K$，一般使用温度在 700℃ 以下。这类材料有 Metco 16C，成分为 Ni16Cr4Si4B3Cu3Mo2.5Fe0.5C，粉末粒度为 (125 ± 45) μm。

　　Co 基自溶合金是在 Co-Cr-W 合金基础上添加 B、Si 等元素制成的。Co 具有极好的耐热、耐腐蚀和抗氧化性，特别是 Co 与一些碳化物具有良好的润湿性，改善了涂层的脆性和裂纹敏感性。Co 合金的高温强度略高于 Ni 合金。由于 Co 在 417℃ 发生了晶体类型的转变，产生了体积应力，因此喷焊时，基体需要预热到 500℃ 以上，焊后需保温缓冷。涂层经过再加热熔化凝固，与基体形成冶金结合，涂层的硬度达到 35 ~55HRC。喷涂后再熔化的温度应根据合金成分确定。由于这类粉末材料种类很多，应与生产厂家确定最佳熔化温度。自溶合金除单独使用外，常常在粉体中添加少量的 Mo 和 50% 以下的 WC 以进一步提高涂层的耐磨性，但是添加过多的 WC 重熔后可能会引起涂层的裂纹。

　　自溶合金涂层主要使用于结合强度高的耐磨部件表面，如钢铁生产线的传送辊、玻璃和塑料的模具、排气阀杆、凸轮、阀门等。自溶合金的主要喷涂方法有氧乙炔火焰喷涂和大气等离子喷涂，不易用超音速喷涂和爆炸喷涂，原因是这两种喷涂法涂层致密，内应力大，达到一定厚度时涂层可能开裂。合金熔化的方法有火焰重熔、高频重熔及激光重熔等。图 7-16 所示为等离子喷涂 Ni60 涂层和高频重熔涂层的断面组织。

7.4.5　碳化物耐磨材料

　　高硬度碳化物的种类很多，如 WC、TiC、TaC、NbC、Cr_3C_2、SiC 等，其中碳化钨和碳化铬是重要的热喷涂材料，这两种碳化物与金属钴、镍、铬等组成的粉体容易在热喷涂中烧结，形成致密、高硬度的涂层。TiC 与氧的亲和性过高，在热喷涂中容易形成氧化物，TaC 和 NbC 价格较贵，并且与铁、钴、镍金属的固溶度低，在热喷涂材料中使用的较少。碳化物很少单独用于热喷涂材料，因为碳化物不仅熔点较高，而且热喷涂碳化物容易脱碳或分解。碳化物往往与一些金

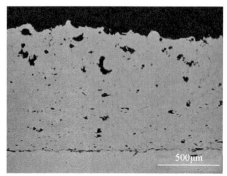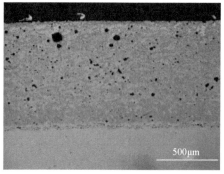

图 7-16　等离子喷涂 Ni60 涂层和高频重熔涂层的断面组织

属合成金属碳化物使用，表 7-2 所列为一些碳化物与金属钴、镍和铁在 1250℃ 的固溶度，固溶度越高表示金属与碳化物的亲和性越高，金属钴与 WC 的固溶度为 22%，因此 WC-Co 材料被广泛应用。

表 7-2　一些碳化物与金属钴、镍和铁在 1250℃ 的固溶度（质量分数）（%）

碳化物	Co	Ni	Fe
WC	22	12	7
Cr_3C_2	12	12	8
TiC	1	5	0.5
TaC	3	5	0.5
NbC	5	3	1

7.4.6　金属碳化钨粉末材料

WC-Co、WC-Ni、WC-CoCr 是工业上最常用的耐磨材料，这几种材料作为热喷涂粉末使用量很大。应当注意不同制备方法制备的粉末材料和采用不同喷涂方法获得的涂层组织性能相差很大。

WC-Co 超硬合金（硬度 1780HV），1930 年由德国人 Schroter 开发。当时主要采用烧结法成型，用于制造切削工具，这一方法一直到今天仍然使用。WC 为六方结构，可以在常温产生滑移变形，与其他碳化物相比，具有较高弹性模量（72000kg/mm²）。WC 高温容易分解为 W_2C 和 W，在 550℃ 以上容易氧化，因此不宜在氧化条件下高温加热，通常采用爆炸喷涂、超音速喷涂或者冷喷涂制备涂层。表 7-3 所列为碳化钨（WC）的物理性能。

表7-3　碳化钨（WC）的物理性能

晶型	熔点 /℃	密度 /（g/cm³）	热导率/ （Cal/cm·s·℃）	硬度 /HV	弹性率 /（kg/mm²）	碳含量 （质量分数,%）	氧化温度 /℃
六方	2867	15.6	0.27	1780	72000	6.13	500

碳化钨 WC 在高温或者氧化条件下，容易分解为 W_2C，表 7-4 所列为 WC 与 W_2C 性能比较。虽然 W_2C 的硬度高于 WC，但是由于 W_2C 的弹性率低，在高载荷下容易破裂，故涂层中含有 W_2C 时脆性高。

表7-4　WC 与 W_2C 性能比较

类型	硬度 /HV	弹性率 /（kg/mm²）
WC	1780	72000
W_2C	1845	42000

WC 和 W_2C 由于熔点高，高温下易分解，故很难单独使用，往往需要将 Co、Ni、Cr、Fe 等作为黏结剂通过不同方法组合，构成合金或混合物使用。工业上的应用主要有两种方法，一个是烧结成具有特定形状的硬质合金工具，另一个是用热喷涂方法在其他材料基体上制备涂层。

Co、Ni、Cr、Fe 或者它们的组合可以作为 WC 合金的黏结剂，在高温烧结中这些黏结剂会熔化或扩散到 WC 中，与 WC 组成合金，烧结过程是相对时间较长的反应与扩散过程。但是在热喷涂制备涂层的过程中，粉末颗粒受热时间非常短，很难发生烧结与扩散。因此热喷涂用 WC 合金一定要预先制备成特定成分和特定相结构的粉末材料。粉末的制备方法影响着粉末材料形状、相组成和粒度，从而进一步影响涂层的性能。金属碳化钨制备粉末的方法有：铸造-破碎法、微粉末混合造粒法、金属包覆法、烧结-破碎法和团聚-烧结法等。目前市场上出售的典型这类粉末材料有：WC-9Co、WC-12Co、WC-17Co、WC-10Co4Cr、WC-Ni 和 WC-NiCr 等。金属钴与 WC 的结合性良好，两者在一定范围内可以形成合金，是 WC 系列合金中用量最多的一种，以下介绍几种碳化物-合金粉末材料。

1. 铸造-破碎碳化钨粉末

将 Co、Ni 等金属与 WC 按比例配合，在真空或者氩气保护下高温熔化，通过浇注、凝固、破碎、分筛等制备成块状粉末，如图 7-17 所示。由于 WC 与 Co 在液态下有一定的固溶，可形成 Co_3W_3C 相。铸造-破碎粉末颗粒密度高，流动性差，粉体中碳含量约为 4.1%。对粉体进 X 射线衍射，通常没有 Co 衍射峰出现，表明 Co 不是单独在合金中存在，而是与 WC 组成新的化合物 η-Co_3W_3C。由于 Co_3W_3C 化合物熔点高，该种粉末不适于 HVOF 喷涂，但可以用爆炸喷涂或等离子喷涂方法制备涂层。热喷涂铸造-破碎金属碳化钨粉末，由于没有单一 Co 相，涂层除了用于耐磨外，还常常被应用在热镀锌沉没辊表面，用以阻止液态锌与钢辊发生合金反应。

2. 烧结-破碎钴-碳化钨粉末

将微米、纳米级碳化钨和钴金属粉末混合，压实，在氢气环境下高温烧结，然后破碎，粉末呈颗粒块状，如图 7-18 所示。粉末颗粒内部致密，

图 7-17　铸造-碳化钨粉末

粉末的松装密度在 5.5g/cm³ 以上，主要相为 WC、Co，适合于 HVOF 喷涂和爆炸喷涂。由于该类粉末颗粒的致密性高，用 HVOF 喷涂 WC 脱碳少，但是沉积效率和流动性不如团聚-烧结粉末。

3. 团聚-烧结钴-碳化钨粉末

用有机黏结剂将微米、纳米级碳化钨和钴粉末混合，喷雾干燥成球形颗粒，然后烧结制备粉末，如图 7-19 所示。该粉末呈现球形，粉末流动性好，喷涂沉积效率高，由于粉末内部有空隙，松散密度低。粉末主要相为 WC、Co，适合于 HVOF 喷涂和爆炸喷涂。由于这类粉末的流动性好，沉积效率较高，故成了 HVOF 喷涂的主要材料。

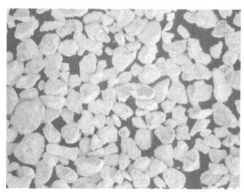

图 7-18　烧结-破碎钴-碳化钨粉末

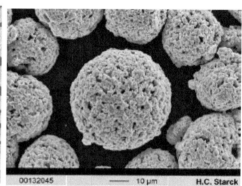

图 7-19　团聚-烧结钴-碳化钨粉末

7.4.7　粉末的性能

这类粉末的主要指标值有：粉末粒度、松装密度、WC 微颗粒尺寸。使用者应根据自己的所拥有的喷涂设备选择粉末，适合 HVOF 喷涂的粉末粒度一般在 5~45μm，有的粉末提供商将粉末粒度更进一步分为几个范围，如 5~30μm，

15～45μm等。为了防止喷涂中脱碳，获得较高的致密性和沉积效率，要考虑粉末与喷涂方法的匹配。燃烧煤油为主的 HVOF 喷枪，如 JP5000，Work 喷枪，一般选择 5～30μm 的粉末；而燃烧丙烯、丙烷的 DJ2700 喷枪，由于射流温度高，可选择 15～45μm 的粉末。

　　研究表明粉末的松装密度对涂层的表面粗糙度值有影响，图 7-20 所示为粉末松装密度与涂层表面粗糙度的关系[14]，低松装密度粉末可以获得表面粗糙度值较低的涂层表面。

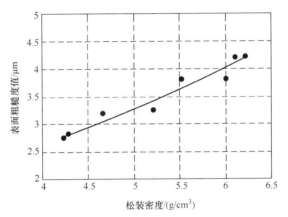

图 7-20　粉末松装密度与涂层表面粗糙度值的关系

　　粉末松装密度不仅影响涂层的表面粗糙度值，还影响喷涂沉积效率，H. C. Starck 的研究表明，沉积效率随粉末的松装密度的增加而增加，如图 7-21 所示。

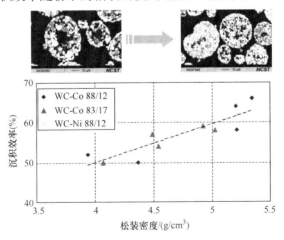

图 7-21　粉末松装密度与沉积效率的关系

　　粉末松装密度对爆炸喷涂涂层的影响：采用爆管直径 25mm，间歇式送粉爆炸喷涂方法对不同松装密度的三种团聚-烧结 10Co4Cr-WC 粉末和烧结-破碎

10Co4Cr-WC 粉末进行喷涂，研究了粉末松装密度对涂层组织和硬度的影响。表 7-5 所列为间歇式送粉爆炸喷涂参数。

表 7-5 间歇式送粉爆炸喷涂参数

送粉量/(g/min)	氧气/(L/min)	乙炔/(L/min)	丙烷/(L/min)	氮气/(L/min)
100	40	22	35	30

粉末一为国内某厂家生产的团聚-烧结 10Co4Cr-WC 粉末，烧结温度 1220℃，松装密度 4.91g/cm^3，振实密度为 5.49g/cm^3。图 7-22 所示为该粉末的爆炸涂层组织，涂层底部虽然比较致密，但是在涂层上部可见粉体颗粒的界面，表明涂层颗粒并不致密，涂层硬度仅为 584HV0.3，偏低。

采用同样的喷涂参数，提高粉末烧结温度（1250℃），获得松装密度 6.53g/cm^3，振实密度 7.33g/cm^3 粉末，该粉末的爆炸喷涂组织如图 7-23 所示，涂层致密、均匀，涂层硬度为 838HV0.3。

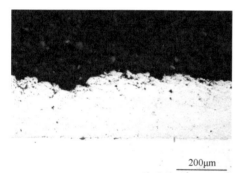

图 7-22 低松装密度 4.91g/cm^3 粉末喷涂涂层组织，硬度 584HV0.3

图 7-23 高松装密度 6.53g/cm^3 粉末爆炸喷涂组织

在同样的爆炸喷涂参数下，喷涂烧结-破碎粉末（振实密度 6.80g/cm^3）的涂层组织如图 7-24 所示，涂层硬度为 1001HV0.3。在相同的爆炸喷涂参数下，提高粉末的松装密度，有利于获得致密、高硬度的涂层。

团聚-烧结碳化钨粉末中的 WC 颗粒尺寸对喷涂中 WC 的脱碳影响很大。粉末中 WC 的粒度越小，喷涂中脱碳倾向越大，图 7-25 所示为 H. C. Starck 的研究结果[14]，随着脱碳的增加，涂

图 7-24 爆炸喷涂烧结-破碎粉末的涂层组织，硬度 1001HV0.3

层韧性下降变脆。图 7-26 所示粉末粒度、WC 颗粒尺寸及粉末颗粒温度对涂层相组成的影响规律。随着粉末颗粒温度的提高或粉末粒度的减小或 WC 颗粒尺寸的减小，涂层中 WC 相可能转变为 W_2C，甚至 W 相，而金属钴变为 Co_3W_3C、Co_6W_6C、Co_2W_4C 或 $Co_3W_9C_4$ 等组成的硬脆 η 相[15,16]。

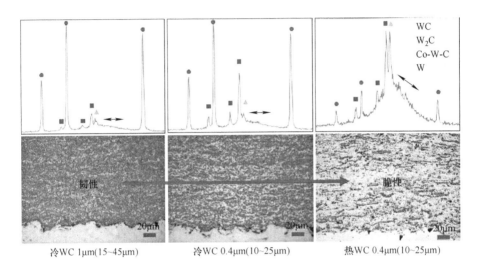

图 7-25　WC 颗粒尺寸对涂层脱碳的影响

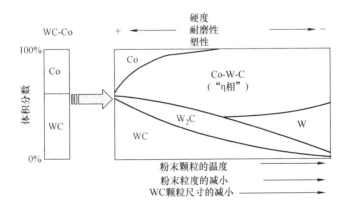

图 7-26　粉末粒度、WC 颗粒尺寸及粉末颗粒温度对涂层相组成的影响规律

Lyphout 等人[17] 调查了表 7-6 所列 HVAF 和 HVOF 喷涂两种成分的团聚-烧结 WC 颗粒尺寸粉末涂层的干摩擦行为和摩擦系数与 WC 颗粒尺寸的关系。

表 7-6　HVAF 和 HVOF 喷涂两种成分团聚-烧结 WC

涂层	喷涂方法	粉末成分	粉末粒度/μm	WC 颗粒尺寸/μm
P1K1	HVAF-M3	WC-12Co	30 ± 5	0.2
P1K2	HVAF-M3	WC-12Co	30 ± 5	2.0
P1K3	HVAF-M3	WC-12Co	30 ± 5	4.0
P1K4	HVAF-M3	WC-10Co4Cr	30 ± 5	0.2
P1K5	HVAF-M3	WC-10Co4Cr	30 ± 5	2.0
P1K6	HVAF-M3	WC-10Co4Cr	30 ± 5	4.0
P2K2	HVOF-JP	WC-12Co	± 45 ± 15	2.0
P2K5	HVOF-JP	WC-10Co4Cr	45 ± 15	2.0

图 7-27 所示的 HVAF 喷涂结果表明，涂层的致密性随粉末中 WC 颗粒尺寸

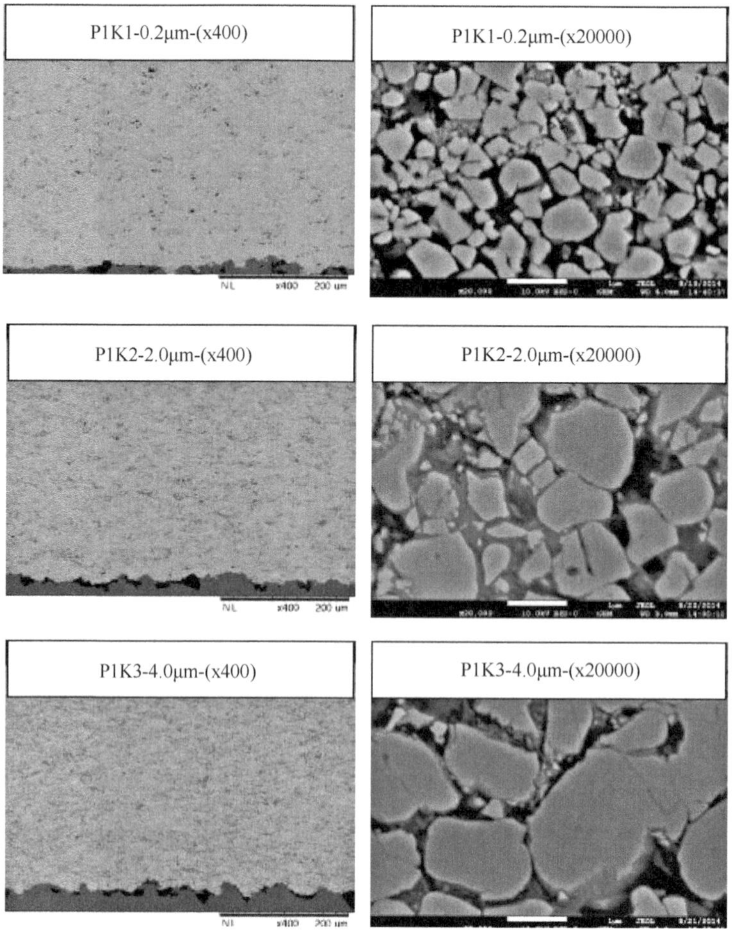

图 7-27　HVAF 喷涂不同 WC 颗粒尺寸的粉末涂层

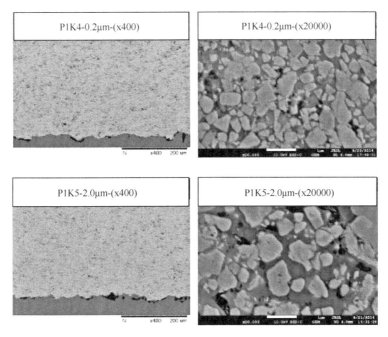

图 7-27　HVAF 喷涂不同 WC 颗粒尺寸的粉末涂层（续）

的增加有所提高，这可能与粉末中金属黏结剂的体积分数随粉末 WC 颗粒尺寸变大而增加有关。另外涂层分析也表明，随 WC 颗粒尺寸的粗大化，涂层中碳化物含量降低，沉积效率也有所下降。图 7-28 所示为干摩擦涂层的摩擦系数。

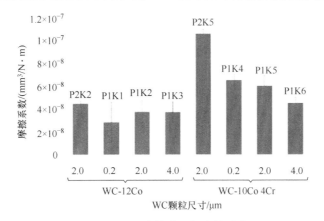

图 7-28　干摩擦涂层的摩擦系数

7.4.8　镍铬-碳化铬

镍铬-碳化铬（NiCr-Cr$_3$C$_2$）也是另一种常用的热喷涂金属碳化物，常见的碳化铬相结构、熔点和硬度等特性见表 7-7[18]。铬碳化物中碳含量越高，熔点、硬度也越高，但是结合自由能低，容易分解，因此热喷涂 NiCr-Cr_3C_2 涂层中往往含有 Cr_7C_3 和 $Cr_{23}C_6$ 碳化物相。

表 7-7　常见的碳化铬相结构、熔点和硬度等特性

相结构	熔点/℃	硬度　HV0.05	结合自由能，$\triangle H_{298}$/（kJ/mol）
Cr_3C_2	1895	2280	83.35
Cr_7C_3	1780	2200	160.66
$Cr_{23}C_6$	1520	1650	328.44

Ni-Cr 合金，在高温 800℃ 以下几乎不氧化，耐酸、碱腐蚀性强，可以作为底层涂层。但涂层不耐含有 H_2S 和 SO_2 高温燃气的腐蚀，在硝酸、盐酸中容易受到侵蚀。80Ni-20Cr 合金常常应用在耐腐蚀和高温氧化环境中，最高使用温度为 980℃[19]，过高的温度会导致涂层内部或者涂层与基体界面发生氧化[20]。在含有水蒸气的高温条件下，Cr_2O_3 不稳定，容易转变为其他铬的氧化物。例如，连续退火炉的中温段使用的炉辊（700～800℃），以及冷却的核反应堆。在温度高于 1100℃ 时，碳化铬转变为氧化铬，铬氧化物覆盖在铬碳化物表面。铬的碳化物通常有 Cr_3C_2、Cr_7C_3 和 $Cr_{23}C_6$ 三种相结构，在扫描电镜下分别呈亮灰色、灰色和暗灰色。在高温氮气条件下发生由 Cr_3C_2→Cr_7C_3→$Cr_{23}C_6$ 转变，可能导致涂层脱落。

NiCr-Cr_3C_2 可以采用等离子喷涂、火焰超音速喷涂和爆炸喷涂方法制备涂层。涂层硬度、气孔率、铬碳化物比率与喷涂方法有关。爆炸喷涂对涂层性能的影响较大，不同的参数会改变涂层的硬度和碳化物的结构。而火焰超音速喷涂方法制备的涂层与原始粉末相组成相近，但是 NiCr-Cr_3C_2 粉末用火焰超音速喷涂沉积效率低于 WC-Co，沉积效率一般低于 40%。图 7-29 所示为等离子喷涂、火焰超音速喷涂和爆炸喷涂方法喷涂的 NiCr-Cr_3C_2 断面组织比较。等离子喷涂温度高，Cr_3C_2 脱碳，涂层硬度低，涂层中含有大尺寸气孔。火焰超音速喷涂燃流速度高，制的涂层比较致密，但是喷涂沉积效率低，涂层中含有大量的微小气孔，主要是粉末颗粒熔化程度低所造成的。爆炸喷涂 NiCr-Cr_3C_2 脱碳与喷涂气体种类、温度有关，沉积效率可达 60% 以上，涂层比火焰超音速喷涂更致密，但是喷涂参数，尤其是爆炸气体成分等对涂层组织和相组成有很大影响。

NiCr-Cr_3C_2 粉末的制备方法是将合金 NiCr 粉末与 Cr_3C_2 粉末混合，压实后烧结-破碎制备，也可采用团聚-烧结法制备粉末；还有低温球磨法和最简单的机械混合法制备粉末。图 7-30 所示为益阳等离子公司生产的团聚-烧结 25NiCr-75Cr_3C_2 粉末，粉末呈近球形，内部有气孔，这种粉末适合火焰超音速喷涂和爆炸喷涂。

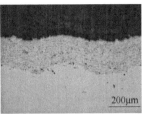

等离子喷涂 NiCr-Cr₃C₂ 　　　火焰超音速喷涂NiCr-Cr₃C₂ (DJ2700) 　　　爆炸喷涂 NiCr-Cr₃C₂

图 7-29　等离子喷涂、火焰超音速喷涂和爆炸喷涂方法喷涂的 NiCr- Cr₃C₂ 断面组织比较

图 7-30　团聚-烧结 25NiCr-75Cr₃C₂ 粉末

图 7-31 所示为 Oerlikon Metco 7205，25NiCr-75Cr₃C₂ 粉末的形貌和断面组织[21]，粉末外观形貌与图 7-30 所示团聚-烧结粉末相同。在粉末的断面组织中，灰色部分为铬碳化物，白色为 NiCr 合金。采用 HVOF- DJ2700 喷涂这种粉末，涂层的硬度、气孔率等随喷涂条件不同而变化，在丙烷流量 $3.2m^3/h$，氧气流量 $14.7m^3/h$ 下，获得了硬度 777HV，气孔率小于 1% 的涂层[21]。

低温球磨 NiCr- Cr₃C₂：Schoenung 等人将 Ni- Cr 合金与 Cr₃C₂ 两种粉末[22]，在乙二醇介质中混合，进行低温球磨，制备了冶金团聚结构的粉末。通过改变球磨条件，可以制备出不同尺寸的 Cr₃C₂ 粉末。图 7-32 所示为球磨前后粉末形态的变化。经过 16h 球磨，粉末中已观察不到原始颗粒状的 Cr₃C₂ 粉末，也观察不到原始球形的镍铬合金粉末，而是形成成分均匀的细小粉末。伴随着球磨时间的增加，粉末变得粗大，图 7-33 所示为球磨 20h 后粉末的形态，呈现为团聚粉末。X 射线衍射的结果表明，20h 球磨后的粉末，既没有纯的碳化物，也没有纯 NiCr 相。

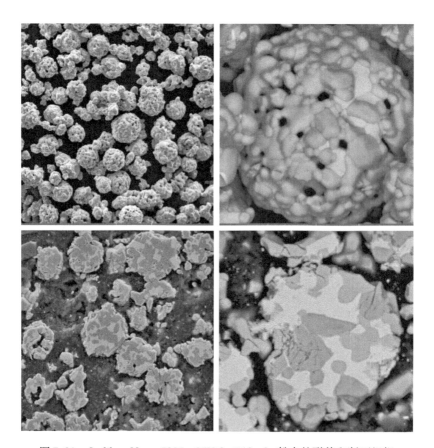

图7-31   Oerlikon Metco 7205，25NiCr-75Cr$_3$C$_2$ 粉末的形貌和断面组织

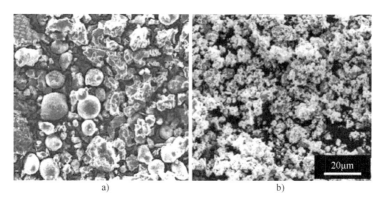

a)   b)

图7-32   球磨前后 NiCr-Cr$_3$C$_2$ 粉末形态的变化

a）原始粉末   b）16h 低温球磨粉末

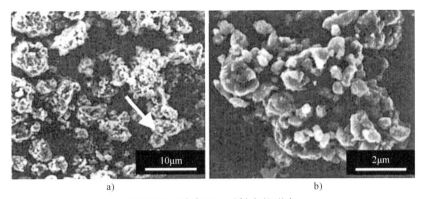

a)　　　　　　　　　　　　　　　b)

图 7-33　球磨 20h 后粉末的形态

a) 20h 低温球磨　b) 高放大倍

7.4.9　SiC-YAG

文献 [23] 报告了一种低密度
(3.9g/cm³) 球形结构的 SiC-YAG 粉末，
粉末形貌如图 7-34 所示。粉末由颗粒 1μm
的 SiC 和 13~38μm 的 YAG ($Y_3Al_5O_{12}$) 黏
结剂组成，采用团聚-烧结方法制成。
$Y_3Al_5O_{12}$ 熔点为 1940℃，SiC 熔点为
2700℃，该粉末采用 JP5000 喷涂涂层组织，
如图 7-35 所示，涂层硬度为764HV0.3。

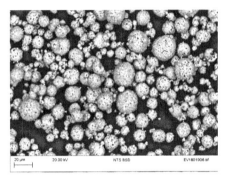

图 7-34　SiC-YAG 粉末形貌

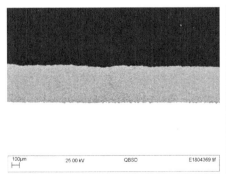
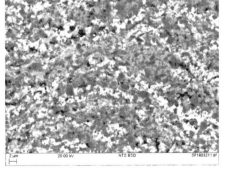

图 7-35　JP5000 喷涂涂层组织

7.4.10　自黏结材料

自黏结材料是指在喷涂过程中，由于材料自身特性产生化学反应，生成金属
间化合物，并释放出大量的热，从而对基体表面薄层补充加热，使熔粒与基体表

面形成微区冶金结合的一类材料，如镍包覆铝芯，这些组分喷涂中进行如下反应，提高了涂层与基体的结合强度。

$$Ni + Al \xrightarrow{923K} NiAl + (117 \sim 284) kJ/mol \tag{7.1}$$

$$Al + Ni \rightarrow Ni_3 Al + Q_2 \tag{7.2}$$

Ni/Al 复合材料是典型的自黏结复合材料，属于放热型材料，在喷涂过程中，熔融的铝和镍能产生化学反应，生成金属间化合物（NiAl、Ni$_3$Al），并放出大量热量，对熔粒起补充加热作用，提高了熔粒和基体的碰撞温度，同时促进了熔粒和基体表面的反应，并在界面产生微区的扩散层，从而提高了涂层的结合强度。Ni/Al 复合粉末有两种形式，一种是镍包铝，为包覆型复合粉末；另一种为铝包镍，为黏结型团聚复合粉末。

Ni/Al 复合粉末通常采用等离子喷涂或氧乙炔火焰喷涂制备涂层。等离子喷涂由于温度高，Ni、Al 反应较充分，有利于提高涂层结合强度。一般火焰喷涂结合强度可达 30MPa，等离子喷涂可达 40MPa。涂层外表面有一定表面粗糙度，为后续其他材料涂层提供了理想的衬底。涂层膨胀系数与大多数钢接近，介于金属基体和金属陶瓷涂层膨胀系数之间，因此是一种理想的黏结底层。

涂层中由于含有金属化合物 NiAl 和 Ni$_3$Al，以及少量的 Ni、Al 氧化物，由于 Ni$_3$Al 熔点高，高温强度和韧性好，化学性质稳定，故涂层具有优良的综合性能和高温抗氧化性能。涂层耐硝酸腐蚀性能好，但在盐类溶液中抗腐蚀性能较差。涂层抗熔融金属侵蚀性好，对银焊料、熔融铜合金和熔融玻璃不浸润，可用于银铜合金的焊接装置及玻璃熔炼的坩埚、工具防护。涂层的空隙率低，渗透性低，可作为密封涂层用。涂层耐磨性能良好，接近 Cr13 型不锈钢性能，有良好的耐微振磨损性能，可用于喷涂航空发动机有关部件，以及机车、拖拉机部件的修复。

Ni/Al-Mo 复合粉末在喷涂过程中可实现基体与涂层的良好黏结性能。另外 NiCr 合金粉末也常常用于黏结涂层。为了增加材料的自黏结性，改善涂层的韧性，复合粉末的组分中还添加了少量的铝粉及其他粉末。不锈钢也可作为自黏结涂层，自黏结通常具有耐蚀、耐氧化的特点。有些材料的涂层，不需要喷涂黏结底层就能和基体产生良好的结合，同时涂层本身强度高，收缩率低，因此称为一步喷涂粉末，这类粉末可以喷涂厚达数毫米的涂层而不产生裂纹。喷涂这类材料时，为了使发热反应能充分进行，不能采用过高的喷涂速度和过短的喷涂距离。为了获得最好的结合，基体要进行预热。

铝-青铜复合材料：10Al-Cu 复合材料涂层具有低收缩率，涂层厚度几乎不受限制。涂层中含有较多的氧化物和硬的铝化铜颗粒，具有良好的耐磨性能，耐磨粒磨损性能是铝青铜涂层的 2~3 倍，涂层具有良好的精加工性能，可用于铜合金零件尺寸超差后的修复及轴承表面。

自黏结碳钢复合材料：碳钢与 Mo、Al 的复合粉末具有自黏结特性，既可作为耐磨涂层，又可作为黏结底层，涂层具有低收缩率和低膨胀系数，可制备厚涂层，涂层具有良好的内聚强度，磨削后能保持良好的边角。

镍是一种高强度和高韧性的金属，用等离子喷涂镍涂层可以采用车床进行机械加工，适合于作为黏结层，喷涂后涂层表面粗糙度值随粉末颗粒尺寸的增加而增加。

Ni-Cu 合金具有很好的耐蚀性，特别是耐氟化氢和海水腐蚀，作为底层可以保护基体不被腐蚀，该涂层可以使用在质量分数为 30% 硫酸、质量分数为 10% 盐酸中，耐蚀性远远优于不锈钢。

7.5　耐高温氧化材料

7.5.1　MCrAlY 合金

MCrAlY 合金粉末通常由气体雾化或水雾化方法制备。合金的耐高温氧化性能来源于合金中的 Cr、Al、Si 等元素，这些元素在高温下由内部向材料表面扩散，在合金的表面形成致密的氧化物保护膜，阻碍氧元素向合金内部扩散，对合金起到保护作用。氧化膜的结构可以是单一的 Al_2O_3、Cr_2O_3、SiO_2 或者复合氧化物，但是应控制 SiO_2 与 Al_2O_3 或者 Cr_2O_3 形成复合氧化物，原因是在高温下，SiO_2-Al_2O_3 或者 SiO_2-Cr_2O_3 会形成低熔点共晶化合物。大量氧化试验表明，外表面为 Al_2O_3，次层为 Cr_2O_3 共同组成的氧化物结构耐高温温度更高。MCrAlY 是耐高温氧化合金的代表，其中 M = Ni、Co、Fe。对于 MCrAlY 合金，形成连续致密 Al_2O_3 膜 Al 的质量分数最低为 5%[24]。MCrAlY 合金的耐高温能力和使用寿命与使用环境密切相关，一些环境会破坏 Al_2O_3 保护膜，加速合金内部 Al 向表面扩散，最终导致 Al 枯竭，合金丧失耐高温性。例如在硫、硫酸盐或者 MnO 存在的条件下会加速 Al_2O_3 保护膜的破坏。Al 在 Ni 基合金中的扩散系数在 1095℃和 1205℃时分别为 $8.3 \times 10^{-11} m^2/s$ 和 $3.8 \times 10^{-10} m^2/s$，而在 Co 基合金中的扩散系数在 1095℃和 1205℃分别为 $1.0 \times 10^{-10} m^2/s$ 和 $8.1 \times 10^{-10} m^2/s$，分别高于在 Ni 基合金中扩散系数[25]，从这一点看 Ni 合金的耐氧化性似乎高于 Co 基合金。MCrAlY 合金中的镱（Y）与氧容易发生反应，其产生的物质能够防止 Al_2O_3 薄膜的破损、脱落，提高合金的抗氧化性，特别是在冷-热变化热疲劳时，有利于抑制氧化铝脱落的作用。除 Y 元素外，La、Ce、Hf 也具有同样的效果，但是 Y 的效果最好。选择使用 Ni 基还是 Co 基合金，一些研究表明[26]，单纯耐高温氧化的 NiCrArY 合金优于 CoCrAlY 合金，而 CoCrAlY 合金的耐硫和硫酸盐腐蚀性高于 NiCrArY 合金，在既有氧化又有腐蚀的环境下可选择使用 CoNiCrAlY 合金。图 7-36 所示为 MCrAlY 合金的耐氧化性和耐蚀性的比较[27]。镍基合金呈现较好的抗氧化性，而钴基合金具有较好的耐蚀性。

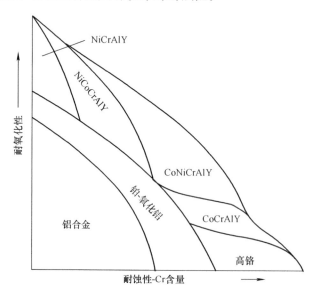

图 7-36　MCrAlY 合金的耐氧化性和耐蚀性比较

　　MCrAlY 合金是以耐高温氧化和高温腐蚀为目而开发的涂层材料。MCrAlY 合金应用在航空发动机高温叶片和热障涂层的黏结层。由于 Fe_2O_3、CoO 等在高温下易与 ZrO_2 的单斜相或立方相发生化学反应，降低 ZrO_2 的稳定性。因此 Fe-CrAlY 和 CoCrAlY 不宜做热障涂层的黏结底层，黏结底层更多地采用 NiCrAlY[28]。在 MCrAlY 的家族中还有一类耐高温摩擦材料，主要是添加 Ta 和适量的 C，涂层经过 900℃保温处理后，形成 TaC 高硬度碳化物的点状析出，分散在合金中。以及 Praxair 公司的爆炸喷涂 LCO-16，成分为 Co-25Cr-10Ta-7.5Al-0.7Si-0.8Y-2C，向 LCO-16 合金中混合 Al_2O_3 氧化物形成高温耐磨涂层，以及 Praxair 公司的爆炸喷涂 LCO-17、LCO-56 等，这类涂层的应用之一是用于钢板连续退火炉的炉内辊表面，一方面可以提高炉辊的高温耐磨性，另一方面还可以防止金属颗粒在钢辊表面的结瘤。LCO-17、LCO-56 粉末是由 LCO-16 合金粉末与 Al_2O_3 氧化物简单机械混合构成，可用于爆炸喷涂。这两种粉末不适合等离子喷涂和 HVOF 喷涂，因为 HVOF 喷涂不能熔化其中的氧化铝。

7.5.2　耐高温氧化试验

　　Takahashi 等人[29]比较了等离子喷涂 Ni-20Cr、Ni-50Cr 和 CoNiCrAlY 三种涂

层在空气中，1093℃ 的抗氧化性，图 7-37 所示为 1093℃ 氧化循环后涂层表面脱落面积与热震次数间的关系。Ni-20Cr 涂层脱落较多，抗氧化性较差，经 X 射线衍射分析表明，氧化后涂层表面的主要成分为 $NiCr_2O_4$、NiO 和 Cr_2O_3，由于 $NiCr_2O_4$ 氧化物是非致密的，故导致涂层表面呈粉末状脱落。而 Ni-50Cr 涂层氧化循环后，涂层表面主要成分为 Cr_2O_3，呈现良好的抗氧化循环性。CoNiCrAlY 涂层氧化循环后涂层表面的成分为 Cr_2O_3 和 Al_2O_3。

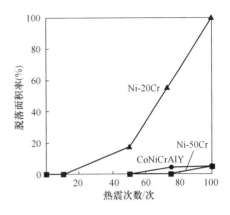

图 7-37 Ni-20Cr、Ni-50Cr 和 CoNiCrAlY 三种涂层在 1093℃ 氧化循环后涂层表面脱落面积与热震次数间的关系

7.6 特殊功能涂层材料

7.6.1 YSZ 粉末

YSZ 粉末大多由熔化-破碎或团聚-烧结方法制备。Streibl 等人[30] 使用 3MB 等离子喷枪，在工作气体为氮气+氢气下，喷涂了熔化-破碎、纳米团聚-烧结和等离子球化三种粒度几乎相同的 YSZ 粉末。结果表明，等离子球化的粉末最容易熔化，这是因为其为空心球结构，粉末密度低（$<1000kg/m^3$）热量容易传递。纳米团聚-烧结粉末的密度在 $390 \sim 2000kg/m^3$，而熔化-破碎粉末为 $2900kg/m^3$。等离子喷涂熔化-破碎粉末，涂层组织为层片状结构，涂层的气孔率与喷涂能量有关；而喷涂纳米团聚-烧结粉末，涂层组织呈现二元结构。

7.6.2 氧化物涂层的电学性能

1. Al_2O_3

Al_2O_3 作为电绝缘材料广泛应用在高电压电器、放电设备、臭氧发射器、离子溅射靶材和其他高温绝缘电器零件上。作为绝缘材料涂层应首选使用熔化-破碎或烧结的氧化铝粉末，其为致密结构的 α-Al_2O_3。这种涂层在 20℃ 下具有稳定的绝缘性，电阻值为 $10^{14} \sim 10^{15} \Omega \cdot cm$。室温下等离子喷涂氧化铝涂层的电阻变化较大为 $5 \times 10^9 \sim 3 \times 10^{12} \Omega \cdot cm$。等离子喷涂熔化-破碎氧化铝与团聚-烧结氧化铝的差别在于，等离子喷涂氧化铝除包含 α-Al_2O_3 相外，还有不稳定相，例如 γ-Al_2O_3 或 δ-Al_2O_3，且涂层的气孔率高，而气孔增加了涂层的吸水性，降低了氧化铝涂层的绝缘性。

　　氧化铝粉末通常使用喷涂的方法为等离子喷涂，获得涂层的相结构为 α-Al_2O_3 和 γ-Al_2O_3，涂层中 γ-Al_2O_3 含量与粉末的加热-冷却程度有关[31]。增加等离子喷涂的功率有利于形成 γ-Al_2O_3，另外研究表明，氧化铝的绝缘性和介电常数也与氧化铝的相结构有关，γ-Al_2O_3 的绝缘性低于 α-Al_2O_3。氧化铝涂层也可用爆炸喷涂，但沉积效率不如等离子喷涂高，获得的涂层主要相也是 γ-Al_2O_3。作为喷涂绝缘涂层应选择熔化-破碎粉末。团聚-烧结粉末在喷涂中容易形成二元结构组织，气孔率很高，故不适合作为绝缘涂层。

　　Toma 等人[32]用等离子喷涂和火焰超音速喷涂方法制备了不同厚度的氧化铝涂层，了大气湿度、测量频率对氧化铝涂层电阻率的影响。图 7-38 所示为等离子喷涂和 HVOF 喷涂氧化铝涂层组织，等离子喷涂涂层的气孔率高于 HVOF 喷涂。

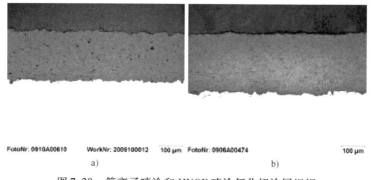

FotoNr: 0910A00610　　WorkNr: 2009100012　　100 μm　FotoNr: 0906A00474　　　　　　　　100 μm
a)　　　　　　　　　　　　　　　　　　　b)

图 7-38　等离子喷涂和 HVOF 喷涂氧化铝涂层组织
a）等离子喷涂　b）HVOF 喷涂

　　图 7-39 所示为粉末和涂层的 X 射线衍射，最初粉末为 α-Al_2O_3，不论是等离子喷涂还是 HVOF 喷涂，涂层中均含有 γ-Al_2O_3，这表明，只要喷涂中发生粉末熔化-快速凝固，涂层中就会出现 γ-Al_2O_3。

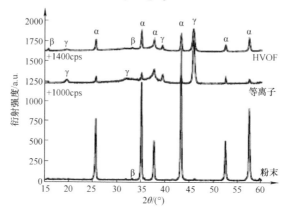

图 7-39　Al_2O_3 粉末和涂层的 XRD

在不同大气湿度下对涂层的电阻进行测量，结果如图 7-40 所示，随着大气湿度的增加，氧化铝涂层的电阻降低。火焰超音速喷涂氧化铝涂层的气孔率低于大气等离子喷涂，两种喷涂方法获得的涂层中 γ-Al_2O_3 含量基本相同。由于湿度会引起涂层表面毛细现象变化，从而导致涂层表面导电率增加，故氧化铝涂层的绝缘性会随大气湿度的降低而提高[32]。试验还表明，氧化铝涂层的电阻不仅与周围的大气湿度有关，还与测量频率有关，图 7-41 表明，测量频率越高，测得涂层的电阻值越低，并且在测量频率高于 1kHz 时涂层湿度的影响可以忽略。关于测量频率与涂层电阻的关系，可以从涂层的电容性来进行说明。在测量氧化铝涂层电阻的同时，涂层为电容，而电容或介电常数与测量频率有关。

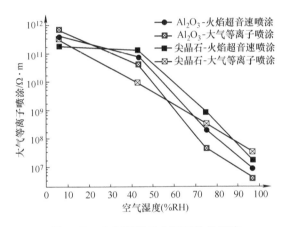

图 7-40　空气湿度对电阻系数的影响

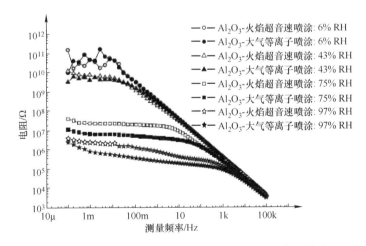

图 7-41　不同湿度下氧化铝涂层电阻与测量频率的关系

2. Cr_2O_3

Cr_2O_3 是一种中性氧化物。等离子喷涂氧化铬涂层硬度高于氧化铝，化学性能稳定，不溶于酸、碱、盐及各种溶剂，具有优异的耐蚀性，但溶于热的溴化钠盐溶液。氧化铬涂层具有极好的亲水性，在涂层表面可形成一层均匀的水膜。喷涂的氧化铬涂层呈深墨绿色，遮盖能力很强，在较宽的红外波长范围内具有高而稳定的热辐射率。常用于红外辐射涂层（如电加热管涂层）、高温导磁耐磨涂层等。氧化铬涂层可磨削至很小的表面粗糙度值，甚至抛光至镜面，可作为印刷机水辊等部件表面耐磨耐蚀的亲水涂层。氧化铬作为低摩擦系数涂层常被应用于密封件与橡胶的动密封部位，以提高工件的耐磨性，降低与密封环的摩擦系数。

3. TiO_2

金红石相 TiO_2 是一种接近黑体的深墨色涂层，与其他氧化物陶瓷相比，金红石相 TiO_2 的熔点不高，约为1840℃，适合于各种喷涂工艺，具有很好的喷涂工艺性能。TiO_2 粉末沉积效率高，与基体黏结性强，涂层致密，气孔率低，硬度适中，韧性好，涂层可加工性好，容易进行磨削、抛光，可加工到镜面。TiO_2 涂层的化学稳定性好，耐热、抗氧化、耐大多数酸、盐及溶剂的腐蚀，不溶于水，有很强的吸收和散射紫外线能力，有防止静电的作用。此外，TiO_2 涂层的红外辐射率和远红外辐射率高，对红外线和光的吸收率也高。纳米级的金红石相 TiO_2 粉末，还有很强的光催化和杀菌、消毒、除臭功能。TiO_2 质量分数超过 13% 的 Al_2O_3-TiO_2 复合涂层呈黑色，是很好的黑体吸收涂层和红外辐射涂层材料，具有很高的热辐射率。

4. TiO_2-Cr_2O_3 复合涂层

TiO_2-Cr_2O_3 具有半导体和静电特性，故其特别适合于易燃化学介质输送设备的耐磨和抗静电涂层。

7.6.3　红外辐射材料

远红外线辐射涂层，在电加热管、辐射暖房、医疗、海产品的干燥领域使用广泛。加热器主要是棒状或者管状，应选择辐射范围广、涂层制备容易、高温800℃以上涂层不脱落、耐热冲击性良好、制备成本低的材料。通常辐射远红外波长 $5 \sim 100\mu m$ 的黑体材料有 Fe_2O_3、Cr_2O_3、CoO、MnO_2，远红外辐射材料 ZrO_2、ZrO_2-SiO_2、Al_2O_3-TiO_2 可以采用火焰喷涂或者等离子喷涂方法，一般用 $NiAl$、$NiCrAl$ 作为打底层，表7-8 所列为一些红外辐射材料的性能。

表 7-8 一些红外辐射材料的性能

类型	熔点 /℃	比热 /(cal/g·℃)	热导率 /(kcal/m·hr·℃)	热膨胀系数 /K^{-1}	辐射率	弹性系数 /(kg/mm^2)
α-Al$_2$O$_3$	2050	0.185	2.36	8×10^{-6}	0.2~0.4	2×10^{-4}~4×10^{-4}
TiO$_2$	1840	0.16~0.22	2.98	8×10^{-6}	0.5	1.1×10^{-4}
Al$_2$O$_3$-50TiO$_2$	1923	—	—	—	—	—
Cr$_2$O$_3$	2265	0.16~0.22	—	9.6×10^{-6}	0.6~0.8	—
NiO	1950	—	0.7~1	—	0.85~0.96	—
ZrO$_2$	2677	0.1~0.16	0.99	10×10^{-6}	0.18~0.43	1.9×10^{-4}

7.6.4 高介电常数材料

高介电常数材料常常应用于电器零件，例如 BaTiO$_3$ 具有较高的介电常数，是制备电容器的重要材料。用 BaTiO$_3$ 制造电容器主要采用烧结方法，将 BaTiO$_3$ 粉末压制成具有特定形状的坯料，放入高温炉中烧结，获得块状或片状 BaTiO$_3$ 晶体，再涂镀上金属电极，即成为电容。用等离子喷涂 BaTiO$_3$ 制备电容器的问题在于，涂层组织为图 7-42 所示的层片状，涂层内部缺陷多。另外，等离子喷涂熔化粒子的急冷凝固，很容易形成非晶态 BaTiO$_3$，而非晶态涂层的介电常数低，制备后需要进行热处理，使其进一步晶体化。

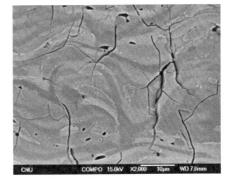

图 7-42 大气等离子喷涂 BaTiO$_3$ 组织结构

7.6.5 微波吸收涂层材料 BaCoTiFe$_{10}$O$_{19}$

亚铁酸钡 BaFe$_{12}$O$_{19}$ 具有磁畴各向异性，能够抑制电磁干扰，用于电磁波吸收材料[33]。BaCoTiFe$_{10}$O$_{19}$ 为人工合成粉末，是 BaCO$_3$（98.5% pure）、Co$_3$O$_4$（99% pure）、TiO$_2$（Anatase 99% pure）和 Fe$_2$O$_3$（99.65% pure）按一定比率组成的微细粉体，添加水-乙醇配制成浆料，机械混合，再经高速混合 1h 后，80℃ 下烘干，然后在 1100℃ 下煅烧 3h，发生固相反应合成 BaCoTiFe$_{10}$O$_{19}$。将固相反应物破碎可获得喷涂粉末。采用火焰超音速喷涂或等离子喷涂制备涂层，图 7-43 所示为火焰超音速喷涂 BaCoTiFe$_{10}$O$_{19}$ 涂层，涂层中含有非结晶相，为了提高涂层的微波吸收性，需要对喷涂涂层进行热处理，图 7-44 所示为 1000℃，3h 热处理前后涂层的 XRD 对比，热处理后涂层中形成了铁素体结构的晶相（F）。

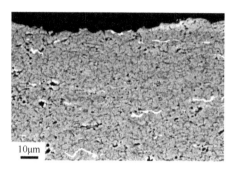
图 7-43　火焰超音速喷涂 $BaCoTiFe_{10}O_{19}$ 涂层

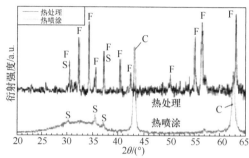
图 7-44　热处理前后涂层的 XRD 对比

参 考 文 献

[1] DAVIS JR. Handbook of thermal spray technology [J]. Corrosin: The Journal of Science and Engineering, 2006, 62 (10): 944.

[2] ALLIMANT A, PLANCHE MP, BAILLY Y, et al. Progress in gas atomization of liquid metals by means of a De Laval nozzle [J]. Powder Technology. 2009, 190 (1-2): 79-83.

[3] SALMAN A D, GHADIRI M, HOUNSLOW M J. Handbook of powder technology Voulme-12 Particle breakage [M]. Amsterdam: Elsevier, 2007.

[4] DUNKLEY J J, ATOMIZATION. Powder metal technologies and applications [M]. Ohio: ASM International, Materials Park, 1998.

[5] TSUNEKAWA Y, OZDEMIR I, OKUMIYA M. Plasma sprayed cast iron coatings containing solid lubricant graphite and h-BN structure [J]. Journal of Therm Spray Technology, 2006, 15 (2): 239-245.

[6] PICAS J A, FORN A, AJDELSZTAJN L, et al. Nanocrystalline NiCrAlY powder synthesis by mechanical cryomilling [J]. Powder Technology, 2004, 148 (1): 20-23.

[7] CUENCA A R. Contribution a' l' e'laboration de de'po^ts composites par projection plasma d' arc de poudres e'labore'es par mechanofusion [D]. Limoges: University of Limoges, 2003.

[8] AGEORGES H, FAUCHAIS P. Plasma spraying of stainless-steel particles coated with an alumina shell [J]. Thin Solid Films. 2000, 370 (1-2): 213-222.

[9] TIAN J J, YAO S W, LUO X T, et al. An effective approach for creating metallurgical self-bonding in plasma-spraying of NiCr-Mo coating by designing shell-corestructured powders [J]. Acta Materialia, 2016, 110: 19-30.

[10] SCHWIER C. Plasma spray powders for thermal barrier coating [J]. Aduances Thermal Spraying, 1986: 277-286.

[11] DORFMAN M R, NONNI M, MALLON J, et al. Thermal spray technology growth in gas turbine coatings [C]//Proceedings from the International Thermal Spray Conference and Exposition. Osaka: ASM-International Thermal Spray Society (TSS), 2004.

［12］ STURGEON A J，REIGNIER C，LAING I，et al. Development of HVOF sprayed aluminium alloy engine bearings［C］//Proceedings from the International Spray Conference and Exposition. Ohio：ASM-International Thermal Spray Society（TSS），2003.

［13］ WANG M，SHAW L L. Effects of the powder manufacturing method on microstructure and wear performance of plasma sprayed alumina-titania coatings［J］. Surface & Coatings Techndogy，2007，202（1）：34-44.

［14］ STARCK H C.［C］. 合肥：中国表面工程协会，2007.

［15］ LOVELOCK H. Powder/processing/structure relationships in WC-Co thermal spray coatings：a review of the published literature［J］. Journal of Therm Spray Technology，1998，7（3）：357-373.

［16］ JACOBS L，HYLAND M M，BONTE M D. Comparative study of WC-cermet coatings sprayed via the HVOF and the HVAF process［J］. Journal of Therm Spray Technology，1998，7（2）：213-218.

［17］ LYPHOUT C，SATO K，HOUDKOVA S，et al. Tribological properties of hard metal coatings sprayed by high velocity air fuel process［J］. Journal of Thermal Spray Technology，2016，25（1）：331-345.

［18］ HERBST-DEDERICHS C. Thermal spray solutions for diesel engine piston rings［C］//Proceedings from the International Spray Conference and Exposition. Ohio：ASM-International Thermal Spray Society（TSS），2003.

［19］ VETTER J，Coatings and materials by Sulzer Metco-Surface solutions for the requirements of tomorrow［J］. Sulzer Technical Review，2007，89（4）：8-11.

［20］ LAI G Y. Factors affecting the performances of sprayed chromium carbide coatings for gas-cooled reactor heat exchangers［J］，Thin Solid Films，1979，64（2）：271-280.

［21］ BERTUOL K，RIBAS. M. T，MAYER，et al. M. Study of HVOF parameters influence on microstructure and wear resistance of Cr_3C_2-25NiCr coating［C］//Proceedings from the International Thermal Spray Conference and Exposition. Yokohama：ASM International Thermal Spray Sociecty，2019.

［22］ HE J，SCHOENUNG J M. Nanostructured coatings，a review［J］. Materials Science and Engineering：A，2002，336：274-319.

［23］ M A RILEV，A K TABECKI，ZHANG F. Deposition of silicon carbide coating using high velicity Oxy-Fuel spraying［C］//Proceedings from the International Thermal Spray Conference and Exposition. Yokohama：ASM International Thermal Spray Society，2019.

［24］ WALLWORK G R，HED A Z. Some limiting factors in the use of alloys at high temperature［J］. Oxidation of Metals，1971，3（2）：171-184.

［25］ VINE S R L. Reaction diffusion in the NiCrAl and CoCrAl systems［J］. Metallurgical Transactions. A，1978，9：1237-1250.

［26］ Design and development of smartcoatings for gas turbines［M］//GURRAPPA I，YASHWANTH I V S. Gas Turbin. Rijeka：Sciyo，2018.

[27] SERAFFON M, SIMMS N J, SUMNER J, et al. The development of new bond coat compositions for thermal barrier coating systems operating under industrial gas turbine conditions [J]. Surface & Coatings Technology, 2011, 206 (7): 1529-1537.

[28] BALMAIN J, LOUDJANI M K, HUNT A M. Microstructure and diffusion aspects of the growth of alumina [J]. Material Scince and Engineering A, 1997, 224: 87-100.

[29] TAKAHASHI S, HATANO M, KOJIMA Y, et al. Thermal cycle resistance of oxidation-resistant metallic coatings [C]//Proceedings from the International Thermal Spray Conference and Exposition. Singapore: ASM International Thermal Spray Society, 2010.

[30] STREIBL T, VAIDYA A, FRIIS M, et al. A critical assessment of particle temperature distributions during plasma spraying: experimental results for YSZ [J]. Plasma Chemistry & Plasma Processing. , 2006, 26 (1): 73-102.

[31] GAO Y, X L XU, YAN Z J, et al. High hardness alumina coating prepared by low power plasma spray [J]. Surface and Coating Technology, 2002, 154 (2-3): 189-193.

[32] TOMA F L, SCHEITZ S, BERGER L M, et al. Comparative study of the electrical properties and microstructures of thermally sprayed alumina- and spinel- coatings [C]//Proceedings from the International Thermal Spray Conference and Exposition. Singapore: ASM International Thermal Spray Society, 2010.

[33] BOLELLI G, LUSVARGHI L, LISJAK D. Thermally- sprayed $BaCoTiFe_{10}O_{19}$ layers as microwave absorbers [C]//Proceedings from the International Thermal Spray Conference and Exposition. Las Vegas: ASM International Thermal Spray Society, 2009.

第8章

热喷涂应用：热障涂层

8.1 热障涂层结构概述

热障涂层可能是热喷涂领域中涂层结构最复杂和应用条件最苛刻的涂层之一，备受研究者的关注。热障涂层的主要目的是在高温服役的金属零件（如涡轮叶片、燃烧室等）表面沉积制备耐高温、低热导率的涂层，达到防止高温合金腐蚀和降低金属零件表面温度，提高发动机效率，提高金属零件服役寿命的目的。制备方法包括了热喷涂和其他沉积方法（如电子束物理气相沉积、化学气相沉积等）。热障涂层在航空发动机、燃气轮机上有重要的应用，尤其在航空发动机高温合金叶片和燃烧室内壁。

典型的热障涂层通常由金属黏结层和隔热陶瓷涂层组成。金属黏结层的主要目的是提高氧化物陶瓷涂层的结合强度，同时提高合金衬底的耐高温氧化性及耐燃气腐蚀性。黏结层的主要成分有 MCrAlY 和 β-（Ni、Pt）铝合金。这类含有金属铝元素的合金涂层在高温工作时，会在涂层外表面形成致密结构的 Al_2O_3，保护涂层减少氧化。但是随着黏结层长期高温服役，Al_2O_3 氧化物会继续高温生长形成热生长氧化层（TGO）。由于 Al_2O_3 氧化物的热膨胀系数通常低于黏结层金属和隔热陶瓷材料的热膨胀系数，当 Al_2O_3 生长超过一定厚度时，容易在 TGO 周围形成应力集中，冷却时导致顶层的隔热陶瓷涂层脱落，对热障涂层的寿命产生一定影响。隔热陶瓷涂层的主要目的是降低高温合金的表面温度，使用的材料有传统的氧化钇部分稳定氧化锆，成分为 ZrO-（6~8）% Y_2O_3（质量分数）和稀土锆酸盐等陶瓷材料。隔热陶瓷涂层的微观组织对热障涂层的隔热效果和使用寿命起关键作用。隔热陶瓷涂层的目的就是最大限度地降低高温服役金属零件的表面温度，同时要求涂层具有抗高温-冷却疲劳性和耐燃气腐蚀性，如 CaO-MgO-Al_2O_3-SiO_2（CMAS）。氧化钇部分稳定氧化锆（ZrO_2-8Y_2O_3，8YSZ）热膨胀系数高和热导率低，是经典的隔热陶瓷材料，然而由于 8YSZ 材料在 1443K 以上容易发生相变和烧结，不能满足更高温度的要求，故高温性良好的稀土锆酸盐（如 $Gd_2Zr_2O_7$、$La_2Zr_2O_7$ 等）也备受关注。

最早的热障涂层是由大气等离子喷涂 MCrAlY 材料（M = Ni、Co、CoNi 等）作为黏结层，大气等离子喷涂熔化-破碎 8YSZ 粉末（APS-YSZ）作为隔热层构成。由于大气等离子喷涂温度高，并且等离子流速度较低，因此 MCrAlY 涂层中氧化物含量和气孔率较高。另外，大气等离子喷涂 YSZ 涂层组织呈堆积层状，如图 8-1[1] 所示。这种结构的涂层组织优点是热导率较低，但是涂层的抗热冲击性能达不到要求。很多试验结果表明，采用低压等离子、爆炸喷涂、超音速喷涂或者冷喷涂等方法喷涂 MCrAlY，代替大气等离子喷涂 MCrAlY，可获得致密，氧化物含量更少的涂层。图 8-2 所示为冷喷涂 MCrAlY 黏结层与大气等离子喷涂 YSZ 组成的隔热陶瓷涂层组织[2]，与大气等离子喷涂 MCrAlY 相比，冷喷涂 MCrAlY 涂层的致密性和氧化物含量都很低。

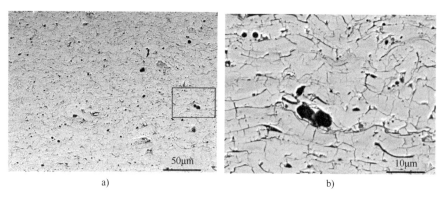

图 8-1　典型的大气等离子喷涂 YSZ 涂层组织

a）涂层组织　b）放大图

随着航空发动机燃烧温度的提高，对热障涂层也提出了更长使用寿命的要求，热障涂层的组织结构也在不断改进。图 8-3 所示为化学气相沉积 β-（Ni、Pt）铝合金作为黏结层，电子束物理气相沉积（EB-PVD）8YSZ 柱状晶结构隔热陶瓷涂层所组成的热障涂层[3]。化学气相沉积（Ni、Pt）铝黏结层，表面光滑，减少了 TGO 带来的应力突变。EB-PVD YSZ 呈柱状晶结构，可减缓横向热应力导致的涂层脱落，这一涂层已应用于航空发动机高温叶片。

图 8-2　冷喷涂 MCrAlY 黏结层与大气等离子喷涂 YSZ 组成的隔热陶瓷涂层组织

此外，为了提高热障涂层的抗热震性，研究者还设计了如图 8-4 所示的多层梯度涂层（Ni22Cr10Al1Y，标记为 Nt，70Nt-30YSZ，50Nt-50YSZ，30Nt-70YSZ，YSZ）。热震试验结果表明，多层梯度涂层的抗热震性优于简单的 MCrAlY-YSZ 双层涂层[4]。除以上组织结构的热障涂层外，大气等离子喷涂 YSZ 纳米团聚粉末和等离子喷涂悬浮液也都是新型的热障涂层。

图 8-3　化学气相沉积 β-（Ni、Pt）铝黏结层和 EB-PVD YSZ[3]

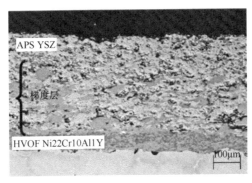

图 8-4　多层梯度涂层（Ni22Cr10Al1Y，70Nt-30YSZ，50Nt-50YSZ，30Nt-70YSZ，YSZ）

8.2　高温下热障涂层的组织变化

8.2.1　大气等离子喷涂熔化-烧结 YSZ 粉末

20 世纪 50 年代，最早应用的热障涂层结构为大气等离子喷涂 MCrAlY（M = Ni、Co 等）作为黏结层，大气等离子喷涂熔化-破碎 ZrO_2-8Y_2O_3 粉末（8YSZ）作为隔热涂层所组合的涂层。大气等离子喷涂具有灵活性，适合在复杂、大面积零件表面快速制备热障涂层，这种结构的热障涂层制备容易，成本低，至今仍在使用。大气等离子喷涂的特点是温度高（高于 5000K），周围空气容易卷入高温等离子体中，故喷涂金属材料容易发生氧化，在大气等离子喷涂 MCrAlY 时，Al、Cr 等元素容易氧化，涂层中含有较多氧化物，从而使涂层的抗氧化能力降低。另外由于大气等离子喷涂射流速度在喷枪喷嘴外部急速下降，等离子射流中粉末颗粒的速度为 100~200m/s，故形成涂层的气孔率较高（通常大于 5%）。

大气等离子喷涂熔化-破碎 YSZ 粉末，涂层组织特点为单个 YSZ 颗粒的凝固、堆积[5]。熔化或半熔化的 YSZ 颗粒沿水平方向凝固铺展，为层片状结构，涂层内存在大量未熔粒子间界面和气孔等缺陷，如图 8-5 所示[6]，图 8-5a 为研磨后涂层的断面组织，图 8-5b 为高倍率下电子显微镜观察到的层片状结构组织，仔细观察可知，层片内部是由垂直细小的柱状晶粒组成[5-8]，体现了单一颗粒的急冷凝固特征。由于 YSZ 涂层在水平方向存在缺陷，减少了垂直方向的热传递，因此大气等离子喷涂 YSZ 涂层隔热性能好。热震试验表明，大气等离子喷涂 YSZ 涂层，在经过热震试验后，涂层内部出现垂直裂纹。由于这类结构的陶瓷涂层在水平方向的堆积特点，导致涂层的抗热冲击性能差，使用中可能会有涂层脱落的现象，因此大气等离子喷涂 YSZ 涂层较少用于航空发动机涡轮叶片这样关键的零件上。

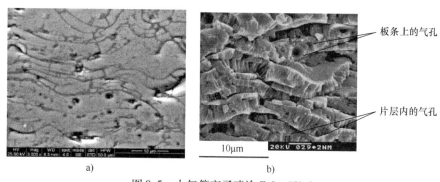

a)   b)

图 8-5　大气等离子喷涂 ZrO_2-$8Y_2O_3$

a）研磨后涂层的断面组织　b）高倍率下电子显微镜观察到的层片状结构组织

WANG 等人[9]研究了大气等离子喷涂烧结-破碎粉末的涂层和经过 1100℃ 热处理后涂层组织的变化，如图 8-6 所示，原始涂层中存在很多气孔和裂纹，表现为等大气等离子喷涂的特征。随着 1100℃ 的热处理，涂层组织发生了烧结，组织致密化，气孔率明显降低。图 8-7 所示为热处理下涂层热导率与温度的变化关系，随着热处理时间的增加，涂层的热导率增加，这是因为涂层烧结会导致致密化。

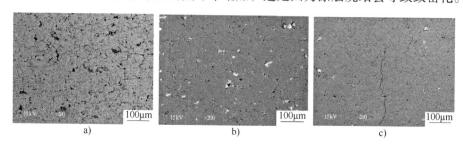

a)   b)   c)

图 8-6　大气等离子喷涂烧结-破碎粉末和热处理后涂层组织的变化

a）原始涂层　b）1100℃，10h 热处理　c）1100℃，100h 热处理

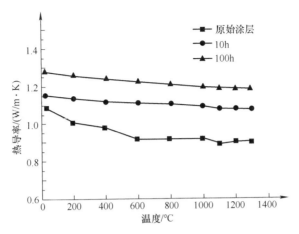

图 8-7　涂层热导率与温度变化的关系

大气等离子喷涂熔化-破碎 YSZ 粉末，制备的涂层组织与喷涂参数有关，特别是与等离子电弧功率，主气体 Ar 和二次气体氢气等的流量及喷涂距离等有关。电弧功率越大，涂层内片状组织间隙细变小，涂层气孔率下降，涂层内部应力也相应增加。Gupta[10] 等人研究了大气等离子喷涂 7YSZ，在不同电弧电流（600A、750A）、喷涂距离（70mm、140mm）和送粉量（45g/min，90g/min）时 YSZ 涂层组织的热导率和抗热震性。结果表明，低电流（600A），高送粉率（90g/min）喷涂下涂层的气孔率高。原始涂层的热导率与喷涂组织有关，约为（1～1.7）W/(m·K)，随着对涂层的高温热处理，涂层组织发生了变化，热导率增加，如某些涂层的热导率由原始涂层的 1.6W/(m·K) 提高到了 3.1W/(m·K)，变化较大。

Bakan 等人[11] 研究了大气等离子喷涂 YSZ/GZO（$Gd_2Zr_2O_7$）电弧电流和距离对涂层组织和抗热震性的影响。图 8-8 所示为不同电弧电流（350A，450A）和喷涂距离（75mm，95mm，350mm）下的涂层组织。大电流 450A，喷涂距离 95mm 涂层组织致密；低电流 350A，喷涂距离 75mm 或大电流 450A，喷涂距离 350mm 下涂层的气孔率高。热震试验结果如图 8-9 所示，450A-350mm 喷涂涂层的抗热震性最高，而 450A-95mm 喷涂涂层的抗热震性最低，这与涂层致密度和内部应力有关。450A-350mm 涂层由于喷涂距离长，涂层内部气孔率高，缓解了内部应力，因此提高了热震次数。

文献［12］采用拉伸试验方法测量了大气等离子喷涂 ZrO_2-8% Y_2O_3（质量分数）涂层，气孔率为（23.45±4）%，与黏结层 NiCrAlY 间的结合强度为（8.46±2）MPa，涂层内部结合强度为（20.43±11）MPa。

Lu 等人[13] 采用 TriplexPro-200，Sulzer Metco 等离子喷枪，使用不同粒度的粉末，通过控制送粉量获得了有、无垂直裂纹的 YSZ 涂层。试验表明，大气等

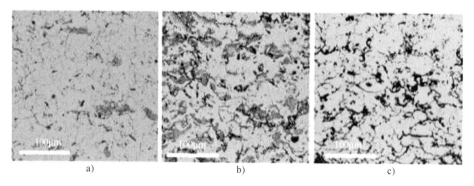

a)   b)   c)

图 8-8   大气等离子喷涂 YSZ/GZO 涂层组织

a）450A-95mm   b）350A-75mm   c）450A-350mm

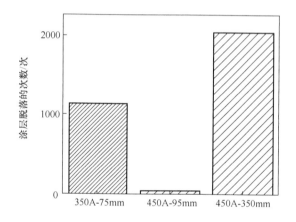

图 8-9   YSZ/GZO 涂层热震试验结果（表面温度 1400℃-空冷）

离子喷涂粒度 11～125μm YSZ 粉末，在送粉量 75g/min 条件下，获得了含有垂直裂纹结构的 YSZ 涂层。文献评价了 YSZ 涂层组织，特别是垂直裂纹对热障涂层循环寿命的影响。热震试验结果表明，有垂直裂纹的 YSZ 涂层的抗热震性高于无裂纹涂层。

Zhu 等人[14]对比了大气等离子喷涂（APS）和超低压等离子喷涂（VLPPS）烧结-破碎 7YSZ 粉末的涂层组织和抗热震性。VLPPS 原始涂层的致密性远高于 APS 涂层。加热到 1373K 冷却到室温的热震循环试验表明，50 次热震后两种喷涂方法试样的表面状态保持完好。VLPPS 致密结构的 7YSZ 涂层并没脱落，但是涂层内出现了垂直裂纹，并且黏结层表面的 TGO 厚度明显小于 APS 7YSZ 涂层下黏结层表面的 TGO 厚度。此研究表明，致密组织 YSZ 涂层并不是导致涂层脱落的原因，这一结果与上述文献 [11] 有所不同。

8.2.2　VPS、HVOF 和冷喷涂黏结涂层组织

为了改善 MCrAlY 合金黏结层的抗高温氧化性，采用低压等离子喷涂（VPS）、HVOF 喷涂或冷喷涂制备 MCrAlY 黏结涂层，可明显降低涂层中氧化物的含量，涂层更加致密。图 8-10 所示为 HVOF 喷涂和 VPS 喷涂制备的 Ni-22Cr-10Al-1.0Y 黏结层的热障涂层组织，顶层隔热陶瓷涂层仍然采用 APS 熔化-破碎粉末 YSZ 涂层[4]。

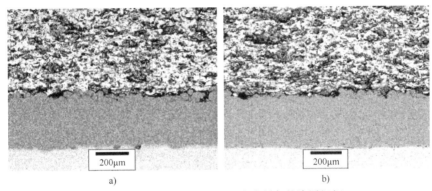

a)　　　　　　　　　　　　　　　b)

图 8-10　HVOF 喷涂和 VPS 喷涂制备的涂层组织

a）HVOF 喷涂黏结层　b）VPS 喷涂黏结层

文献［4］还对 APS、HVOF 喷涂和 VPSNi-22Cr-10Al-1.0Y 黏结层结构的三种热障涂层进行了热震试验（加热至 1100℃，保持 60min，空冷）。结果表明，APS、HVOF 喷涂和 VPS 黏结层与大气等离子喷涂 YSZ 顶层组合的三种热障涂层分别在加热-空冷 159 次、36 次和 42 次循环后，顶层 YSZ 隔热陶瓷涂层与黏结层间开始发生脱落。试验结果表明，大气等离子喷涂黏结层的热震寿命最高，而 HVOF 喷涂和 VPS 黏结层的顶层脱落发生较早，这可能与 NiCrAlY-YSZ 涂层间的残余应力有关。这一试验结果表明，追求致密、含氧化物较少的黏结涂层并没使热障涂层的循环寿命增加。

Scardi 等人[15]用中子衍射法（Neutron Diffraction）研究了热障涂层内部的残余应力。结果表明，在 MCrAlY 黏结层与顶层 YSZ 之间发生应力突变，这是顶层 YSZ 涂层容易在 MCrAlY-YSZ 界面间脱落的原因。此外，黏结层表面 TGO 的出现及 MCrAlY 表面粗糙度值的增加都会更会增加 MCrAlY-YSZ 界面间的应力差，加速 YSZ 涂层的脱落。

Chen 等人[16]研究了 APS、冷喷涂和 HVOF 喷涂 CoNiCrAlY（Co-32% Ni-21% Cr-8% Al-0.5% Y，质量分数）黏结层在 1050℃保持，TGO 的生长速度。在氧化时间小于 500h 时，HVOF 喷涂和冷喷涂 CoNiCrAlY 的 TGO 生长速度高于 APS CoNiCrAlY，但 400h 之后 APS CoNiCrAlY 的 TGO 生长明显加快。上述结果

表明，用 HVOF 喷涂、VPS 或冷喷涂代替 APS 制备黏结层，并不一定能提高热障涂层的循环寿命。

8.3 大气等离子喷涂纳米团聚氧化物粉末

与大气等离子喷涂熔化-破碎 YSZ 粉末不同，大气等离子喷涂 YSZ 纳米团聚粉末会形成含有完全熔化和部分熔化的二元结构涂层组织。涂层中保留的纳米颗粒含量与粉末密度和喷涂功率有关，这部分详见第 6 章的内容。含有纳米结构的 YSZ 涂层的热导率通常低于 APS 熔化-破碎 YSZ 粉末涂层的热导率，但是涂层组织随高温保持时间的增加而烧结，涂层的弹性模量、硬度、热导率等随烧结时间增加而增大，纳米颗粒最终会消失[17,18]。

大气等离子喷涂 YSZ 纳米团聚粉末形成完全熔化和部分熔化的二元结构组织（见图 8-11），经过 1200℃，200h 的热处理，涂层仍然存在二元结构组织，但是纳米组织含量随保持时间增加而逐渐降低[19]，纳米 YSZ 涂层硬度由原始组织的 800HV，升高到 1400HV，涂层弹性模量由 130GPa 提高到 180GPa。

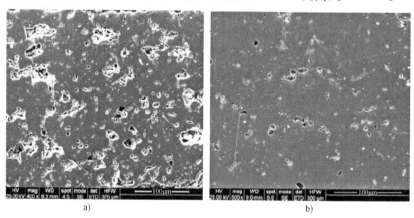

图 8-11 大气等离子喷涂 YSZ 纳米团聚粉末原始涂层和 1200℃，200h 热处理后涂层
a) 原始涂层 b) 热处理后涂层

8.4 大气等离子喷涂纳米悬浮液氧化物涂层

制备柱状晶结构的 YSZ 涂层，除电子束物理气相沉积（EB-PVD）和等离子物理气相沉积（PS-PVD）方法外，大气等离子喷涂纳米 YSZ 悬浮液也可制备柱状晶结构涂层。图 8-12 所示为 Tang 等人使用 Axial Ⅲ 等离子喷枪，在 90kW 下喷涂 8YSZ 悬浮液，获得了宽度 20~50μm 的柱状晶组织[20]，大于电子束物理气相沉积柱状晶的宽度。喷涂结果表明，大气等离子喷涂纳米 YSZ 悬浮液柱状晶

形态、致密度等受喷涂条件和黏结层粗糙度影响较大。图 8-13 和图 8-14 所示为文献［21，22］报告的大气等离子喷涂纳米悬浮液的涂层组织，涂层的热导率在 1.3 ~ 1.5W/(m·K)[18]。

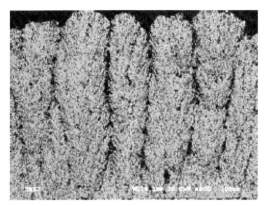

图 8-12　大气等离子喷涂 YSZ 悬浮液制备柱状晶组织

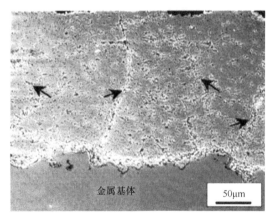

图 8-13　大气等离子喷涂悬浮液含有垂直裂纹的涂层

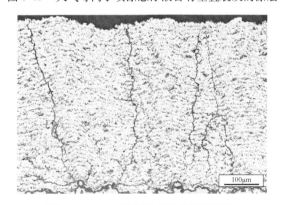

图 8-14　大气等离子喷涂悬浮液涂层

8.5   超低压等离子沉积 YSZ 涂层

20 世纪 80 年代，国外尝试用超低压等离子喷涂方法（LPPS），喷涂氧化钇稳定氧化锆（YSZ）粉末，获得了具有羽毛状柱状晶结构的涂层。之后为了区别传统等离子喷涂，把这种方法命名为等离子喷涂物理气相沉积（PS-PVD）。这里的"超低压"是指与低压等离子喷涂环境压力的比较。该系统采用直流大功率等离子喷枪（喷枪功率大于 65kW），它的特点在于大功率等离子喷涂和环境的超低压，喷涂动态压力在 1mbar 以下。在如此条件下，高温等离子射流拉长、径向膨胀。超低压使特定粒度的 YSZ 粉末颗粒与高温等离子热交换发生了变化，部分粉末在等离子射流中被加热到气相状态，出现了气-液-固混合的 YSZ 束流，快速喷涂、沉积不同于传统的等离子喷涂涂层组织，图 8-15 所示为超低压等离子喷涂 YSZ 粉末制备的具有羽毛状柱状晶结构的 YSZ 涂层组织。

从图 8-15 断面组织看，虽然这种涂层是用等离子喷涂方法获得，但是组织结构明显与传统的等离子喷涂的堆积层片状组织不同，也与电子束物理气相沉积（EB-PVD）方法制备的致密柱状晶结构涂层不同。初步研究表明，超低压等离子喷涂制备的羽毛状柱状晶与 EB-PVD 制备的柱状晶热障涂层有着相似的性能，并且羽毛状柱状晶涂层的热导率更低，抗热震性高于 EB-PVD 制备的柱状晶热障涂层，如图 8-16 所示。从导热率和抗热震性指标及涂层制备速度方面看超低压等离子喷涂在制备"羽毛状柱状晶"结构的热障涂层有着潜在的优势。

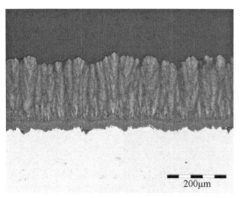

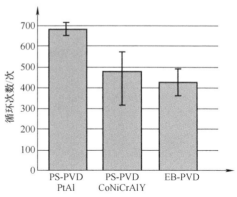

图 8-15   超低压等离子喷涂
YSZ 粉末制备的具有羽毛状柱状晶结构的
YSZ 涂层组织

图 8-16   PS-PVD 与 EB-PVD
柱状晶抗热震性比较

PS-PVD YSZ，需要满足一定的条件才能制备出羽毛状柱状晶。例如喷涂功率、气体成分、粉末粒度、喷涂距离、基体温度等需要严格控制。研究表明 PS-PVD 细微米颗粒的 YSZ，形成羽毛状柱状晶涂层需要使用 Ar-He 或 Ar-He-H₂ 等离子气体，并要求等离子喷涂功率大于 60kW。喷涂距离短，可能会形成无柱状晶的致密结构涂层，而喷涂距离过大，柱状晶疏松，涂层气孔率很大，故只有适当的喷涂距离（通常大于 650mm）才能制备出羽毛状柱状晶组织涂层。

8.6　EB-PVD 沉积 YSZ 涂层组织

电子束物理气相沉积（EB-PVD）与大气等离子喷涂（APS）形成的单个液滴凝固形成涂层方式不同。EB-PVD 可以使 YSZ 材料完全蒸发，以气-固沉积方式形成具有连续生长结构的 YSZ 柱状晶涂层。由于晶粒间的间隙，呈现了良好的应变承受能力，涂层的循环寿命比 APS 涂层的片状结构热障涂层高。但是，EB-PVD 柱状晶涂层的生长速度远远低于 APS 涂层，并且连续生长的柱状晶涂层弹性模量高，热导率也是 APS 涂层 1.5～2 倍，是 EB-PVD 柱状晶涂层的缺陷。另外制备大面积厚涂层的均匀性难以控制，导致涂层循环寿命数据分散较大，长短甚至相差高达 10 倍。与大气等离子喷涂 YSZ 涂层一样，EB-PVD 柱状晶 YSZ 的涂层脱落也发生在黏结层与柱状晶 YSZ 的界面[23]，并且涂层的循环寿命与 TGO 和黏结层的表面粗糙度值有关。

Nicholls 等人[24]报告了大气等离子喷涂 YSZ 涂层和 EB-PVD 沉积柱状晶涂层的热导率，大气等离子喷涂 YSZ 涂层的热导率为（0.8～1.1）W/m·K，而 EB-PVD 沉积柱状晶涂层的热导率为 1.5～1.9W/m·K。EB-PVD 柱状晶结构的热导率与柱状晶尺寸结构有关[25]。相对于大气等离子喷涂 YSZ 涂层的高温烧结引起的热导率变化，EB-PVD 柱状晶结构组织的热导率随烧结时间的变化要相对小些。1100℃，100h 烧结后 EB-PVD 柱状晶涂层的热导率大体在 1.3～1.5W/m·K。

EB-PVD 沉积柱状晶涂层高温热震失效主要发生在黏结层和隔热陶瓷涂层间的 TGO，如图 8-17 所示，TGO 的厚度和粗糙度引起应力变化是 EB-PVD 沉积柱状晶涂层失效的主要原因[26]。与传统的 MCrAlY 黏结层相比，CVD 沉积（Ni、Pt）Al 黏结层可缓解 TGO 的生长速度值，降低表面粗糙度值，有利于提高 EB-PVD 涂层的循环寿命。

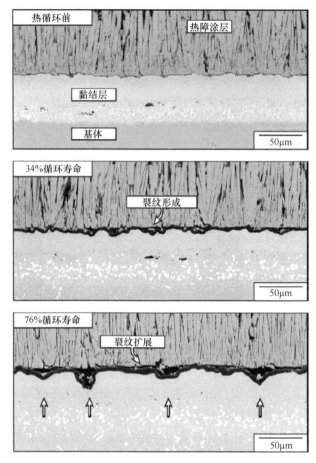

图 8-17　EB-PVD 涂层组织变化

8.7　小结

对热障涂层的评价主要包括循环寿命、涂层组织的演变（热导率、弹性模量），涂层的耐蚀性等。热障涂层的黏结层和顶层间会不可避免地形成 TGO，而 TGO 的厚度、形态对热障涂层的循环寿命影响至关重要。传统的大气等离子喷涂熔化-破碎 YSZ 涂层组织为堆积层状结构，制备成本低，伴随着高温使用，涂层发生烧结，气孔率降低，热导系数上升，对热应力带来的缓冲效果下降。随着 TGO 的生长，涂层可能沿 TGO 表面发生脱落。大气等离子喷涂纳米团聚粉末，涂层组织为完全熔化和保留纳米结构部分熔化二元结构，涂层的热导率低。伴随着高温服役，涂层发生烧结，纳米含量降低，但是总体气孔率会高于大气等离子喷涂熔化-破碎粉末涂层。近来有研究表明，纳米涂层在湿度较高环境下，会发生粉末化失效[27]。柱状晶结构涂层被认为是承受横向应力的组织结构，服役寿命较长。柱状晶结构的涂层制备方法有 EB-PVD、大气等离子喷涂纳米悬浮液和 PS-PVD。研究表明，EB-PVD 结构的柱状晶涂层的脱落失效与 TGO 生长厚度和形态有关。平滑的 TGO 产生的内应力低于起伏形状的 TGO。

参 考 文 献

[1] YANG E J, LUO X T, YANG G J, et al. A TEM study of the microstructure of plasma-sprayed YSZ near inter-splat interfaces [J]. Journal of Thermal Spray Technology, 24 (6) 2015: 907-914.

[2] DONG H, YANG G J, LI C X, et al. Effect of TGO thickness on thermal cyclic lifetime and failure mode of plasma-sprayed TBCs [J]. Journal of the American Ceramic Society, 2014, 97 (4): 1226-1232.

[3] HAYNES J A, LANCE M J, PINT B A, et al. Characterization of commercial EB-PVD TBC systems with CVD (Ni, Pt) Al bond coatings [J]. Surface and Coatings Technology, 2001, 146-147: 140-146.

[4] SAEEDI B, SABOUR A, KHODDAMI A M. Study of microstructure and thermal shock behavior of two types of thermal barrier coatings [J]. Materials and Corrosion, 2009, 60 (9): 695-703.

[5] STÖVER D, FUNKE C. Directions of the development of thermal barriercoatings in energy applications [J]. Journal of Materials Processing Technology, 1999, 92-93: 195-202.

[6] ITO K, KURIKI H, ARAKI H, et al. Evaluation of generation mechanism of vertical cracks in top coat of TBCs during APS deposition by laser AE method [J]. Journal of Thermal Spray Technology, 2015, 24 (5): 848-856.

[7] ZHENG Z, LUO J, LI Q. Mechanism of competitive grain growth in 8YSZ splats deposited by plasma spraying [J]. Journal of Thermal Spray Technology, 2015, 24 (5): 885-891.

[8] LI C J, LI Y, YANG G J, et al. Evolution of lamellar interface cracks during isothermal cyclic test of plasma-sprayed 8YSZ coating with a columnar-structured YSZ interlayer [J]. Journal of Thermal Spray Technology, 2013, 22 (8): 1374-1382.

[9] WANG K, PENG H, GUO H, et al. Effect of sintering on thermal conductivity and thermal barrier effects of thermal barrier coatings [J]. Chinese Journal of Aeronautics, 2012, 25 (5): 811-816.

[10] GUPTA M, DWIVEDI G, NYLE'N P, et al. An experimental study of microstructure-property relationships in thermal barrier coatings [J]. Journal of Thermal Spray Technology, 2013, 22 (8): 659-670.

[11] BAKAN E, MACK D E, MAUER G, et al. A double layer thermal barrier concept made of gadolinium zirconate and YSZ [C]//Proceedings from the International Thermal Spray Conference and Exposition. Long Beach: ASM International Thermal Spray Society, 2015.

[12] ANG A S M, BERNDT C C. Mechanical properties of plasma sprayed YSZ coatings measured using TAT and TCT test [C]//Proceedings from the International Thermal Spray Conference and Exposition. Busan: ASM International. Thermal Spray Society, 2013.

[13] LU Z, MYOUNG S W, JUNG Y G, et al. Thermal fatigue behavior of air-plasma sprayed

thermal barrier coating with bond coat species in cyclic thermal exposure [J]. Materials, 2013, 6 (8): 3387-3403.

[14] ZHU L, BOLOT R, CODDET C, et al. Thermal shock propeties of yttria-stabilized zirconia coatings deposited using low-energy very low pressure plasma spraying [J]. Surface Review and Letters, 2015, 22 (5): 1550061.

[15] SCARDI P, LEONI M, BERTINI L, et al. Strain gradients in plasma-sprayed zirconia thermal barrier coatings [J]. Surface and Coatings Technology, 1998, 108-109: 93-98.

[16] CHEN W R, IRISSOU E, LEGOUX J G, et al. A preliminary study of the oxidation behavior of TBC with cold spray CoNiCrAlY bond coat [C]//Proceedings from the International Thermal Spray Conference and Exposition, Singapore: ASM International Thermal Spray Society, 2010.

[17] WU Z, NI L, YU Q, et al. Effect of thermal exposure on mechanical properties of a plasma-sprayed nanostructured thermal barrier coating [J]. Journal of Thermal Spray Technology, 22 (5), 2012: 169-175.

[18] LIMA R S, MARPLE B R. Thermal spray coatings engineered from nanostructured ceramic agglomerated powders for structural, thermal barrier and biomedical applications: a review [J]. Journal of Thermal Spray Technology, 2007, 16 (1): 40-63.

[19] WU Z, NI L, YU Q, et al. Effect of thermal exposure on mechanical properties of a plasma-sprayed nanostructured thermal barrier coating [J]. Journal of Thermal Spray Technology, 2012, 21 (1): 169-175.

[20] TANG Z, KIM H, YAROSLAVSKI I, et al. Novel thermal barrier coatings produced by axial suspension plasma spray [C]//Proceedings from the International Thermal Spray Conference and Exposition. Hamburg: ASM International Thermal Spray Society, 2011.

[21] PADTURE N P, SCHLICHTING K W, BHATIA T, et al. Towards durable thermal barrier coatings with novel microstructures deposited by solution-precursor plasma spray [J]. Acta Materialia, 2001, 49, (12): 2251-2257.

[22] GUIGNARD A, MAUER G, VAßEN R, et al. Deposition and characteristics of submicrometer-structured thermal barrier coatings by suspension plasma spraying [J]. Journal of Thermal Spray Technology, 2012, 21 (3): 416-424.

[23] STRANGMAN T, RAYBOULD D, JAMEEL A, et al. Damage mechanisms, life prediction, and development of EB-PVD thermal barrier coatings for turbine airfoils [J]. Surface & Coatings Technology, 2007, 202 (4-7): 658-664.

[24] NICHOLLS J R, LAWSON K J, JOHNSTONE A, et al. Methods to reduce the thermal conductivity of EB-PVD TBCs [J]. Surface and Coatings Technology, 2002, 151: 383-391.

[25] RENTERIA A F, SARUHAN B, SCHULZ U, et al. Effect of morphology on thermal conductivity of EB-PVD PYSZ TBCs [J]. Surface & Coatings Technology, 2006, 201: 2611-2620.

[26] EVANS A G, MUMM D R, HUTCHINSON J W, et al. Mechanisms controlling the durability of thermal barrier coatings [J]. Progress in Materials Science, 2001, 46 (15): 505-553.

[27] CAO X, VASSEN R, WANG J, et al. Degradation of zirconia in moisture [J]. Corrosion Science, 2020, 176: 109038.

第9章

热喷涂应用：高温炉内辊涂层

9.1 热喷涂连续退火炉炉底辊涂层材料的开发

在钢板制造中，连续退火炉（Continuous Annealing Lines，CAL）是生产退火钢板的重要设备，连续退火炉内的炉底辊承载着传送钢板的任务，其表面状态至关重要，特别是生产轿车外壳的钢板，对产品质量的要求极高。炉底辊工作在高温状态，应耐高温磨损，同时为了高温传递钢板，要求辊面有一定的表面粗糙度和形状。当钢辊与钢板高温接触摩擦时，钢板表面的产物会向钢辊表面转移，形成金属或非金属产物滞留在炉底辊表面，称为结瘤，结瘤会影响钢板的表面质量。早在20世纪80年代，日本各钢铁公司开始对连续退火炉炉底辊表面实施热喷涂处理[1,2]，试图提高钢辊表面的耐高温磨损性能，以防止产生结瘤。主要的喷涂材料有钴基合金 + Cr_2O_3、钴基合金 + ZrO_2SiO_2、NiCr- Cr_3C_2 和 ZrO- SiO_2 等，喷涂方法主要为等离子喷涂。此外，美国 Praxair 日本分公司采用爆炸喷涂方法，对用于700℃以下低、中温区域的钢辊喷涂镍铬碳化铬（NiCr-80% Cr_3C_2，质量分数）材料，商品代号 LC-1C；对700℃以上的高温区域钢辊喷涂钴基高温合金 + 氧化物（CoTaSiCrAlY + Al_2O_3）复合材料，商品代号 LCO-17 和 LCO-56，防止钢辊表面产生结瘤和耐高温磨损[3]。以上涂层在一定程度上满足了耐高温磨损和防止钢辊表面产生结瘤的要求。

随着 CAL 生产率的提高和适应多品种钢板的生产需求，特别是满足含锰超低碳素钢板连续退火的需要，退火炉的温度达到900℃以上。随着炉内温度的提高，即便使用喷涂钢辊，也会产生结瘤，甚至部分涂层还发生了早期失效、脱落现象。为了防止产生结瘤，据国外报道[4,5]，应用在 CAL 高温钢辊的喷涂材料还有氧化锆-氧化钇和氧化铝-氧化铬等陶瓷材料。这些材料在一定环境下能防止钢辊表面产生结瘤。但是，这些材料在高温状态下不稳定，甚至会与钢板表面析出的元素发生化学反应，应当针对实际情况来选择使用喷涂材料。

9.2 炉底辊表面结瘤

对连续退火炉炉底辊实施热喷涂处理的主要目的是防止在钢辊表面产生结瘤。然而，结瘤的形成与钢辊的使用环境有关，需要分别对待。图9-1和图9-2所示为典型的炉底辊表面结瘤照片。图9-1所示的炉底辊没有实施热喷涂，可以清楚地看到条状的结瘤黏附在钢辊表面，结瘤并非完全平行于钢板运动方向，而是与钢板传动方向呈5°~10°。结瘤产生的主要原因与钢板和辊面的相对运动有关，通过对结瘤的分析可知，其主要成分以铁合金为主，黏附在钢板加热区域的炉底辊表面。

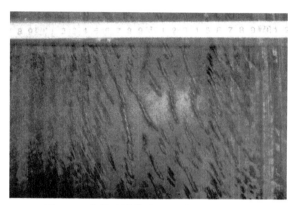

图9-1　未热喷涂的高温炉底辊表面结瘤

对钢辊实施热喷涂，可以缓解表面结瘤的产生。但是在喷涂炉底辊表面，也会出现结瘤，图9-2所示为热喷涂镍铬碳化铬钢辊表面的低熔点结瘤。结瘤由低

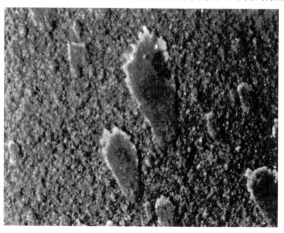

图9-2　热喷涂镍铬碳化铬钢辊表面的低熔点结瘤

熔点化合物（主要为 SiO_2 复合氧化物）构成。产生结瘤的原因可能与钢板表面元素有一定关系，容易发生在水平型连续退火炉的非氧化焰段（Non Oxidizing Flame，NOF）。在升温阶段，钢板表面或者炉内某些含 SiO_2 的复合氧化物，黏附在钢辊表面，并在高温时氧化物与涂层中的某些元素反应，从而形成低熔点氧化物黏附在钢辊表面。

9.3　钴基高温合金涂层的早期失效

钴基高温合金材料具有一定的耐高温耐磨损性，这种材料的爆炸喷涂涂层被应用在连续退火炉的高温段炉底辊表面，如 Praxair 的 LCO-17。表 9-1 所列为涂层的主要成分，图 9-3 所示为涂层的断面组织。该涂层由爆炸喷涂方法制备，粉末中添加质量分数约为 10% 的 Al_2O_3 粉末，涂层中黑色的条状物为 Al_2O_3，灰色的组织为 CoTaSiCrAlY 合金。涂层的平均硬度为 800HV，涂层的高硬度主要源于涂层中的 TaC 和质量分数为 10% 的 Al_2O_3。这种涂层用爆炸喷涂制备，可保留与粉末组成比相近的氧化铝涂层材料。涂层经过热处理后，在涂层内部形成高硬度的 TaC 析出相，并在涂层表面形成 $3 \sim 10\mu m$ 的致密氧化铝膜，以防止产生结瘤。高温下随着涂层表面 Al_2O_3 的消耗，涂层内部的 Al 会不断地向涂层表面扩散，以维持涂层的致密氧化铝膜。随着涂层中铝元素扩散的枯竭，涂层会达到使用寿命。实践证明，对于运行温度低于 850℃ 的高温段炉底辊，这种涂层具有良好的耐磨性和耐结瘤性，在不发生化学反应的情况下，使用寿命可达 5 年以上。除 LCO-17 外，还有含氧化物含量更高的 LCO-56 涂层，图 9-4 所示为 LCO-56 涂层的断面组织。这也是一种应用于高温的炉底辊的喷涂材料，金属部分成分仍为 CoTaSiCrAlY 合金，Al_2O_3 的质量分数为 30% 。

表 9-1　钴基高温合金涂层的主要成分（质量分数）[5]　　　（%）

Co	Cr	Ta	Al	Y	Si	C	Al_2O_3
54	25	10	7.5	0.8	0.7	2	10

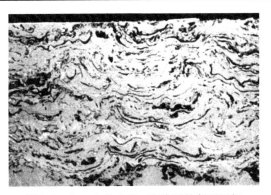

图 9-3　Praxair 的 LCO-17 涂层的断面组织

图9-4　Praxair 的 LCO-56 涂层的断面组织

随着超低碳素钢板（IF 钢）作为轿车外壳的主要材料，这种钢板锰元素含量相对较高（质量分数为 0.1% ~ 0.15%）。为了提高连续退火炉的生产率，其温度通常高于900℃。当 LCO-17 涂层使用在900℃以上的高温区域时，涂层出现了过早失效现象。图 9-5a 所示为国外某连续退火炉高温区域仅仅使用 3 个月后的炉底辊表面涂层状态，图 9-5b 为涂层表面的放大形貌，可以看到与钢板接触部分已经发生涂层粉末状脱落，涂层已失效。

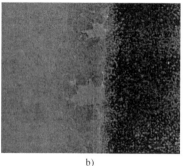

a)　　　　　　　　　　　　　　　　　　b)

图9-5　炉底辊表面涂层状态和涂层表面的放大形貌

a）炉底辊表面涂层状态　b）涂层表面的放大形貌

有关高温状态钴基高温合金的失效机理已经在文献 [6] 中进行了详细分析。主要原因归结于：在高温900℃以上，IF 钢板内部的 Mn 元素向钢板表面扩散，在钢板表面形成氧化锰，高温下与涂层表面的氧化铝或氧化铬发生化学反应，分别形成了 $MnAlO_4$ 和 $Mn_{1.5}Cr_{1.5}O_4$ 化合物，而这两种化合物均为疏松结构，容易脱落。图 9-6 所示为 MnO 与 Al_2O_3 和 Cr_2O_3 的高温反应物的 X 射线衍射积分强度比与温度的关系。由于钢板表面的氧化锰连续不断地与涂层表面的氧化铝和氧化铬发生化学反应，促进了涂层内部 Cr 和 Al 向涂层表面的扩散，导致涂层内部 Cr 和 Al 的枯竭，最终导致涂层全面失效、脱落。由于涂层的脱落，在高温状态下脱落的碎片可能嵌入钢板表面，从而导致钢板表面出现质量问题。

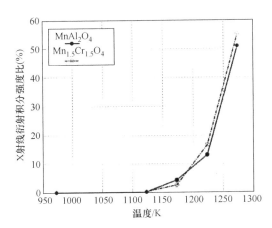

图 9-6　MnO 与 Al_2O_3 和 Cr_2O_3 的高温反应物的 X 射线衍射积分强度比与温度的关系

9.4　代替 LCO-17 高温炉底辊涂层的开发

减少热喷涂涂层与钢板表面氧化锰的反应，是开发新型高温炉底辊涂层的关键。LOC-17 中含有质量分数为 10% 的 Al_2O_3，高温下容易与 MnO 反应生成 $MnAlO_4$。新涂层材料的开发首先研究了几种氧化物与 MnO 的反应性，试验发现 Y_2O_3 几乎不与 MnO 发生反应。用 Y_2O_3 代替 Al_2O_3 的试验还发现，与钴基合金相比，采用镍基合金可以明显减少与 MnO 的反应，为此开发了 NiCrAlY + 10% Y_2O_3（质量分数）涂层。仍选用爆炸喷涂方法对 NiCrAlY + 10% Y_2O_3 涂层材料进行喷涂，涂层硬度为 600 ~ 750HV，气孔率小于 2%，经过 20 次高温 1000℃-水冷却试验，没有发生涂层脱落。图 9-7 所示为 LCO-17 涂层与 NiCrAlY + 10% Y_2O_3 涂层分别与 MnO 接触下高温反应的结果和涂层的断面组织。经过耐高温氧化、耐氧化锰反应等各项试验，结果表明，NiCrAlY + 10% Y_2O_3 涂层性能完全可以达到钴基高温合金的水平，而耐氧化锰的反应性却明显高于钴基高温合金。

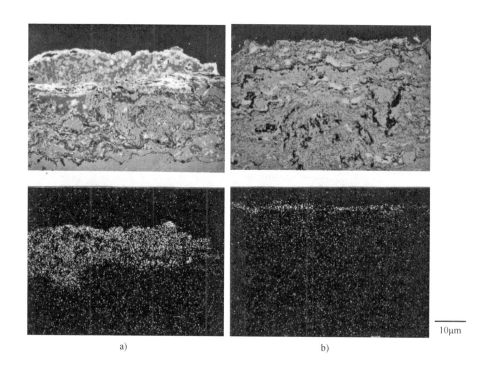

图 9-7   LCO-17 涂层和 NiCrAlY + 10% Y$_2$O$_3$ 涂层分别与 MnO 接触下

高温反应的结果和涂层的断面组织

a）钴基高温合金 LCO-17   b）NiCrAlY + 10% Y$_2$O$_3$

9.5   爆炸喷涂 20% NiCr-80% Cr$_3$C$_2$ 炉底辊涂层

20% NiCr-80% Cr$_3$C$_2$（质量分数）涂层高温下形成 Cr$_2$O$_3$ 保护膜，而质量分数为 80% 的 Cr$_3$C$_2$ 会提高涂层的硬度，涂层具有较高的高温耐磨性，在温度 700～800℃时该涂层的硬度为 400～500HV。根据热力学，高温下涂层中的金属铬或者碳化铬容易向氧化铬转变，在涂层表面形成致密的氧化铬膜，防止钢辊氧化并减少结瘤。当炉温高于 820℃时，致密的 Cr$_2$O$_3$ 会向不稳定的 CrO$_3$ 转变，Cr$_2$O$_3$ 膜被破坏。同时涂层内部由于脱碳，Cr$_3$C$_2$ 会向 Cr$_7$C$_3$ 或者 Cr$_{23}$C$_6$ 转变，因此 20% NiCr-80% Cr$_3$C$_2$ 涂层的使用温度最好不要超过 850℃。图 9-8 所示为爆炸喷涂 20% NiCr-80% Cr$_3$C$_2$ 原始涂层的断面组织。根据连续退火炉的工作气氛环境，将 20% NiCr-80% Cr$_3$C$_2$ 原始涂层在 N$_2$ + 5% H$_2$（体积分数）气氛下加热到 800℃，保持 5h 后，对涂层表面进行 X 射线衍射分析，结果如图 9-9 所示。原始涂层的主要相为 Cr$_3$C$_2$ 和 Cr$_7$C$_3$，可以发现，即便在 N$_2$ + 5% H$_2$ 的还原气氛中，高温下涂层表面也会形成 Cr_2O_3。随着涂层相的转变，高温下涂层会发生膨胀，温度下降时会产生压应力，从而导致涂层的脱落。

图 9-8　爆炸喷涂 20%NiCr-80%Cr_3C_2 原始涂层的断面组织

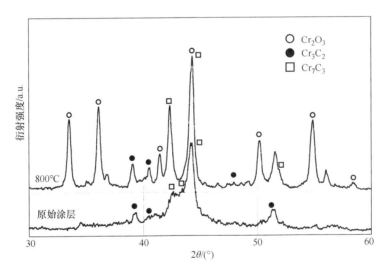

图 9-9　800℃高温试验后，原始 20%NiCr-80%Cr_3C_2 涂层与试验后涂层
表面的 X 射线衍射图谱

　　为了稳定地传送钢板，有些炉底辊表面加工成腰鼓形状，即中间部位直径尺寸略大于两端，并且中间部位的表面粗糙度值较高（$Ra10 \sim Ra12\mu m$），大于两端的表面粗糙度值（$Ra3 \sim Ra4\mu m$）。如此表面粗糙度值的炉底辊，喷涂 LC-1C 涂层，在某些特定条件下会发生点状涂层脱落。图 9-10 所示为国外某连续退火炉爆炸喷涂 LC-1C 钢辊涂层，经850℃加热72h，冷却后的炉底辊照片。在中间

表面粗糙度值较高的炉辊表面，冷却后有大量点状的涂层脱落，但是表面粗糙度值较低的两端部位涂层保持完好。进一步仔细观察，发现脱落部分存在金属光泽，表明脱落发生在冷却过程的低温阶段。

图9-10　爆炸喷涂LC-1C钢辊涂层高温加热-冷却后点状脱落

为了查明这一原因，实验室进行了模拟试验。在直径为200mm，宽度为50mm，厚度为10mm的SUS316不锈钢环表面，首先喷砂处理获得Ra10~11μm的粗糙表面，采用爆炸喷涂LC-1C涂层样件，分别将带有涂层试样，在N_2 + 3%H_2（体积分数）气氛中加热至800℃、850℃和900℃，分别保持48h后，以8℃/min的冷却速度随炉冷却至300℃，然后将试样从加热炉中取出，空气冷却至室温。结果表明，在炉中冷却至300℃，试样从炉取出时涂层完好，没有发生涂层脱落，但是从300℃空冷至室温的过程中，150℃以后，发生涂层脱落现象，图9-11所示为试样加热至800℃、850℃和900℃冷却后的表面状态。虽然涂层脱落发生在300℃以下的冷却过程，但是最初的加热温度越高，涂层脱落越多，涂层的点状脱落与实际连续退火炉中钢辊表面涂层脱落极为相似。

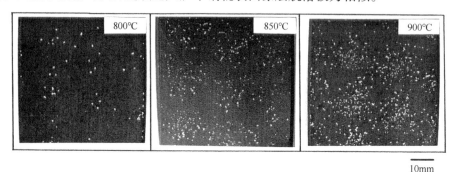

图9-11　爆炸喷涂LC-1C试样加热至800℃、850℃和900℃冷却后的表面状态

　　图 9-12 所示为涂层点状脱落周围的涂层断面组织。由图 9-12 可以发现，涂层的脱落主要发生在基体凸起的位置，与冷却过程中涂层内部产生的压应力有关。因此，降低基体表面粗糙度值可以缓解涂层的点状脱落。

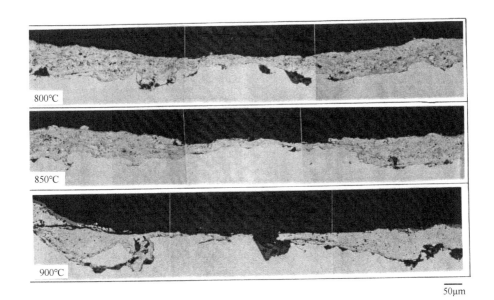

图 9-12　涂层点状脱落周围的涂层断面组织

　　图 9-13 所示为涂层经过 800℃ 和 900℃ 加热，冷却后断面组织和氧元素分析。由图 9-13 可以看出，加热温度越高，涂层表面氧化物含量越高。氧化物的产生导致涂层表面发生体积变化。Cr_3C_2 为斜方晶，晶格 $a = 2.82$，$b = 5.53$，$c = 11.47$；而 Cr_2O_3 为六方晶，$a = 4.96$，$b = 13.59$。Cr_3C_2 转变为 Cr_2O_3 将发生体积膨胀。高温过程中涂层表面形成的 Cr_2O_3 使涂层表面出现体积膨胀，而冷却过程会导致涂层内部压应力增加，当压应力超过涂层的强度时发生破坏。另外，本试验的 SUS316 不锈钢基体的膨胀系数为 $15 \times 10^{-6}/K$，LC-1C 涂层为 $11 \times 10^{-6}/K$，冷却过程基体的收缩量大于涂层，也会导致涂层内部压应力进一步增加。涂层的点状脱离，一方面与涂层表面的氧化有关，另一方面还与基体的表面粗糙度和基体材料的膨胀系数有关。

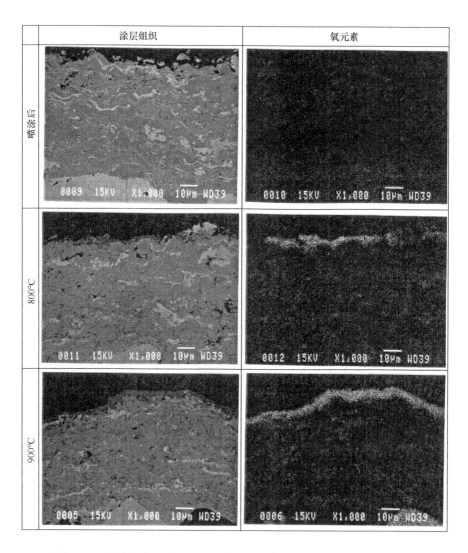

图 9-13　涂层经过 800℃ 和 900℃ 加热，冷却后断面组织和氧元素分析

9.6　完全氧化物涂层

　　从防止结瘤角度考虑，100% 的氧化物陶瓷材料也许会进一步提高钢辊的抗结瘤性，特别是对于结瘤成分以铁为主的合金。国外已有采用 Y_2O_3 或者 CaO 部分稳定氧化锆涂层或者氧化铝-氧化铬涂层作为炉底辊表面喷涂材料的尝试[5]。但是，目前这种完全氧化物陶瓷材料的涂层还仅限于使用在钢辊直径较小的水平连续退火炉内。尽管如此，在钢辊的表面还时常会发现涂层脱落现象，当脱落物

颗粒为几微米，并且脱落速度较慢时，这种脱落会缓解结瘤的形成。但是，当脱落物面积较大，或者脱落速度较快时，脱落物有可能会嵌入钢板，造成钢板表面缺陷。图 9-14 所示为等离子喷涂 Y_2O_3-ZrO_2-$ZrSiO_4$ 涂层，经半年使用后的钢辊面状态，可以看到与钢板接触的部分出现了涂层的脱落。针对这一现象，作者试验了以下三种氧化物涂层与氧化锰的高温反应[7]。

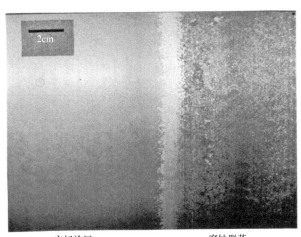

完好涂层　　　　　　　　　　腐蚀脱落

图 9-14　等离子喷涂 Y_2O_3-ZrO_2-$ZrSiO_4$ 涂层，经半年使用后的钢辊面状态

表 9-2 所列为选取的三种涂层成分，分别为 ZrO_2-5.4CaO、ZrO_2-20CaO 和 ZrO_2-14Y_2O_3 粉末与 $ZrSiO_4$ 混合，命名为 A1、A2 和 A3。采用爆炸喷涂在 50mm × 50mm × 10mm 的高温合金基体上分别制备了以上成分的三种涂层，使用平面磨加工。分别将带有涂层的样件表面覆盖 MnO 粉末，在 N_2 + 5% H_2（体积分数）的环境下加热至 1000℃，保温 200h，随炉冷却后除去试验表面多于的 MnO 粉末。图 9-15 所示为在 1000℃保温 200h 后试样的表面状态。ZrO_2-CaO 与 $ZrSiO_4$ 组成的 A1 和 A2 试样与 MnO 反应较轻，ZrO_2-14Y_2O_3 与 $ZrSiO_4$ 组成的 A3 试样与 MnO 反应明显，涂层表面出现了腐蚀坑和涂层脱落。图 9-16 所示为 1000℃下三种涂层与 MnO 反应后的涂层断面组织和 Si、Mn 元素分布。Mn 元素不仅存在于试样的表面，还扩散反应至了 A3 试样内部，加速了这种涂层的失效。

表 9-2　爆炸喷涂部分氧化物涂层成分（质量分数）　　　　（%）

粉末与涂层	ZrO_2-5.4CaO	ZrO_2-20CaO	ZrO_2-14Y_2O_3	$ZrSiO_4$
A1	50	—	10	40
A2	—	50	10	40
A3	—	—	60	40

A1　　　　　　　　A2　　　　　　　　A3

图 9-15　在 1000℃保温 200h 后试样的表面状态

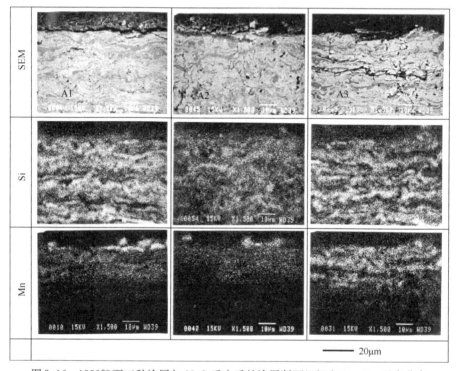

图 9-16　1000℃下三种涂层与 MnO 反应后的涂层断面组织和 Si、Mn 元素分布

图 9-17 所示为 A1、A2 和 A3 原始涂层与高温反应后涂层表面的 X 射线衍射图谱。结果表明，涂层脱落与钢板表面存在氧化锰有关，由于氧化锰的存在促进了涂层氧化锆由立方相向斜方相的转变，引起了体积膨胀，从而导致涂层脱落。表 9-3 所列为一些氧化物与氧化锰的 1000℃高温反应结果[7]。$ZrSiO_4$ 高温下分解为 ZrO_2 和 SiO_2，而 SiO_2 很容易与 CaO 或者 MnO 发生高温反应。高温下 SiO_2 和 CaO 也容易反应，并优先于 SiO_2 和 MnO 的反应。在 MnO 存在下，Y_2O_3 的相稳定性优于 CaO，这是由于高温下 Y_2O_3 不与 MnO 或 SiO_2 发生反应的结果。涂

层中稳定相的成分将直接影响涂层寿命，但是，遗憾的是，目前国内一些喷涂公司不了解涂层的性能和应用环境，只是简单的模仿国外喷涂材料，带来了一些生产问题，发生了涂层嵌入钢板表面等问题。对于氧化铝-氧化铬涂层，在高温下传送高锰含量钢板时，会产生与钴基高温合金涂层同样的现象。

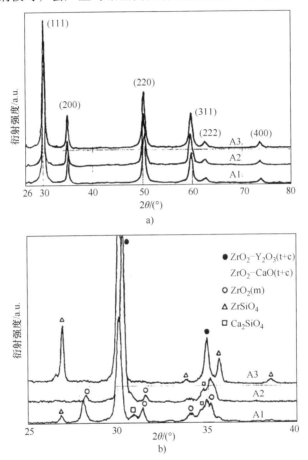

图 9-17   三种原始涂层与高温反应后涂层表面的 X 射线衍射图谱

a）原始涂层   b）高温反应后涂层

表 9-3   一些氧化物与氧化锰的 1000℃高温反应结果

粉末	反应产物
$(ZrO_2 - 14Y_2O_3) + MnO$	未反应
$(ZrO_2 - 5.4CaO) + MnO$	未反应
$Y_2O_3 + MnO$	未反应
$ZrSiO_4 + MnO$	$MnSiO_3$
$CaO + SiO_2$	Ca_2SiO_4
$SiO_2 + MnO$	$MnSiO_3$

炉底辊选择氧化物作为喷涂材料，如氧化铝、氧化锆等，可能是认为这些材料不宜与金属铁发生化学反应形成结瘤。但是研究发现，高温下特别是在氧气分压大于 10^{-15} atm（1 atm $= 101.325$ kPa）下，钢板表面的锰氧化物容易与氧化铝等发生反应，从而生成复合氧化物。另外，单纯氧化铝材料在喷涂过程中，由于粉末为 α- Al_2O_3，容易转变为涂层的 γ- Al_2O_3，在涂层内部形成了较大的残余应力，在高温下容易脱落，故不宜单独作为高温钢辊表面喷涂材料。

参 考 文 献

[1] TANI K, NAKAHIRA H. Status of thermal spray technology in Japan [J]. Journal of Thermal Technology, 1992, 1 (4)：333-339.

[2] GILL B J, BUCKMANN H U, NEUHAUSEN R. Industrial applications of detonation gun and argon shrouded plasma sprayed coatings [C]. Berlin [s. n.], 1987.

[3] TUCKER J R C, NITTA H. Detonation Gun coating characteristics and applications [C]//Proceeding of ATTAC 85-92, Osaka：ASM Thermal Spray Society, 1988.

[4] FUKUBAYASHI H H. Present furnace and pot roll coatings and future development [C]//Proceedings from the International Thermal Spray Conference and Exposition. Osaka：ASM International Thermal Spray Society, 2004.

[5] HWANG S Y, SEONG B G. Characterization of build-up resistant plasma spray coatings for hearth rolls, thermal spraying current status and future trends [C]//14th International Thermal Spray Conference. Kobe：ASM International Thermal Spray Society, 1995.

[6] GAO Y, NITTA H, TUCKER J R C. Effect of manganese oxides on the durability of a cobalt based coating on furnace roll in continuous annealing lines [C]//14th International Thermal Spray Conference. Kobe：ASM International Thermal Spray Society, 1995.

[7] GAO Y. Reaction of ZrO_2- CaO- $ZrSiO_4$ and ZrO_2- Y_2O_3- $ZrSiO_4$ detonation thermal sprayed coating with manganese oxide at 1273K [J]. Surface and Coating Technology, 2005, 195 (2-3)：320-324.